PASS 화물운송 종사자격시험

→ CONTENTS

❖ 자격취득절차안내 • 2

제1편 교통 및 화물자동차 운수사업 관련법규

1. 도로교통법 • 4
2. 교통사고처리특례법 • 8
3. 화물자동차운수사업법 • 12
4. 자동차관리법 • 15
5. 도로법 • 17
6. 대기환경보전법 • 18
7. 출제예상문제 • 20

제2편 화물 취급요령

1. 개요 • 34
2. 운송장 작성과 화물포장 • 34
3. 화물의 상하차 • 35
4. 적재물 결박 및 덮개 설치 • 37
5. 운행요령 • 38
6. 화물의 인수와 인계요령 • 39
7. 화물자동차의 종류 • 40
8. 화물운송의 책임 한계 • 42
9. 출제예상문제 • 44

제3편 안전운행에 관한 사항

1. 교통사고의 요인 • 54
2. 운전자 요인과 안전운행 • 54
3. 자동차 요인과 안전운행 • 56
4. 도로 요인과 안전운행 • 58
5. 안전운전 • 59
6. 출제예상문제 • 61

제4편 운송서비스에 관한 사항

1. 직업 운전자의 기본자세 • 76
2. 물류의 이해 • 77
3. 화물운송서비스의 이해 • 79
4. 화물운송서비스와 문제점 • 80
5. 출제예상문제 • 81

제5편 기출문제

제1회 기출문제 • 90
제2회 기출문제 • 98
제3회 기출문제 • 103
제4회 기출문제 • 111

❖ 시험 5분전 포켓북 • 120

화물운송종사자격시험 자격취득절차안내

응시조건 및 시험일정 확인

- 운전면허 : 운전면허소지자(소형운전면허는 해당 안됨)
- 연령 : 만 20세 이상
- 운전경력(시험일 기준이며 취소·정지기간 제외)
  - **자가용** 2년 이상(운전면허 취득기간부터)
  - **사업용** 1년 이상(버스, 택시 운전경력)
- 운전적성정밀검사(신규검사)에 적합(시험일 기준)
  ※ 연간 시험일정 확인(접수기간 및 시험일)
- 화물자동차운수사업법 제9조의 결격사유에 해당되지 않는 사람

시험접수

- 인터넷접수 : 화물운송자격 홈페이지(https://lic.kotsa.or.kr/fre)
  ※ 사진은 그림파일(jpg)로 스캔하여 등록
- 방문접수 : 전국 18개 시험장

시험 등록	시험 시간	상시 CBT필기시험일	
시작 30분전	80분	CBT전용 상설시험장	정밀검사장 활용 CBT 비상설 시험장
		서울 구로, 수원, 대전, 대구, 부산, 광주, 인천, 춘천, 청주, 전주, 창원, 울산, 화성 (13개 지역)	서울 노원, 상주, 제주, 의정부, 홍성 (5개 지역)
		매일 4회 (오전2회, 오후2회)	화, 목 오후 2회

- 시험응시수수료 : 11,500원
- 준비물 : 운전면허증, 6개월 이내 촬영한 사진

시험응시

- 각 지역본부 시험장 (시험시작 20분전까지 입실)
- 시험과목(4과목, 회차별 80문제)
  - 1회차 : (09 : 20 ~ 10 : 40)
  - 2회차 : (11 : 00 ~ 12 : 20)
  - 3회차 : (14 : 00 ~ 15 : 20)
  - 4회차 : (16 : 00 ~ 17 : 20)
  ※ 지역본부에 따라 시험 횟수가 변경될 수 있음

불합격 →

합격 ↓

합격자법정교육 (8시간)

- 합격자(총점 60% 이상)에 한해 별도 안내
  - **인터넷** https://lic.kotsa.or.kr/fre
- 합격자 교육준비물
  - 교육수수료 : 11,500원
  - 자격증 교부 수수료 : 10,000원
  - 사진 1매(미제출자에 한함)   - 운전면허증 지참

미수료 →

수료 ↓

자격증교부

교통 및 화물자동차 운수사업 관련법규

1. 도로교통법
2. 교통사고처리특례법
3. 화물자동차운수사업법
4. 자동차관리법
5. 도로법
6. 대기환경보전법

CHAPTER 01 도로교통법

1. 기본 개념   2. 신호기 및 안전표지   3. 차마 및 노면전차의 통행   4. 자동차 등의 속도   5. 서행 및 일시정지 등   6. 운전면허

01 기본 개념

1 도로의 개념

"도로"라 함 도로법에 따른 도로, 유료도로법에 따른 유료도로, 농어촌도로 정비법에 따른 농어촌도로 그 밖의 현실적으로 불특정 다수의 사람 또는 차마가 통행할 수 있도록 공개된 장소로서 안전하고 원활한 교통을 확보할 필요가 있는 장소를 말한다.

(1) 도로법에 의한 도로

일반의 교통에 공용되는 도로로서 고속국도, 일반국도, 특별시도·광역시도, 지방도, 시도, 군도, 구도로 그 노선이 지정 또는 인정된 도로를 말하는 바, 이러한 요건을 갖추지 못한 것은 도로법상의 도로가 아니다.

(2) 유료도로법에 의한 유료도로

도로법에 따른 도로로서 통행료 또는 사용료를 받는 도로를 말한다.

(3) 농어촌도로 정비법에 따른 농어촌도로

농어촌지역 주민의 교통 편익과 생산·유통활동 등에 공용되는 공로 중 고시된 도로
① **면도** : 군도 및 상위 등급의 도로(군도 이상의 도로)와 연결되는 읍면 지역의 기간도로
② **이도** : 군도 이상의 도로 및 면도와 갈라져 마을 간이나 주요 산업단지 등과 연결되는 도로
③ **농도** : 경작지 등과 연결되어 농어민의 생산 활동에 직접 공용되는 도로

2 정의

① **차도** : 연석선(차도와 보도를 구분하는 돌 등으로 이어진 선), 안전표지 또는 그와 비슷한 인공구조물을 이용하여 경계를 표시하여 모든 차가 통행할 수 있도록 설치된 도로의 부분
② **중앙선** : 차마의 통행 방향을 명확하게 구분하기 위하여 도로에 황색 실선이나 황색 점선 등의 안전표지로 표시한 선 또는 중앙분리대나 울타리 등으로 설치한 시설물. 다만, 가변차로가 설치된 경우에는 신호기가 지시하는 진행방향의 가장 왼쪽에 있는 황색 점선
③ **차로** : 차마가 한 줄로 도로의 정하여진 부분을 통행하도록 차선으로 구분한 차도의 부분
④ **차선** : 차로와 차로를 구분하기 위하여 그 경계지점을 안전표지로 표시한 선
⑤ **길가장자리구역** : 보도와 차도가 구분되지 아니한 도로에서 보행자의 안전을 확보하기 위하여 안전표지 등으로 경계를 표시한 도로의 가장자리 부분
⑥ **안전지대** : 도로를 횡단하는 보행자나 통행하는 차마의 안전을 위하여 안전표지나 이와 비슷한 인공구조물로 표시한 도로의 부분
⑦ **신호기** : 도로교통에 관하여 문자기호 또는 등화를 사용하여 진행·정지·방향전환·주의 등의 신호를 표시하기 위하여 사람이나 전기의 힘으로 조작하는 장치
⑧ **안전표지** : 교통안전에 필요한 주의·규제·지시 등을 표시하는 표지판이나 도로의 바닥에 표시하는 기호·문자 또는 선 등
⑨ **노면전차** : 「도시철도법」 제2조제2호에 따른 노면전차로서 도로에서 궤도를 이용하여 운행되는 차
⑩ **주차** : 운전자가 승객을 기다리거나 화물을 싣거나 차가 고장나거나 그 밖의 사유로 차를 계속 정지 상태에 두는 것 또는 운전자가 차에서 떠나서 즉시 그 차를 운전할 수 없는 상태에 두는 것
⑪ **정차** : 운전자가 5분을 초과하지 아니하고 차를 정지시키는 것으로서 주차 외의 정지 상태
⑫ **운전** : 도로(술에 취한 상태에서의 운전금지, 과로한 때 등의 운전금지, 사고발생시의 조치 등은 도로 외의 곳을 포함)에서 차마 또는 노면전차를 그 본래의 사용 방법에 따라 사용하는 것(조종을 포함한다)을 말한다.
⑬ **서행** : 운전자가 차 또는 노면전차를 즉시 정지시킬 수 있는 정도의 느린 속도로 진행하는 것
⑭ **일시정지** : 차 또는 노면전차의 운전자가 그 차의 바퀴를 일시적으로 완전히 정 지시키는 것

02 신호기 및 안전표지

1 신호기가 표시하는 신호의 종류와 신호의 의미

구분	신호의 종류	신호의 뜻
차량신호등	녹색의 등화 (원형등화)	• 차마는 직진 또는 우회전할 수 있다. • 비보호좌회전표지 또는 비보호좌회전표시가 있는 곳에서는 좌회전할 수 있다.
	황색의 등화 (원형등화)	1. 차마는 정지선이 있거나 횡단보도가 있을 때에는 그 직전이나 교차로의 직전에 정지하여야 하며, 이미 교차로에 차마의 일부라도 진입한 경우에는 신속히 교차로 밖으로 진행하여야 한다. 2. 차마는 우회전할 수 있고 우회전하는 경우에는 보행자의 횡단을 방해하지 못한다.
	적색의 등화 (원형등화)	1. 차마는 정지선, 횡단보도 및 교차로의 직전에서 정지하여야 한다. 2. 차마는 우회전하려는 경우 정지선, 횡단보도 및 교차로의 직전에서 정지한 후 신호에 따라 진행하는 다른 차마의 교통을 방해하지 않고 우회전할 수 있다. 3. 제2호에도 불구하고 차마는 우회전 삼색등이 적색의 등화인 경우 우회전할 수 없다.
	녹색화살표 등화 (화살표등화)	차마는 화살표 방향으로 진행할 수 있다.

4

구분	신호의 종류	신호의 뜻
차량신호등	황색등화의 점멸 (원형등화)	차마는 다른 교통 또는 안전표지의 표시에 주의하면서 진행할 수 있다.
	적색등화의 점멸 (원형등화)	차마는 정지선이나 횡단보도가 있을 때에는 그 직전이나 교차로의 직전에 일시 정지한 후 다른 교통에 주의하면서 진행할 수 있다.
	황색 화살표의 등화 (화살표 등화)	화살표시 방향으로 진행하려는 차마는 정지선이 있거나 횡단보도가 있을 때에는 그 직전이나 교차로의 직전에 정지하여야 하며, 이미 교차로에 차마의 일부라도 진입한 경우에는 신속히 교차로 밖으로 진행하여야 한다.
	적색 화살표의 등화 (화살표 등화)	화살표시 방향으로 진행하려는 차마는 정지선, 횡단보도 및 교차로의 직전에서 정지하여야 한다.
	황색 화살표 등화의 점멸 (화살표 등화)	차마는 다른 교통 또는 안전표지의 표시에 주의하면서 화살표시 방향으로 진행할 수 있다.
	적색 화살표 등화의 점멸 (화살표 등화)	차마는 정지선이나 횡단보도가 있을 때에는 그 직전이나 교차로의 직전에 일시정지한 후 다른 교통에 주의하면서 화살표시 방향으로 진행할 수 있다.
	녹색화살표의 등화 (하향)(사각형등화)	차마는 화살표로 지정한 차로로 진행할 수 있다.
	적색×표 표시 등화 (사각형등화)	차마는 ×표가 있는 차로로 진행할 수 없다.
	적색×표 표시 등화의 점멸 (사각형등화)	차마는 ×표가 있는 차로로 진입할 수 없고, 이미 차마의 일부라도 진입한 경우에는 신속히 그 차로 밖으로 진로를 변경하여야 한다.
보행신호등	녹색의 등화	보행자는 횡단보도를 횡단할 수 있다.
	녹색 등화의 점멸	보행자는 횡단을 시작하여서는 아니되고, 횡단하고 있는 보행자는 신속하게 횡단을 완료하거나 그 횡단을 중지하고 보도로 되돌아와야 한다.
	적색의 등화	보행자는 횡단보도를 횡단하여서는 아니된다.

2 교통안전표지의 종류

① **주의 표지** : 도로상태가 위험하거나 도로 또는 그 부근에 위험물이 있는 경우에 필요한 안전조치를 할 수 있도록 이를 도로사용자에게 알리는 표지
② **규제 표지** : 도로교통의 안전을 위하여 각종 제한·금지 등의 규제를 하는 경우에 이를 도로 사용자에게 알리는 표지
③ **지시 표지** : 도로의 통행방법·통행구분 등 도로교통의 안전을 위하여 필요한 지시를 하는 경우에 도로사용자가 이를 따르도록 알리는 표지
④ **보조 표지** : 주의표지·규제표지 또는 지시표지의 주기능을 보충하여 도로사용자에게 알리는 표지
⑤ **노면 표지**
  ㉮ 도로교통의 안전을 위하여 각종 주의·규제·지시 등의 내용을 노면에 기호·문자 또는 선으로 도로사용자에게 알리는 표시
  ㉯ 노면표시에 사용되는 각종 선에서 점선은 허용, 실선은 제한, 복선은 의미의 강조를 나타낸다.
  ㉰ 노면 표시의 기본 색상
  • 백색은 동일방향의 교통류 분리 및 경계 표시
  • 황색은 반대방향의 교통류분리 또는 도로이용의 제한 및 지시(중앙선표시, 노상 장애물 중 도로 중앙 장애물 표시, 주차금지 표시, 정차주차금지 표시 및 안전지대표시)
  • 청색은 지정방향의 교통류 분리 표시(버스 전용차로 표시 및 다인승차량 전용차선 표시)
  • 적색은 어린이 보호구역 또는 주거지역 안에 설치하는 속도 제한표시의 테두리선 및 소방시설 주변 정차·주차금지 표시에 사용

03 차마 및 노면전차의 통행

1 차로에 따른 통행차의 기준

도로	차로 구분		통행할 수 있는 차종
고속도로 외의 도로	왼쪽 차로		• 승용자동차 및 경형·소형·중형 승합자동차
	오른쪽 차로		• 대형 승합자동차, 화물자동차, 특수자동차 및 법 제2조제18호 나목에 따른 건설기계, 이륜자동차, 원동기장치 자전거(개인형 이동장치는 제외한다)
고속도로	편도 3차로 이상	1차로	• 앞지르기를 하려는 승용자동차 및 앞지르기를 하려는 경형·소형·중형 승합자동차, 다만 차량 통행량 증가 등 도로 상황으로 인하여 부득이하게 시속 80킬로미터 미만으로 통행할 수밖에 없는 경우에는 앞지르기를 하는 경우가 아니라도 통행할 수 있다.
		왼쪽 차로	• 승용자동차 및 경형·소형·중형 승합자동차
		오른쪽 차로	• 대형 승합자동차, 화물자동차, 특수자동차, 법 제2조제18호 나목에 따른 건설기계
	편도 2차로	1차로	• 앞지르기를 하려는 모든 자동차, 다만 차량 통행량 증가 등 도로 상황으로 인하여 부득이하게 시속 80킬로미터 미만으로 통행할 수밖에 없는 경우에는 앞지르기를 하는 경우가 아니라도 통행할 수 있다.
		2차로	• 모든 자동차

04 자동차 등의 속도

1 도로별 차로수별 속도

도로 구분			최고속도	최저속도
일반도로	주거지역·상업지역 및 공업지역		• 50km/h 이내	제한 없음
	시·도 경찰청장이 지정한 노선 또는 구간		• 60km/h 이내	
	편도 2차로 이상		• 80km/h 이내	
	주거지역·상업지역 및 공업지역 외		• 60km/h 이내	
고속도로	편도 2차로 이상	고속도로	• 100km/h(화물자동차 : 적재중량 1.5톤을 초과하는 경우에 한한다) • 80km/h(특수자동차, 건설기계, 위험물운반자동차)	50km/h
		지정·고시한 노선 또는 구간의 고속도로	• 120km/h 이내 • 90km/h 이내(화물자동차, 특수자동차, 건설 기계, 위험물운반자동차)	50km/h
	편도1차로		• 80km/h	50km/h
자동차 전용도로			• 90km/h	30km/h

2 이상 기후 시의 운행 속도

이상기후 상태	운행 속도
① 비가 내려 노면에 젖어있는 경우 ② 눈이 20mm 미만 쌓인 경우	최고 속도의 20/100을 줄인 속도
① 폭우, 폭설, 안개 등으로 가시거리가 100m 이내인 경우 ② 노면이 얼어붙는 경우 ③ 눈이 20mm 이상 쌓인 경우	최고 속도의 50/100을 줄인 속도

05 서행 및 일시정지 등

구분	내 용
서행	• 차 또는 노면전차가 즉시 정지할 수 있는 느린 속도로 진행하는 것을 의미 (위험 예상한 상황적 대비)
일시정지	• 반드시 차가 멈추어야 하되 얼마간의 시간동안 정지 상태를 유지해야 하는 교통상황의 의미(정지상황의 일시적 전개)
정지	• 자동차가 완전히 멈추는 상태, 즉 당시의 속도가 0km/h인 상태로서 완전한 정지상태의 이행

06 운전면허

1 운전할 수 있는 차의 종류

운전면허 종별	구분		운전할 수 있는 차량
제1종	대형 면허		• 승용자동차, 승합자동차, 화물자동차 • 건설기계 　- 덤프트럭, 아스팔트살포기, 노상안정기 　- 콘크리트 믹서트럭, 콘크리트 펌프, 천공기(트럭 적재식) 　- 콘크리트 믹서 트레일러, 아스팔트 콘크리트 재생기 　- 도로보수 트럭, 3톤 미만의 지게차 • 특수자동차[대형견인차, 소형견인차 및 구난차(이하 구난차등 이라 한다)는 제외한다.] • 원동기장치자전거
	보통 면허		• 승용자동차 • 승차정원 15명 이하의 승합자동차 • 적재중량 12톤 미만의 화물자동차 • 건설기계(도로를 운행하는 3톤 미만의 지게차로 한정한다) • 총중량 10톤 미만의 특수자동차(구난차등은 제외한다) • 원동기장치자전거
	소형 면허		• 3륜 화물자동차 • 3륜 승용자동차 • 원동기장치자전거
	특수면허	대형견인차	• 견인형 특수자동차 • 제2종 보통면허로 운전할 수 있는 차량
		소형견인차	• 총중량 3.5톤 이하의 견인형 특수자동차 • 제2종 보통면허로 운전할 수 있는 차량
		구난차	• 구난형 특수자동차 • 제2종 보통면허로 운전할 수 있는 차량
제2종	보통 면허		• 승용자동차 • 승차정원 10명 이하의 승합자동차 • 적재중량 4톤 이하 화물자동차 • 총중량 3.5톤 이하의 특수자동차(구난차 등은 제외한다) • 원동기장치자전거
	소형 면허		• 이륜자동차(운반차를 포함한다) • 원동기장치자전거
	원동기장치 자전거면허		• 원동기장치자전거

2 운전면허취득 응시기간의 제한

① 무면허운전 등의 금지 또는 국제운전면허증에 의한 자동차 등의 운전 금지(이하 무면허 운전 금지 등)를 위반하여 자동차등을 운전한 경우에는 그 위반한 날(운전면허 효력정지 기간에 운전하여 취소된 경우에는 그 취소된 날)부터 1년(원동기장치 자전거 면허를 받으려는 경우에는 6개월, 공동위험행위의 금지 규정을 위반한 경우에는 그 위반한 날부터 1년). 다만, 사람을 사상한 후 구호 조치 및 사고 발생에 따른 신고를 하지 아니한 경우에는 그 위반한 날부터 5년.

② 무면허운전 금지 규정을 3회 이상 위반하여 자동차 및 원동기장치자전거를 운전한 경우에는 그 위반한 날부터 2년

③ 음주운전 금지, 과로·질병·약물의 영향과 그 밖의 사유로 정상적으로 운전하지 못할 우려가 있는 상태에서 운전금지, 공동 위험행위의 금지 위반(무면허 운전 금지 등 위반 포함)하여 사람을 사상한 후 필요한 조치 및 신고를 하지 아니한 경우 운전면허가 취소된 날부터 5년

④ 음주운전의 금지 위반(무면허운전 금지 등 위반 포함)하여 운전을 하다가 사람을 사망에 이르게 한 경우 운전면허가 취소된 날부터 5년

⑤ 무면허운전 금지, 음주운전 금지, 과로·질병·약물의 영향과 그 밖의 사유로 정상적으로 운전하지 못할 우려가 있는 상태에서 자동차 및 원동기장치자전거 운전금지, 공동 위험행위의 금지 규정 외의 사유로 사람을 사상한 후 구호조치 및 사고발생에 따른 신고를 하지 아니한 경우에는 운전면허가 취소된 날부터 4년

⑥ 음주운전 또는 경찰공무원의 음주측정을 위반하여 운전을 하다가 2회 이상 교통사고를 일으킨 경우에는 운전면허가 취소된 날부터 3년, 자동차 및 원동기장치자전거를 이용하여 범죄행위를 하거나 다른 사람의 자동차 및 원동기장치 자전거를 훔치거나 빼앗은 사람이 무면허운전 금지 규정을 위반하여 그 자동차 및 원동기장치자전거를 운전한 경우에는 그 위반한 날부터 3년

⑦ 다음의 사유로 취소된 경우에는 운전면허가 취소된 날(무면허운전 금지 등을 위반한 경우 그 위반한 날)부터 2년

　㉮ 음주운전 또는 경찰공무원의 음주측정을 2회 이상 위반(무면허운전 금지 등 위반 포함)한 경우

　㉯ 음주운전 또는 경찰공무원의 음주측정을 위반(무면허운전 금지 등 위반 포함)하여 교통사고를 일으킨 경우

　㉰ 공동 위험행위의 금지를 2회 이상 위반(무면허운전 금지 등 위반 포함)한 경우

　㉱ 운전면허를 받을 자격이 없는 사람이 운전면허를 받거나, 거짓이나 그 밖의 부정한 수단으로 운전면허를 받은 경우 또는 운전면허 효력의 정지 기간 중 운전면허증 또는 운전면허증을 갈음하는 증명서를 발급받은 사실이 드러난 경우

　㉲ 다른 사람의 자동차 등을 훔치거나 빼앗은 경우

　㉳ 다른 사람이 부정하게 운전면허를 받도록 하기 위하여 운전면허시험에 대신 응시한 경우

⑧ "①"부터 "⑦"까지의 규정에 따른 경우가 아닌 다른 사유로 운전면허가 취소된 경우에는 운전면허가 취소된 날부터 1년(원동기장치자전거 면허를 받으려는 경우에는 6개월로 하되, 공동 위험행위의 금지 규정을 위반하여 운전면허가 취소된 경우에는 1년). 다만 적성검사를 받지 아니하여 운전면허가 취소된 사람 또는 제1종 운전면허를 받은 사람이 적성검사에 불합격되어 다시 제2종 운전면허를 받으려는 경우에는 그러하지 아니하다.

⑨ 운전면허효력 정지처분을 받고 있는 경우에는 그 정지 기간

3 운전면허 행정처분기준의 감경

(1) 감경 사유

① **음주운전으로 운전면허 취소처분 또는 정지처분을 받은 경우**

운전이 가족의 생계를 유지할 중요한 수단이 되거나, 모범운전자로서 처분 당시 3년 이상 교통봉사활동에 종사하고 있거나, 교통사고를 일으키고 도주한 운전자를 검거하여 경찰서장 이상의 표창을 받은 사람으로서 다음의 어느 하나에 해당되는 경우가 없어야 한다.

㉮ 혈중 알코올 농도가 0.1 퍼센트를 초과하여 운전한 경우
㉯ 음주운전 중 인적피해 교통사고를 일으킨 경우
㉰ 경찰관의 음주 측정 요구에 불응하거나 도주한 때 또는 단속경찰관을 폭행한 경우
㉱ 과거 5년 이내에 3회 이상의 인적피해 교통사고의 전력이 있는 경우
㉲ 과거 5년 이내에 음주운전의 전력이 있는 경우

② **벌점·누산점수 초과로 인하여 운전면허 취소처분을 받는 경우**

운전이 가족의 생계를 유지할 중요한 수단이 되거나, 모범운전자로서 처분 당시 3년 이상 교통봉사활동에 종사하고 있거나, 교통사고를 일으키고 도주한 운전자를 검거하여 경찰서장 이상의 표창을 받은 사람으로서 다음의 어느 하나에 해당되는 경우가 없어야 한다.

㉮ 과거 5년 이내에 운전면허 취소처분을 받은 전력이 있는 경우
㉯ 과거 5년 이내에 3회 이상 인적피해 교통사고를 일으킨 경우
㉰ 과거 5년 이내에 3회 이상 운전면허 정지처분을 받은 전력이 있는 경우
㉱ 과거 5년 이내에 운전면허 행정처분 이의심의위원회의 심의를 거치거나 행정심판 또는 행정소송을 통하여 행정처분이 감경된 경우

(2) 감경 기준

위반행위에 대한 처분기준이 운전면허의 취소처분에 해당하는 경우에는 해당 위반행위에 대한 처분벌점을 110점으로 하고, 운전면허의 정지처분에 해당하는 경우에는 처분집행일수의 2분의 1로 감경한다. 다만, 벌점·누산점수 초과로 인한 면허취소에 해당하는 경우에는 면허가 취소되기 전의 누산점수 및 처분벌점을 모두 합산하여 처분벌점을 110점으로 한다.

(3) 벌점 기준

① 사고결과에 따른 벌점기준

구 분		벌점	내 용
인적피해 교통사고	사망 1명마다	90	사고 발생 시부터 72시간 내에 사망한 때
	중상 1명마다	15	3주 이상의 치료를 요하는 의사의 진단이 있는 사고
	경상 1명마다	5	3주 미만 5일 이상의 치료를 요하는 의사의 진단이 있는 사고
	부상 신고 1명마다	2	5일 미만의 치료를 요하는 의사의 진단이 있는 사고

② 조치 등 불이행에 따른 벌점기준

불이행 사항	적용법조 (도로교통법)	벌점	내 용
교통사고 야기시 조치 불이행	제54조 제1항	15	1. 물적 피해가 발생한 교통사고를 일으킨 후 도주한 때 2. 교통사고 즉시(그때, 그 자리에서, 곧) 사상자를 구호하는 등 조치를 하지 아니하였으나 그 후 자진신고를 한 때
		30	가. 고속도로, 특별시·광역시 및 시의 관할구역과 군(광역시의 군을 제외한다)의 관할구역 중 경찰관서가 위치하는 리 또는 동지역에서 3시간(그 밖의 지역에서는 12시간) 이내에 자진신고를 한 때
		60	나. 가목에 따른 시간 후 48시간 이내에 자진신고를 한 때

③ 교통법규 위반시 벌점

범 칙 행 위	벌점
• 속도위반(100km/h 초과) • 술에 취한 상태의 기준을 넘어서 운전한 때 (혈중알코올 농도 0.03% 이상 0.08% 미만) • 자동차 등을 이용하여 형법상 특수 상해 등(보복운전)을 하여 입건된 때	100
• 속도위반(80km/h 초과 100km/h 이하)	80
• 속도위반(60km/h 초과 80km/h 이하)	60
• 정차·주차 위반에 대한 조치불응(단체에 소속되거나 다수인에 포함되어 경찰공무원의 3회 이상의 이동명령에 따르지 아니하고 교통을 방해한 경우) • 공동 위험행위로 입건된 때 • 난폭운전으로 형사 입건된 때 • 안전운전 의무위반(단체에 소속되거나 다수인에 포함되어 경찰공무원의 3회 이상의 안전운전 지시 따르지 않고 타인에게 위험과 장해를 주는 속도와 방법으로 운전한 경우) • 승객의 차내 소란 행위 방치 운전 • 출석기간 또는 범칙금 납부기간 만료일부터 60일이 경과될 때까지 즉결심판을 받지 아니한 때	40
• 통행구간 위반(중앙선 침범) • 속도위반(40km/h 초과 60km/h 이하) • 철길건널목 통과방법 위반 • 어린이통학버스 특별보호 위반 • 어린이통학버스 운전자의 의무위반(좌석안전띠를 매도록 하지 아니한 운전자는 제외한다) • 고속도로·자동차 전용도로·갓길 통행 • 고속도로 버스 전용차로·다인승 전용차로 통행 위반 • 운전면허증 등의 제시의무 위반 또는 운전자 신원 확인을 위한 경찰공무원의 질문에 불응	30
• 신호·지시 위반 • 속도위반(20km/h 초과 40km/h 이하) • 속도위반(어린이보호구역 안에서 오전 8시부터 오후 8시까지 사이에 제한속도를 20km/h 이내에서 초과한 경우) • 앞지르기 금지시기·장소위반 • 적재 제한 위반 또는 적재물 추락방지 위반 • 운전 중 휴대용 전화 사용 • 운전 중 운전자가 볼 수 있는 위치에 영상 표시 • 운전 중 영상표시장치 조작 • 운행 기록계 미설치 자동차 운전금지 등의 위반	15
• 통행구분 위반(보도침범, 보도 횡단 방법 위반) • 지정 차로 통행 위반(진로변경 금지장소에서의 진로변경 포함) • 일반도로 전용차로 통행위반 • 안전거리 미확보(진로변경 방법 위반 포함) • 앞지르기 방법 위반 • 보행자 보호 불이행(정지선 위반 포함) • 승객 또는 승하차자 추락방지 조치위반 • 안전운전 의무위반 • 노상 시비·다툼 등으로 차마의 통행 방해 행위 • 돌·유리병·쇳조각이나 그 밖에 도로에 있는 사람이나 차마를 손상시킬 우려가 있는 물건을 던지거나 발사하는 행위 • 도로를 통행하고 있는 차마에서 밖으로 물건을 던지는 행위	10

CHAPTER 02 교통사고처리특례법

1. 처벌의 특례   2. 중대법규위반 11개항목 사고의 개요

01 처벌의 특례

1 특례의 적용 및 배제

(1) 특례의 적용 (법 제3조)

① 제1항 : 차의 운전자가 교통사고로 인하여 형법 제268조의 죄를 범한 경우에는 5년 이하의 금고 또는 2,000만원 이하의 벌금에 처한다.

② 제2항 : 차의 교통으로 제1항의 죄 중 업무상 과실 치상죄 또는 중과실 치상죄와 도로교통법 제151조의 죄를 범한 운전자에 대하여는 피해자의 명시적인 의사에 반하여 공소를 제기할 수 없다(반의사 불벌죄).

(2) 특례의 배제 (법 제3조제2항의 예외 단서)

차의 운전자가 제1항의 죄 중 업무상 과실 치상죄 또는 중과실치상죄를 범하고 피해자를 구호하는 등의 조치를 하지 아니하고 도주하거나 피해자를 사고 장소로부터 옮겨 유기하고 도주한 경우, 음주측정 요구에 따르지 아니한 경우(운전자가 채혈 측정을 요청하거나 동의한 경우는 제외)와 다음의 어느 하나에 해당하는 행위로 인하여 같은 죄를 범한경우에는 법 제3조제2항의 단서규정에 따라 특례의 적용을 배제한다.

(3) 특례의 배제(법 제3조 제2항 예외단서)

① 신호·지시 위반 사고
② 중앙선 침범, 고속도로나 자동차 전용도로에서 횡단·유턴 또는 후진 위반 사고
③ 속도위반(20km/h 초과) 과속 사고
④ 앞지르기의 방법·금지 시기·금지 장소 또는 끼어들기 금지 위반 사고
⑤ 철길 건널목 통과 방법 위반 사고
⑥ 보행자 보호의무 위반 사고
⑦ 무면허 운전사고
⑧ 주취 운전·약물복용 운전사고
⑨ 보도침범·보도횡단 방법 위반 사고
⑩ 승객 추락방지 의무 위반 사고
⑪ 어린이 보호구역 내 안전운전의무 위반으로 어린이의 신체를 상해에 이르게 한 사고
⑫ 자동차의 화물이 떨어지지 아니하도록 필요한 조치를 하지 아니하고 운전한 경우

2 처벌의 가중

(1) 사망 사고

① 교통안전법에 규정된 교통사고에 의한 사망은 교통사고가 주된 원인이 되어 교통사고 발생 시부터 30일 이내에 사람이 사망한 사고를 말한다.

② 사망사고는 그 피해의 중대성과 심각성으로 말미암아 사고 차량이 보험이나 공제에 가입되어 있더라도 이를 반의사불벌 죄의 예외로 규정하여 형법에 제268조에 따라 처벌한다.

③ 도로교통법령상 교통사고 발생 후 72시간 내 사망하면 벌점 90점이 부과된다.

(2) 도주 사고

① 교통사고를 야기하고 도주한 운전은 특히 피해자의 생명, 신체에 중대한 위험을 초래하고 민사적 손해배상의 현저한 곤란을 초래한다는 점에서 도로교통법만으로 규율하기에는 미흡하여 이에 대한 가중처벌과 예방적 효과를 위하여 특정범죄 가중처벌 등에 관한 법률 제5조의3에의 규정을 적용하여 처벌을 가중한다.

② 특정범죄 가중처벌 등에 관한 법률 제5조의3(도주차량 운전자의 가중처벌)

㉮ 도로교통법 제2조에 규정된 자동차·원동기장치자전거의 교통으로 인하여 형법 제268조의 죄를 범한 해당 차량의 사고 운전자가 피해자를 구호하는 등의 조치를 취하지 아니하고 도주한 경우에는 다음의 구분에 따라 가중 처벌한다.

㉠ 피해자를 사망에 이르게 하고 도주하거나, 도주 후에 피해자가 사망한 경우에는 무기 또는 5년 이상의 징역에 처한다.

㉡ 피해자를 상해에 이르게 한 경우에는 1년 이상의 유기징역 또는 500만원 이상 3,000만원 이하의 벌금에 처한다.

㉯ 사고 운전자가 피해자를 사고 장소로부터 옮겨 유기하고 도주한 경우에는 다음의 구분에 따라 가중 처벌한다.

㉠ 피해자를 사망에 이르게 하고 도주하거나 도주 후에 피해자가 사망한 경우에는 사형·무기 또는 5년 이상의 징역에 처한다.

㉡ 피해자를 상해에 이르게 한 경우에는 3년 이상의 유기징역에 처한다.

③ 도주(뺑소니)사고의 성립요건

피해자의 사상 사실인식 (예견됨에도)	➡	병원 후송 등 적절한 조치 없이	➡	피해자를 방치한 채 현장을 이탈할 경우 등

⬇

사고 야기자로서 확정될 수 없는 상태를 초래

(3) 도주사고 적용사례

① 사상 사실을 인식하고도 가버린 경우
② 피해자를 방치한 채 사고현장을 이탈 도주한 경우

③ 사고현장에 있었어도 사고 사실을 은폐하기 위해 거짓진술·신고한 경우
④ 부상피해자에 대한 적극적인 구호조치 없이 가버린 경우
⑤ 피해자가 이미 사망했다고 하더라도 사체 안치 후송 등 조치 없이 가버린 경우
⑥ 피해자를 병원까지만 후송하고 계속치료 받을 수 있는 조치 없이 도주한 경우
⑦ 운전자를 바꿔치기 하여 신고한 경우

(4) 도주가 적용되지 않는 경우
① 피해자가 부상 사실이 없거나 극히 경미하여 구호조치가 필요치 않는 경우
② 가해자 및 피해자 일행 또는 경찰관이 환자를 후송 조치하는 것을 보고 연락처 주고 가버린 경우
③ 교통사고 가해운전자가 심한 부상을 입어 타인에게 의뢰하여 피해자를 후송 조치한 경우
④ 교통사고 장소가 혼잡하여 도저히 정지할 수 없어 일부 진행한 후 정지하고 되돌아와 조치한 경우

02 중대 법규위반 교통사고의 개요

법 제3조(처벌의 특례)제2항의 단서 규정에 의하여 피해자의 명시한 의사에 반하여 공소를 제기할 수 없다는 반의사 불벌죄의 특례 적용이 배제되는 중대법규위반 교통사고를 좀 더 자세히 살펴보면 다음과 같다.

1 신호·지시위반 사고

(1) 신호위반의 종류
① 사전출발 신호위반
② 주의(황색) 신호에 무리한 진입
③ 신호무시하고 진행한 경우

(2) 황색 주의 신호의 개념
① 황색 주의 신호 기본 3초 : 큰 교차로는 다소 연장하나 6초 이상의 황색신호가 필요한 경우에는 교차로에서 녹색신호가 나오기 전에 출발하는 경향이 있다.
② 선·후 신호 진행차량 간 사고를 예방하기 위한 제도적 장치 (3초 여유)
③ 대부분 선신호 차량 신호위반, 단 후신호 논스톱 사전 진입시는 예외
④ 초당거리 역산 신호위반 입증

(3) 신호기의 적용범위
신호기의 적용범위는 원칙적으로 해당 교차로나 횡단보도에만 적용되지만 다음과 같은 경우에는 확대 적용될 수 있다.
① 신호기의 직접영향 지역
② 신호기의 지주 위치 내의 지역
③ 대향차선에 유턴을 허용하는 지역에서는 신호기 적용 유턴 허용지점으로까지 확대 적용
④ 대향차량이나 피해자가 신호기의 내용을 의식, 신호상황에 따라 진행 중인 경우

(4) 교통경찰공무원을 보조하는 사람의 수신호에 대한 법률 적용
교통사고처리특례법 개정으로 교통경찰공무원을 보조하는 사람의 수신호 사고 시 신호위반 적용

(5) 좌회전 신호 없는 교차로 좌회전 중 사고
대형사고의 예방 측면에서 신호위반 적용

(6) 지시위반
규제표지 중 통행금지표지, 진입금지표지, 일시정지표지, 통행금지표지, 자동차 통행금지표지, 화물자동차 통행금지표지, 승합자동차 통행금지표지, 이륜자동차 및 원동기장치 자전거 통행금지표지, 자동차·이륜자동차 및 원동기장치 자전거 통행금지표지, 경운기·트랙터 및 손수레 통행금지표지, 자전거 통행금지표지, 진입금지표지, 일시정지표지에 대해 적용

2 중앙선 침범, 횡단·유턴 또는 후진 위반 사고

(1) 중앙선의 정의
"중앙선"이라 함은 차마의 통행을 방향별로 명확히 구별하기 위하여 도로에 황색실선이나 황색점선 등의 안전표지로 설치한 선 또는 중앙분리대·철책·울타리 등으로 설치한 시설물을 말하며, 도로교통법 제14조(차로의 설치 등)제1항 후단의 규정에 의하여 가변차로가 설치된 경우에는 신호기가 지시하는 진행 방향의 제일 왼쪽 황색점선을 말한다.

(2) 중앙선 침범의 한계
사고의 참혹성과 예방 목적상 차체의 일부라도 걸치면 중앙선 침범 적용

(3) 중앙선 침범 적용

특례법상 11항목 사고로 형사입건	공소권 없는 사고로 처리
• 고의적 U턴, 회전 중 중앙선침범사고 • 의도적 U턴, 회전 중 중앙선침범사고 • 현저한 부주의로 인한 중앙선침범 사고 - 커브길 과속으로 중앙선침범 - 빗길 과속으로 중앙선침범 - 졸다가 뒤늦게 급제동으로 중앙선침범 - 차내 잡남 등 부주의로 인한 중앙선침범 - 기타 현저한 부주의로 인한 중앙선침범	• 불가항력적 중앙선 침범 • 부득이한 중앙선 침범 - 사고피양 급제동으로 인한 중앙선침범 - 위험 회피로 인한 중앙선침범 - 충격에 휘한 중앙선침범 - 빙판 등 부득이한 중앙선침범 - 교차로 좌회전 중 일부 중앙선침범

3 속도위반(20km/h 초과) 과속사고

(1) 과속의 개념
일반적으로 과속이란 도로교통법 제17조제1항과 제2항에 규정된 법정속도와 지정속도를 초과한 경우를 말하고, 교통사고처리특례법상의 과속이란 도로교통법 제17조제1항과 제2항에 규정된 법정속도와 지정속도를 20km/h 초과된 경우이다.

> ※ 경찰에서 사용 중인 속도 추정방법
> ① 운전자의 진술
> ② 스피드건
> ③ 타코 그래프(운행기록계)
> ④ 제동흔적 등

4 앞지르기의 방법·금지시기·금지장소 또는 끼어들기 금지 위반사고

(1) 중앙선 침범, 차로 변경과 앞지르기 구분

① **중앙선침범** : 중앙선을 넘어서거나 걸친 행위

② **차로 변경** : 차로를 바꿔 곧바로 진행하는 행위

③ **앞지르기** : 앞차 좌측 차로로 바꿔 진행하여 앞차의 앞으로 나아가는 행위

5 철도 건널목 통과방법 위반사고

(1) 철도 건널목의 종류

종별	내용
1종 건널목	• 차단기, 건널목 경보기 및 교통안전표지가 설치되어 있는 경우
2종 건널목	• 경보기와 건널목 교통안전표지만 설치하는 건널목
3종 건널목	• 건널목 교통안전표지만 설치하는 건널목

6 보행자 보호의무 위반사고

(1) 보행자의 보호

모든 차의 운전자는 보행자가 횡단보도를 통행하고 있는 때에는 그 횡단보도 앞(정지선이 설치되어 있는 곳에서는 그 정지선을 말한다)에서 일시 정지하여 보행자의 횡단을 방해하거나 위험을 주어서는 아니 된다.

(2) 횡단보도 보행자 보호의무 위반의 개념

보행자가 횡단보도 신호에 따라 적법하게 횡단하였고, 신호 변경이 되었더라도 미처 건너지 못한 보행자가 예상되므로 운전자의 주의 촉구

(3) 횡단보도에서 이륜차(자전거, 오토바이)와 사고 발생 시 결과 조치

형태	결과	조치
• 이륜차를 타고 횡단보도 통행 중 사고	• 이륜차를 보행자로 볼 수 없고 제차로 간주하여 처리	• 안전 운전 불이행 적용
• 이륜차를 끌고 횡단보도 보행 중	• 보행자로 간주	• 보행자 보호의무 위반 적용
• 이륜차를 타고 가다 멈추고 한발을 페달에, 한발을 노면에 딛고 서 있던 중 사고	• 보행자로 간주	• 보행자 보호의무 위반 적용

7 무면허운전 사고

(1) 무면허운전에 해당되는 경우

① 면허를 취득치 않고 운전하는 경우

② 유효기간이 지난 운전면허증으로 운전하는 경우

③ 면허 취소 처분을 받은 자가 운전하는 경우

④ 면허정지 기간 중에 운전하는 경우

⑤ 시험 합격 후 면허증 교부 전에 운전하는 경우

⑥ 면허 종별 외 차량을 운전하는 경우

⑦ 위험물을 운반하는 화물자동차가 적재 중량 3톤을 초과함에도 제1종 보통운전면허로 운전한 경우

⑧ 건설기계(덤프트럭, 아스팔트살포기, 노상안정기, 콘크리트믹서트럭, 콘크리트펌프, 트럭적재식 천공기)를 제1종 보통운전면허로 운전한 경우

⑨ 면허 있는 자가 도로에서 무면허자에게 운전연습을 시키던 중 사고를 야기한 경우

⑩ 군인(군속인 자)이 군면허만 취득 소지하고 일반차량을 운전한 경우

⑪ 임시운전증명서 유효기간 지나 운전 중 사고 야기한 경우

⑫ 외국인으로 국제운전면허를 받지 않고 운전하는 경우

⑬ 외국인으로 입국 1년이 지난 국제운전면허증을 소지하고 운전하는 경우

(2) 무면허 운전사고의 성립요건

항목	내용	예외 사항
장소적 요건	• 도로나 그 밖에 현실적으로 불특정 다수의 사람 또는 차마의 통행을 위하여 공개된 장소로서 안전하고 원활한 교통을 확보할 필요가 있는 장소(경찰권이 미치는 장소)	• 현실적으로 불특정 다수의 사람 또는 차마의 통행을 위하여 공개된 장소가 아닌 곳에서의 운전(특정인만 출입하는 장소로 교통경찰권이 미치지 않는 장소)
피해자적 요건	• 무면허 운전 자동차에 충돌되어 인적사고를 입는 경우 • 대물피해만 입는 경우도 보험면책으로 합의되지 않는 경우	• 대물 피해만 입는 경우로 보험면책으로 합의된 경우
운전자의 과실	• 무면허 상태에서 자동차를 운전하는 경우	• 취소 사유 상태이나 취소처분(통지)전 운전

8 음주 운전·약물복용 운전사고

(1) 음주 운전에 해당하는 사례

① 불특정 다수인이 이용하는 도로 및 공개되지 않는 통행로에서의 음주운전 행위도 처벌 대상이 되며, 구체적인 장소는 다음과 같다.

㉮ 도로

㉯ 불특정 다수의 사람 또는 차마의 통행을 위하여 공개된 장소

㉰ 공개되지 않는 통행로(공장, 관공서, 학교, 사기업 등 정문 안쪽 통행로)와 같이 문, 차단기에 의해 도로와 차단되고 관리되는 장소의 통행로

② 술을 마시고 주차장 또는 주차선 안에서 운전하여도 처벌 대상이 된다.

(2) 음주운전에 해당되지 않은 사례

술을 마시고 운전을 하였다 하더라도 도로교통법에서 정한 음주기준(혈중알코올농도 0.03% 이상)에 해당되지 않으면 음주운전이 아니다.

9 보도 침범·보도 횡단 방법 위반 사고

(1) 보도 침범에 해당하는 경우

보도가 설치된 도로를 차체의 일부분만이라도 보도에 침범하거나 보도 통행방법에 위반하여 운전한 경우

(2) 일단정지와 일시정지의 개념

구분	내 용	실 예
일단정지	• 반드시 차마가 멈추어야 하는 행위 자체에 대한 의미(운행의 순간적 정지)	1. 길가의 건물이나 주차장 등에서 도로에 들어가고자 할 때
일시정지	• 반드시 차마가 멈추어야 하되 얼마간의 시간동안 정지상태를 유지해야 하는 교통 상황적 의미(정지상황의 일시적 전개)	1. 철길 건널목을 통과할 때 2. 횡단보도 상에 보행자가 통행할 때 3. 교통정리가 행하여지고 있지 아니한 교통이 빈번한 교차로를 통행할 때 4. 어린이, 영유아, 앞을 보지 못하는 사람이 도로를 횡단하는 때

10 승객 추락 방지 의무 위반사고(개문 발차 사고)

(1) 개문 발차 사고에 해당하는 경우

도로교통법 제39조제3항에 의한 승객 추락방지 의무를 위반하여 인사사고를 일으킨 경우

(2) 개문 발차 사고의 성립요건

항목	내용	예외 사항
자동차적 요건	• 승용, 승합, 화물, 건설기계 등 자동차에만 적용	• 이륜, 자전거 등은 제외
피해자적 요건	• 탑승객이 승하차 중 개문된 상태로 발차하여 승객이 추락 인적피해를 입은 경우	• 적재되었던 화물이 추락하여 발생한 경우
운전자의 과실	• 차의 문이 열려있는 상태로 발차한 행위	• 차량 정차 중 피해자의 과실사고와 차량 뒤 적재함에서의 추락사고의 경우

11 어린이 보호구역내 어린이 보호의무 위반 사고

(1) 어린이 보호구역으로 지정될 수 있는 장소

① 유아교육법에 따른 유치원, 초·중등교육법에 따른 초등학교 또는 특수학교
② 영유아보육법에 따른 보육시설 중 정원 100명 이상의 보육시설(관할 경찰서장과 협의된 경우에는 정원이 100명 미만의 보육시설 주변도로에 대해서도 지정 가능)
③ 학원의 설립·운영 및 과외교습에 관한 법률에 따른 학원 중 학원 수강생이 100명이상인 학원(관할 경찰서장과 협의된 경우에는 정원이 100명 미만의 학원 주변도로에 대해서도 지정 가능)
④ 초·중등교육법에 따른 외국인학교 또는 대안학교, 제주특별자치도 설치 및 국제자유도시 조성을 위한 특별법에 따른 국제학교 및 경제자유구역 및 제주국제자유도시의 외국교육기관 설립·운영에 관한 특별법에 따른 외국교육기관 중 유치원·초등학교 교과과정이 있는 학교

(2) 어린이 보호의무 위반 사고의 성립요건

항목	내용	예외 사항
자동차적 요건	• 어린이 보호구역으로 지정된 장소	• 어린이 보호구역이 아닌 장소
피해자적 요건	• 어린이가 상해를 입은 경우	• 성인이 상해를 입은 경우
운전자의 과실	• 어린이에게 상해를 입힌 경우	• 성인에게 상해를 입은 경우

12 적재물 추락 방지의무 위반 사고

모든 차의 운전자는 운전 중 실은 화물이 떨어지지 아니하도록 덮개를 씌우거나 묶는 등 확실하게 고정될 수 있도록 필요한 조치를 하여야 한다.

CHAPTER 03 화물자동차운수사업법

1. 총칙 / 2. 화물자동차 운송사업 / 3. 화물운송종사 자격시험·교육

01 총칙

1 목적(법 제1조)

이 법은 화물자동차 운수사업을 효율적으로 관리하고 건전하게 육성하여 화물의 원활한 운송을 도모함으로써 공공복리의 증진에 기여함을 목적으로 한다.

2 정의(법 제2조)

① **"화물자동차"**라 함은 자동차관리법 제3조에 따른 화물자동차 및 특수자동차로서 국토교통부령으로 정하는 자동차를 말한다.

② **"화물자동차 운수사업"**이란 화물자동차 운송사업, 화물자동차 운송 주선사업 및 화물자동차 운송 가맹사업을 말한다.

③ **"화물자동차 운송사업"**이란 다른 사람의 요구에 응하여 화물자동차를 사용하여 화물을 유상으로 운송하는 사업을 말한다.

④ **"화물자동차 운송 주선사업"**이란 다른 사람의 요구에 응하여 유상으로 화물운송 계약을 중개·대리하거나 화물자동차 운송사업 또는 화물자동차 운송 가맹사업을 경영하는 자의 화물운송 수단을 이용하여 자기의 명의와 계산으로 화물을 운송하는 사업을 말한다.

⑤ **"화물자동차 운송가맹사업"**이란 다른 사람의 요구에 응하여 자기 화물자동차를 사용하여 유상으로 화물을 운송하거나 화물정보망(인터넷 홈페이지 및 이동통신 단말장치에서 사용되는 응용프로그램을 포함)을 통하여 소속 화물자동차 운송가맹점(운송사업자 및 화물자동차 운송사업의 경영의 일부를 위탁받은 사람인 운송가맹점)에 의뢰하여 화물을 운송하게 하는 사업을 말한다.

⑥ **"화물자동차 운송가맹사업자"**란 국토교통부장관으로부터 화물자동차 운송가맹사업의 허가를 받은 자를 말한다.

⑦ **"운수 종사자"**란 화물자동차의 운전자, 화물의 운송 또는 운송주선에 관한 사무를 취급하는 사무원 및 이를 보조하는 보조원, 그 밖에 화물자동차 운수사업에 종사하는 자를 말한다.

02 화물자동차 운송사업

1 화물 자동차 운송 사업의 허가(법 제3조)

① 화물자동차 운송사업을 경영하고자 하는 자는 국토교통부장관의 허가를 받아야 한다.

㉮ **일반 화물자동차 운송사업** : 20대 이상의 범위에서 20대 이상의 화물자동차를 사용하여 화물을 운송하는 사업

㉯ **개인 화물자동차 운송사업** : 화물자동차 1대를 사용하여 화물을 운송하는 사업으로서 대통령령으로 정하는 사업

② 화물자동차 운송가맹사업의 허가를 받은 자는 ①의 규정에 의한 허가를 받지 아니한다.

③ 운송사업자가 허가 사항을 변경하려면 국토교통부령이 정하는 바에 따라 국토교통부장관의 변경허가를 받아야 한다. 다만, 대통령령으로 정하는 경미한 사항을 변경하려면 국토교통부령으로 정하는 바에 따라 국토교통부장관에게 신고하여야 한다.

2 결격사유(법 제4조)

다음 각 호의 어느 하나에 해당하는 자는 국토교통부장관으로부터 화물자동차 운송사업의 허가를 받을 수 없다. 법인의 경우 그 임원 중 다음 각 호의 어느 하나에 해당하는 자가 있는 경우에도 또한 같다.

① 피성년후견인 또는 피한정후견인

② 파산선고를 받고 복권되지 아니한 자

③ 화물자동차운순사업법을 위반하여 징역 이상의 실형을 선고받고 그 집행이 끝나거나(집행이 끝난 것으로 보는 경우를 포함한다) 집행이 면제된 날부터 2년이 지나지 아니한 자

④ 화물자동차운수사업법을 위반하여 징역 이상의 형의 집행유예선고를 받고 그 유예기간 중에 있는 자

⑤ 부정한 방법으로 허가를 받거나 또는 변경허가를 받거나 변경허가를 받지 아니하고 허가 사항을 변경한 경우로 허가가 취소된 후 5년이 지나지 아니한 자

3 운임과 요금 등(법 제5조)

(1) 운송사업자는 운임 및 요금을 정하여 미리 국토교통부장관에게 신고하여야 한다. 변경하려는 때에도 또한 같다.

(2) 운임 및 요금을 신고하여야 하는 운송사업자 범위

① 구난형 특수자동차를 사용하여 고장차량·사고차량 등을 운송하는 운송사업자 또는 운송가맹사업자(화물자동차를 직접 소유한 운송가맹사업자만 해당)

② 견인형 특수자동차를 사용하여 컨테이너를 운송하는 운송사업자 또는 운송가맹사업자(화물자동차를 직접 소유한 운송가맹사업자만 해당)

③ 밴형 화물자동차를 사용하여 화주와 화물을 함께 운송하는 운송사업자 및 운송가맹사업자

4 운송약관(법 제6조)

운송사업자는 운송약관을 정하여 국토교통부장관에게 신고하여야 한다. 이를 변경하고자 하는 때에도 또한 같다.

(※ 시, 도지사에 위임)

5 운송사업자 책임(법 제7조)

법 제7조에 따른 운송사업자의 책임은 다음과 같다.

① 화물의 멸실·훼손 또는 인도의 지연으로 발생한 운송사업자의 손해배상 책임에 관하여는 상법 제135조를 준용한다.
② ①의 규정을 적용할 때 화물이 인도 기한이 지난 후 3개월 이내에 인도되지 아니하면 그 화물은 멸실된 것으로 본다.
③ 국토교통부장관은 ①에 따른 손해배상에 관하여 화주가 요청하면 국토교통부령으로 정하는 바에 따라 이에 관한 분쟁을 조정할 수 있다.
④ 국토교통부장관은 화주가 ③에 따라 분쟁조정을 요청하면 지체 없이 그 사실을 확인하고 손해내용을 조사한 후 조정안을 작성하여야 한다.
⑤ 당사자 쌍방이 ④에 따른 조정안을 수락하면 당사자 간에 조정안과 동일한 합의가 성립된 것으로 본다.
⑥ 국토교통부장관은 ③ 및 ④에 따른 분쟁 조정업무를 소비자기본법제33조제1항에 따른 한국소비자원 또는 같은 법 제29조제1항에 따라 등록한 소비자단체에 위탁할 수 있다.

6 화물 자동차 운수 사업의 운전 업무 자격

(1) 운전업무 종사자격(법 제8조)
① 화물자동차 운수사업의 운전업무에 종사하려는 자는 다음 요건을 갖추어야 한다.
　㉮ 국토교통부령이 정하는 연령·운전경력 등 운전업무에 필요한 요건을 갖출 것
　㉯ 국토교통부령이 정하는 운전적성에 대한 정밀검사기준에 맞을 것
　㉰ 화물자동차운수사업법령·화물 취급 요령 등에 관하여 국토교통부장관이 시행하는 시험에 합격하고 정하여진 교육을 받을 것.
　㉱ 교통안전법 제56조에 따른 교통안전 체험에 관한 연구·교육시설에서 교통안전 체험, 화물취급 요령 및 화물자동차 운수사업법령 등에 관하여 국토교통부장관이 실시하는 이론 및 실기 교육을 이수할 것
② 국토교통부장관은 ①에 따른 요건을 갖춘 자에게 화물자동차 운수사업의 운전업무에 종사할 수 있음을 표시하는 자격증(화물운송 종사자격증)을 내주어야 한다.
③ ① 및 ②에 따른 시험·교육·자격증의 교부 등에 필요한 사항은 국토교통부령으로 정한다.
※ ①~②항의 사항은 한국`교통안전공단에 위탁

(2) 운전업무 종사자격 결격사유(법 제9조)
다음 해당자는 화물운송종사 자격을 취득할 수 없다.
① 피성년후견인 또는 피한정후견인
② 화물자동차운수사업법을 위반하여 징역 이상의 실형을 선고받고 그 집행이 끝나거나(집행이 끝난 것으로 보는 경우를 포함한다) 집행이 면제된 날부터 2년이 지나지 아니한 자
③ 화물자동차운수사업법을 위반하여 징역 이상의 형의 집행유예선고를 받고 그 유예기간 중에 있는 자
④ 화물운송종사 자격이 취소된 날부터 2년이 지나지 아니한 자.
⑤ 시험일전 또는 교육일 전 3년간 도로교통법 제93조제1항제5호 및 제5호의2에 해당하여 운전면허가 취소된 사람
⑥ 시험일 전 또는 교육일 전 5년간 다음 각 목의 어느 하나에 해당하는 사람
　㉮ 도로교통법 제93조제1항제1호부터 제4호까지에 해당하여 운전면허가 취소된 사람
　㉯ 도로교통법 제43조를 위반하여 운전면허를 받지 아니하거나 운전면허의 효력이 정지된 상태로 같은 법 제2조제21호에 따른 자동차등을 운전하여 벌금형 이상의 형을 선고받거나 같은 법 제93조제1항제19호에 따라 운전면허가 취소된 사람
　㉰ 운전 중 고의 또는 과실로 3명 이상이 사망(사고발생일부터 30일 이내에 사망한 경우를 포함한다)하거나 20명 이상의 사상자가 발생한 교통사고를 일으켜 도로교통법 제93조제1항제10호에 따라 운전면허가 취소된 사람

7 운송사업자의 준수사항(법 제11조)
① 운송사업자는 허가 받은 사항의 범위에서 사업을 성실하게 수행하여야 하며, 부당한 운송조건을 제시하거나 정당한 사유 없이 운송계약의 인수를 거부하거나 그 밖에 화물 운송 질서를 현저하게 해치는 행위를 하여서는 아니 된다.
② 운송사업자는 화물자동차 운전자의 과로를 방지하고 안전운행을 확보하기 위하여 운전자를 과도하게 승차근무하게 하여서는 아니 된다.
③ 운송사업자는 해당 화물자동차운송사업에 종사하는 운수종사자가 법 제12조에 따른 준수사항을 성실히 이행하도록 지도·감독하여야 한다.
④ 운송사업자는 화물 운송의 대가로 받은 운임 및 요금의 전부 또는 일부에 해당되는 금액을 부당하게 화주·다른 운송사업자 또는 화물자동차 운송 주선사업을 경영하는 자에게 되돌려 주는 행위를 하여서는 아니 된다.
⑤ 운송사업자는 택시(여객자동차 운수사업법에 따른 구역 여객자동차운송사업에 사용되는 승용자동차를 말한다.) 요금미터기의 장착 등 국토교통부령으로 정하는 택시 유사표시행위를 하여서는 아니 된다.
⑥ 운송사업자는 운임 및 요금과 운송약관을 영업소 또는 화물자동차에 갖추어 두고 이용자가 요구하면 이를 내보여야 한다.
⑦ 운송사업자는 화물자동차의 운전업무에 종사하는 운수종사자가 교육을 받는 데에 필요한 조치를 하여야 하며, 그 교육을 받지 아니한 화물자동차의 운전업무에 종사하는 운수종사자를 화물자동차 운수사업에 종사하게 하여서는 아니 된다.

8 운수종사자 준수사항(법 제12조)
화물자동차 운송사업에 종사하는 운수종사자는 다음에 해당하는 행위를 하여서는 아니 된다.
① 정당한 사유 없이 화물을 중도에서 내리게 하는 행위
② 정당한 사유 없이 화물의 운송을 거부하는 행위
③ 부당한 운임 또는 요금을 요구하거나 받는 행위
④ 고장 및 사고차량 등 화물의 운송과 관련하여 자동차관리사업자와 부정한 금품을 주고받는 행위
⑤ 일정한 장소에 오랜 시간 정차하여 화주를 호객(呼客)하는 행위
⑥ 문을 완전히 닫지 아니한 상태에서 자동차를 출발시키거나 운행하는 행위
⑦ 택시 요금미터기의 장착 등 국토교통부령으로 정하는 택시 유사표시행위

⑧ 운송사업자는 적재된 화물이 떨어지지 아니하도록 국토교통부령으로 정하는 기준 및 방법에 따라 덮개·포장·고정 장치 등 필요한 조치를 하지 아니하고 화물자동차를 운행하는 행위

⑨ 전기·전자장치(최고속도 제한장치에 한정한다)를 무단으로 해체하거나 조작하는 행위

03 화물운송종사 자격시험·교육

1 운전적성 정밀검사의 기준(시행규칙 제18조의2)

(1) 법 제8조제1항제2호에 따른 운전적성에 대한 정밀검사기준에 맞는지에 관한 검사(이하 "운전적성 정밀검사"라 한다)는 기기형 검사와 필기형 검사로 구분.

(2) "(1)"에 따른 운전적성정밀검사는 신규검사, 자격유지검사 및 특별검사로 구분하며, 그 대상은 다음 각 호와 같다.

1) **신규검사** : 화물운송 종사자격증을 취득하려는 사람
2) **자격유지검사** : 다음 각 목의 어느 하나에 해당하는 사람
① 여객자동차 운수사업법에 따른 여객자동차 운송사업용 자동차 또는 화물자동차 운수사업법에 따른 화물자동차 운송사업용 자동차의 운전업무에 종사하다가 퇴직한 사람으로서 신규검사 또는 유지검사를 받은 날부터 3년이 지난 후 재취업하려는 사람. 다만, 재취업일까지 무사고로 운전한 사람은 제외한다.
② 신규검사 또는 자격유지검사의 적합 판정을 받은 사람으로서 해당 검사를 받은 날부터 3년 이내에 취업하지 아니한 사람 다만, 해당 검사를 받은 날부터 취업 일까지 무사고로 운전한 사람은 제외한다.
③ 65세 이상 70세 미만인 사람. 다만, 자격유지검사의 적합판정을 받고 3년이 지나지 않은 사람은 제외한다.
④ 70세 이상인 사람. 다만, 자격유지검사의 적합판정을 받고 1년이 지나지 않은 사람은 제외한다.
3) **특별검사** : 다음 각 목의 어느 하나에 해당하는 사람
① 교통사고를 일으켜 사람을 사망하게 하거나 5주 이상의 치료가 필요한 상해를 입힌 사람
② 과거 1년 간 도로교통법시행규칙에 따른 운전면허 행정처분기준에 따라 산출된 누산 점수가 81점 이상인 사람

2 자격시험의 과목

(1) **자격시험은 필기시험으로 하며, 그 시험과목은 다음 각 호와 같다.**
① 교통 및 화물자동차운수사업 관련 법규
② 안전운행에 관한 사항
③ 화물취급요령
④ 운송서비스에 관한 사항

(2) 교통안전 체험교육은 총 16시간으로 하며, 그 과정은 별표 1의2와 같다.

[교통안전 체험교육의 과정]

(시행규칙 제18조의4제2항 별표1의2)

교육명	교육 과목	교육 내용	교육시간
1. 이론 교육	소양교육	① 교통관련법규 및 화물자동차 운행의 위험요인 이해 ② 자동차 응급처치 방법 및 운송서비스 등 ③ 화물취급 및 올바른 적재요령	240분
2. 실기 교육	가. 차량점검 및 운전자세	① 일상점검을 통한 안전한 차량점검 및 관리 ② 슬라롬 주행을 통한 올바른 운전자세 및 핸들 조작 요령 습득	150분
	나. 긴급제동	① 제동특성 이해 ② 적재량(중량초과)에 따른 제동거리 실습	90분
	다. 특수로 주행	화물적재 상태에서 특수한 조향노면(빨래판로, 장파형로) 주행 시 적재물의 흔들림, 추락 등 체험	60분
	라. 위험예측 및 회피	① 돌발 상황 발생 시 운전자의 한계 체험 ② 위험회피 요령 체험 ③ 과적의 위험성 체험	90분
	마. 미끄럼 주행	미끄러운 곡선로로 주행 시 화물자동차의 횡방향 미끄러짐 특성 및 속도의 한계 체험	90분
	바. 화물취급 실습	올바른 화물취급(상하차 및 적재) 요령 실습 체험	60분
	사. 탑재장비 운전실습	탑재장비의 조작과 안전관리 체험	60분
	아. 종합평가	실기 수행 능력 종합평가	120분

3 자격시험 합격 결정

① 자격시험은 필기시험 총점의 6할 이상을 얻은 사람을 합격자로 한다.
② 교통안전 체험교육은 총 16시간의 과정을 마치고, 종합평가에서 총점의 6할 이상을 얻은 사람을 이수자로 한다.

4 화물운송종사 자격증명의 게시

(1) 운송사업자는 화물자동차 운전자에게 화물운송종사 자격증명을 화물자동차 밖에서 쉽게 볼 수 있도록 운전석 앞 창의 오른쪽 위에 항상 게시하고 운행하도록 하여야 한다.

(2) 운송사업자는 다음 어느 하나에 해당하는 경우에는 협회에 화물운송종사 자격증명을 반납하여야 한다.
① 퇴직한 화물자동차 운전자의 명단을 제출하는 경우
② 화물자동차 운송사업의 휴업 또는 폐업 신고를 하는 경우

(3) 운송사업자는 다음 어느 하나에 해당하는 경우에는 관할관청에 화물운송종사 자격증명을 반납하여야 한다.
① 사업의 양도신고를 하는 경우
② 화물자동차 운전자의 화물운송종사 자격이 취소되거나 효력이 정지된 경우

(4) 관할관청은 "(3)"에 따라 화물운송종사 자격증명을 반납 받았을 때에는 그 사실을 협회에 통지하여야 한다.

CHAPTER 04 자동차관리법

1. 총칙 / 2. 자동차의 등록 / 3. 자동차의 안전기준 및 자기 인증 / 4. 자동차의 점검 및 정비 / 5. 자동차의 검사 및 유효기간

01 총칙

1 목적(법 제1조)
자동차의 등록·안전기준·자기 인증·제작결함 시정·점검·정비·검사 및 자동차 관리사업 등에 관한 사항을 정하여 자동차를 효율적으로 관리하고 자동차의 성능 및 안전을 확보함으로써 공공의 복리를 증진.

2 정의(법 제2조)
① **자동차**란 원동기에 의하여 육상에서 이동할 목적으로 제작한 용구 또는 이에 견인되어 육상을 이동할 목적으로 제작한 용구를 말한다. 다만, 대통령령이 정하는 것을 제외한다.

■ **적용이 제외되는 자동차(시행령 제2조)**
1. 제2조(적용이 제외되는 자동차) 법 제2조 제1호 단서에서 "대통령령이 정하는 것"이라 함은 다음 각 호의 것을 말한다.
   ① 건설기계관리법에 따른 건설기계
   ② 농업기계화촉진법에 따른 농업기계
   ③ 군수품관리법에 따른 차량
   ④ 궤도 또는 공중선에 의하여 운행되는 차량
   ⑤ 의료기기법에 따른 의료기기

② **"운행"**이란 사람 또는 화물의 운송여부에 관계없이 자동차를 그 용법에 따라 사용하는 것을 말한다.
③ **자동차 사용자**란 자동차 소유자 또는 자동차 소유자로부터 자동차의 운행 등에 관한 사항을 위탁받은 자를 말한다.
④ **자동차의 차령 기산일**(시행령 제3조)
   ㉮ 제작연도에 등록된 자동차 : 최초의 신규등록일
   ㉯ 제작연도에 등록되지 아니한 자동차 : 제작연도의 말일

02 자동차의 등록

1 등록(법 제5조)
자동차는 자동차 등록 원부에 등록한 후가 아니면 이를 운행할 수 없다. 다만, 임시운행허가를 받아 허가기간 내에 운행하는 경우에는 그러하지 아니하다.

2 자동차 등록번호판(법 제10조)
① 시·도지사는 국토교통부령이 정하는 바에 따라 자동차 등록번호판을 붙이고 봉인을 하여야 한다. 다만, 자동차 소유자 또는 자동차 소유자를 갈음하여 등록을 신청하는 자가 직접 자동차등록번호판의 부착 및 봉인을 하려는 경우에는 국토교통부령으로 정하는 바에 따라 등록번호판의 부착 및 봉인을 직접 하게 할 수 있다.
② ①에 따라 붙인 자동차등록번호판 및 봉인은 시·도지사의 허가를 받은 경우와 다른 법률에 특별한 규정이 있는 경우를 제외하고는 떼지 못한다.
③ 자동차등록번호판의 부착 또는 봉인을 하지 아니한 자동차는 운행하지 못한다. 다만, 임시운행 허가번호판을 붙인 경우에는 그러하지 아니하다.
④ 누구든지 자동차등록번호판을 가리거나 알아보기 곤란하게 하여서는 아니 되며, 그러한 자동차를 운행하여서는 아니 된다.

3 변경 등록(법 제11조)
자동차 소유자는 등록원부의 기재사항이 변경(이전등록 및 말소등록에 해당되는 경우는 제외)된 경우에는 시·도지사에게 변경등록(이하 "변경등록"이라 한다)을 신청하여야 한다. 다만, 대통령령이 정하는 경미한 등록사항을 변경하는 경우에는 그러하지 아니하다.

4 이전등록(법 제12조)
① 등록된 자동차를 양수 받는 자는 시·도지사에게 자동차 소유권의 이전등록을 신청하여야 한다.
② 자동차를 양수한 자가 다시 제3자에게 양도하려는 경우에는 양도 전에 자기명의로 ①에 따른 이전등록을 하여야 한다.
③ 자동차를 양수한 자가 ①에 따른 이전등록을 신청하지 아니한 경우에는 그 양수인을 갈음하여 양도자(이전등록을 신청할 당시 자동차등록원부에 적힌 소유자를 말한다)가 신청할 수 있다.
④ ③에 따라 이전등록을 신청 받은 시·도지사는 등록을 수리하여야 한다.

5 말소등록(법 제13조)
자동차 소유자(재산관리인 및 상속인을 포함한다. 이하 이 조에서 같다)는 등록된 자동차가 다음 각 호의 어느 하나의 사유에 해당하는 경우에는 자동차 등록증·자동차등록번호판 및 봉인을 반납하고 시·도지사에게 말소등록(이하 "말소등록"이라 한다)을 신청하여야 한다. 다만, "⑦" 및 "⑧"의 사유에 해당하는 경우에는 말소등록을 신청할 수 있다.
① 자동차 해체재활용업을 등록한 자에게 폐차요청을 한 경우
② 자동차 제작·판매자 등에게 반품한 경우
③ 여객자동차운수사업법에 따른 차령이 초과된 경우
④ 여객자동차운수사업법 및 화물자동차운수사업법에 따라 면허·등록·인가 또는 신고가 실효되거나 취소된 경우
⑤ 천재지변·교통사고 또는 화재로 자동차 본래의 기능을 회복할 수 없게 되거나 멸실이 된 경우
⑥ 자동차를 수출하는 경우
⑦ 압류 등록을 한 후에도 환가 절차 등 후속 강제집행 절차가 진행되고 있지 아니하는 차량 중 차령 등 환가 가치가 남아

있지 아니하다고 인정되는 경우.

이 경우, 시·도지사가 해당 자동차 소유자로부터 말소등록 신청을 접수하였을 때에는 즉시 그 사실을 압류등록을 촉탁한 법원 또는 행정관청과 자동차 등록 원부에 적힌 이해관계인에게 알려야 한다.

⑧ 자동차를 교육·연구목적으로 사용하는 경우

6 자동차 등록증의 비치 등(법 제18조)

자동차 소유자는 자동차등록증이 없어지거나 알아보기 곤란하게 된 경우에는 재발급 신청을 하여야 한다.

03 자동차의 안전기준 및 자기 인증

1 자동차의 구조 및 장치(법 제29조)

자동차는 대통령령으로 정하는 구조 및 장치가 안전운행에 필요한 성능과 기준에 적합하지 아니하면 이를 운행하지 못한다.

2 자동차의 튜닝(법 제34조)

자동차의 구조·장치 중 국토교통부령이 정하는 것을 튜닝하려는 경우에는 그 자동차의 소유자가 시장·군수 또는 구청장의 승인을 받아야 한다.

04 자동차의 점검 및 정비

1 점검 및 정비 명령 등(법 제37조)

(1) 시장·군수·구청장은 다음 각 호의 어느 하나에 해당하는 자동차 소유자에게 국토교통부령으로 정하는 바에 따라 점검·정비·검사 또는 원상복구를 명할 수 있다. 다만, ②에 해당하는 경우에는 원상복구 및 임시검사를, ③에 해당하는 경우에는 정기검사 또는 종합검사를, ④에 해당하는 경우에는 임시검사를 각각 명하여야 한다.

① 안전기준에 적합하지 아니하거나 안전운행에 지장이 있다고 인정되는 자동차

② 승인을 받지 아니하고 튜닝한 자동차

③ 자동차 정기검사 또는 자동차 종합검사를 받지 아니한 자동차

④ 화물자동차운수사업법 에 따른 중대한 교통사고가 발생한 사업용 자동차

(2) 시장·군수 또는 구청장은 "(1)"에 따라 점검·정비·검사 또는 원상복구를 명하려는 경우 국토교통부령으로 정하는 바에 따라 기간을 정하여야 한다. 이 경우 해당 자동차의 운행정지를 함께 명할 수 있다.

05 자동차의 검사 및 유효기간

1 자동차 검사(법 제43조)

자동차 소유자(아래 "①"의 경우에는 신규등록 예정자를 말한다)는 해당 자동차에 대하여 다음 각 호의 구분에 따라 국토교통부령으로 정하는 바에 따라 국토교통부장관이 실시하는 검사를 받아야 한다(법 제43조).

① 신규검사 : 신규등록을 하려는 경우 실시하는 검사

② 정기검사 : 신규등록 후 일정 기간마다 정기적으로 실시하는 검사

③ 튜닝검사 : 자동차를 튜닝한 경우에 실시하는 검사

④ 임시검사 : 자동차관리법 또는 자동차관리법에 따른 명령이나 자동차 소유자의 신청을 받아 비정기적으로 실시하는 검사

⑤ 수리검사 : 전손 처리 자동차를 수리한 후 운행하려는 경우에 실시하는 검사

2 자동차 정기검사 유효기간(시행규칙 별표 15의 2)

차종	비사업용 승용 및 피견인 자동차	사업용 승용 자동차	경형·소형의 승합 및 화물 자동차	사업용 대형화물 자동차		중형 승합자동차 및 사업용 대형 승합자동차		기타 자동차	
차령				2년 이하	2년 초과	8년 이하	8년 초과	5년 이하	5년 초과
유효 기간	2년 (최초 4년)	1년 (최초 2년)	1년	1년	6월	1년	6월	1년	6월

3 자동차 종합검사의 대상과 유효기간

검사 대상		적용 차령	검사 유효기간
승용자동차	비사업용	차령이 4년 초과인 자동차	2년
	사업용	차령이 2년 초과인 자동차	1년
경형소형의 승합 및 화물자동차	비사업용	차령이 3년 초과인 자동차	1년
	사업용	차령이 2년 초과인 자동차	1년
사업용 대형 화물자동차		차령이 2년 초과인 자동차	6개월
사업용 대형 승합자동차		차령이 2년 초과인 자동차	차령 8년까지는 1년, 이후부터는 6개월
중형 승합자동차	비사업용	차령이 3년 초과인 자동차	차령 8년까지는 1년, 이후부터는 6개월
	사업용	차령이 2년 초과인 자동차	차령 8년까지는 1년, 이후부터는 6개월
그 밖의 자동차	비사업용	차령이 3년 초과인 자동차	차령 5년까지는 1년, 이후부터는 6개월
	사업용	차령이 2년 초과인 자동차	차령 5년까지는 1년, 이후부터는 6개월

CHAPTER 05 도로법

1. 총칙   2. 도로의 보전 및 공용부담

01 총칙

1 목적(법 제1조)
도로망의 계획수립, 도로 노선의 지정, 도로공사의 시행과 도로의 시설 기준, 도로의 관리·보전 및 비용 부담 등에 관한 사항을 규정하여 국민이 안전하고 편리하게 이용할 수 있는 도로의 건설과 공공복리의 향상에 이바지함을 목적으로 한다.

2 도로의 정의(법 제2조)
도로란 차도, 보도, 자전거도로, 측도, 터널, 교량, 육교 등 대통령령으로 정하는 시설로 구성된 것으로서 제10조에 열거된 것을 말하며, 도로의 부속물을 포함한다.

> ※ 도로법 제10조의 도로 : 고속국도, 일반국도, 특별시도·광역시도, 지방도, 시도, 군도, 구도

3 도로의 부속물
① 주차장, 버스정류시설, 휴게시설 등 도로이용 지원시설
② 시선유도표지, 중앙분리대, 과속방지시설 등 도로안전시설
③ 통행료 징수시설, 도로관제시설, 도로관리사업소 등 도로관리시설
④ 도로표지 및 교통량 측정시설 등 교통관리시설
⑤ 낙석방지시설, 제설시설, 식수대 등 도로에서의 재해 예방 및 구조 활동, 도로환경의 개선·유지 등을 위한 도로부대시설
⑥ 그 밖에 도로의 기능 유지 등을 위한 시설로서 대통령령으로 정하는 시설·주유소, 충전소, 교통·관광안내소, 졸음쉼터 및 대기소

02 도로의 보전 및 공용부담

1 도로에 관한 금지행위(법 제75조)
① 도로를 손괴 하는 행위
② 도로에 토석, 입목·죽 등 장애물을 쌓아놓는 행위
③ 그 밖에 도로의 구조나 교통에 지장을 끼치는 행위

2 차량의 운행제한(제77조)
① 도로관리청은 도로 구조를 보전하고 도로에서의 차량 운행으로 인한 위험을 방지하기 위하여 필요하면 대통령령으로 정하는 바에 따라 도로에서의 차량(자동차관리법에 따른 자동차와 건설기계관리법에 따른 건설기계를 말한다. 이하 같다) 운행을 제한할 수 있다. 다만, 차량의 구조나 적재화물의 특수성으로 인하여 도로관리청의 허가를 받아 운행하는 차량의 경우에는 그러하지 아니하다.
② 도로관리청은 운행제한에 대한 위반 여부를 확인하기 위하여 관계 공무원으로 하여금 차량에 승차하거나 차량의 운전자(건설기계의 조종사 포함)에게 관계 서류의 제출을 요구하는 등의 방법으로 차량의 적재량을 측정하게 할 수 있다. 이 경우 차량의 운전자는 정당한 사유가 없으면 이에 따라야 한다.
③ 도로관리청은 차량의 운행허가를 하려면 미리 출발지를 관할하는 경찰서장과 협의한 후 차량의 조건과 운행하려는 도로의 여건을 고려하여 대통령령으로 정하는 절차에 따라 운행허가를 하여야 하며, 운행허가를 할 때에는 운행노선, 운행시간, 운행방법 및 도로 구조물의 보수·보강에 필요한 비용부담 등에 관한 조건을 붙일 수 있다. 이 경우 운행허가를 받은 자는 도로교통법에 따른 허가를 받은 것으로 본다.

> ■ **차량의 운행제한(시행령 제79조제2항)**
> 관리청이 법 제77조의 규정에 따라 운행을 제한할 수 있는 차량
> ① 축하중이 10톤을 초과하거나 총중량이 40톤을 초과하는 차량
> ② 차량의 폭이 2.5미터, 높이가 4.0미터, 길이가 16.7미터를 초과하는 차량
> ③ 관리청이 특히 도로구조의 보전과 통행의 안전에 지장이 있다고 인정하는 차량

3 적재량 측정 방해 행위의 금지 등(법 제78조)
① 차량의 운전자는 차량의 장치를 조작하는 등 대통령령으로 정하는 방법으로 차량의 적재량 측정을 방해하는 행위를 해서는 아니 된다.
② 도로관리청은 차량의 운전자가 제1항을 위반하였다고 판단하면 재측정을 요구할 수 있다. 이 경우 차량의 운전자는 정당한 사유가 없으면 그 요구에 따라야 한다.

4 자동차 전용도로의 지정(법 제48조)
① 도로관리청은 도로의 교통이 현저히 증가하여 차량의 능률적인 운행에 지장이 있는 경우 또는 도로의 일정한 구간에서 원활한 교통소통을 위하여 필요한 경우에는 대통령령으로 정하는 바에 따라 자동차 전용도로 또는 전용구역(이하 "자동차 전용도로"라 한다)을 지정할 수 있다. 이 경우 자동차 전용도로로 지정하려는 도로에 둘 이상의 도로관리청이 있으면 관계되는 도로관리청이 공동으로 자동차 전용도로를 지정하여야 한다.
② 자동차 전용도로를 지정할 때에는 해당 구간을 연결하는 일반 교통용의 다른 도로가 있어야 한다.
③ 자동차 전용도로를 지정할 때 도로관리청이 국토교통부장관이면 경찰청장의 의견을, 특별시장·광역시장·도지사 또는 특별자치도지사이면 관할 시·도 경찰청장의 의견을, 특별자치시장·시장·군수 또는 구청장이면 관할 경찰서장의 의견을 각각 들어야 한다.
④ 도로관리청은 지정을 하는 때에는 대통령령으로 정하는 바에 따라 이를 공고하여야 한다. 그 지정을 변경하거나 해제할 때에도 같다.

5 자동차 전용도로의 통행제한(법 제49조)
① 자동차 전용도로에서는 차량만을 사용해서 통행하거나 출입하여야 한다.
② 도로관리청은 자동차 전용도로의 입구나 그 밖에 필요한 장소에 "①"의 내용과 자동차 전용도로의 통행을 금지하거나 제한하는 대상 등을 구체적으로 밝힌 도로 표지를 설치하여야 한다.

CHAPTER 06 대기환경보전법

1. 총칙 2. 자동차 배출가스의 규제

01 총칙

1 목적(법 제1조)

대기오염으로 인한 국민건강이나 환경에 관한 위해를 예방하고 대기환경을 적정하고 지속가능하게 관리·보전하여 모든 국민이 건강하고 쾌적한 환경에서 생활할 수 있게 하는 것을 목적으로 한다.

2 정의(법 제2조)

이 법에서 사용하는 용어의 정의는 다음과 같다.

① "대기오염물질"이란 대기오염의 원인으로 인정된 가스·입자상 물질로서 환경부령으로 정하는 것을 말한다.

② "온실가스"란 적외선 복사열을 흡수하거나 다시 방출하여 온실효과를 유발하는 대기 중의 가스상태 물질로서 이산화탄소, 메탄, 아산화질소, 수소불화탄소, 과불화탄소, 육불화황을 말한다.

③ "가스"란 물질이 연소·합성·분해될 때에 발생하거나 물리적 성질로 인하여 발생하는 기체상 물질을 말한다.

④ "입자상 물질"이란 물질이 파쇄·선별·퇴적·이적될 때 그 밖에 기계적으로 처리되거나 연소·합성·분해될 때에 발생하는 고체상 또는 액체상의 미세한 물질을 말한다.

⑤ "먼지"란 대기 중에 떠다니거나 흩날려 내려오는 입자상물질을 말한다.

⑥ "매연"이란 연소할 때에 생기는 유리 탄소가 주가 되는 미세한 입자상 물질을 말한다.

⑦ "검댕"이란 연소할 때에 생기는 유리 탄소가 응결하여 입자의 지름이 1미크론 이상이 되는 입자상물질을 말한다.

⑧ "저공해 자동차"란 대기 오염물질의 배출이 없는 자동차 또는 제작차의 배출허용기준보다 오염물질을 적게 배출하는 자동차를 말한다.

⑨ "배출가스 저감장치"란 자동차에서 배출되는 대기 오염물질을 줄이기 위하여 자동차에 부착 또는 교체하는 장치로서 환경부령으로 정하는 저감효율에 적합한 장치를 말한다.

⑩ "저공해 엔진"이란 자동차에서 배출되는 대기 오염물질을 줄이기 위한 엔진(엔진 개조에 사용하는 부품을 포함한다)으로서 환경부령으로 정하는 배출허용기준에 맞는 엔진을 말한다.

⑪ "공회전 제한장치"란 자동차에서 배출되는 대기오염물질을 줄이고 연료를 절약하기 위하여 자동차에 부착하는 장치로서 환경부령으로 정하는 기준에 적합한 장치를 말한다.

02 자동차 배출가스의 규제

1 저공해 자동차의 운행 등(법 제58조)

① 특별시장·광역시장·특별자치시장·특별자치도지사·시장·군수는 관할 지역의 대기질 개선 또는 기후·생태계 변화유발물질 배출감소를 위하여 필요하다고 인정하면 그 지역에서 운행하는 자동차 중 차령과 대기오염물질 또는 기후·생태계 변화유발물질 배출정도 등에 관하여 환경부령으로 정하는 요건을 충족하는 자동차의 소유자에게 그 특별시·광역시·특별자치시·특별자치도·시·군의 조례에 따라 그 자동차에 대하여 다음 각 호의 어느 하나에 해당하는 조치를 하도록 명령하거나 조기에 폐차할 것을 권고할 수 있다.

㉮ 저공해자동차로의 전환 또는 개조

㉯ 배출가스저감장치의 부착 또는 교체 및 배출가스 관련 부품의 교체

㉰ 저공해엔진(혼소엔진을 포함한다)으로의 개조 또는 교체

② 배출가스보증기간이 경과한 자동차의 소유자는 해당 자동차에서 배출되는 배출가스가 운행차배출허용기준에 적합하게 유지되도록 환경부령으로 정하는 바에 따라 배출가스저감장치를 부착 또는 교체하거나 저공해엔진으로 개조 또는 교체할 수 있다.

③ 국가나 지방자치단체는 저공해자동차의 보급, 배출가스저감장치의 부착 또는 교체와 저공해 엔진으로의 개조 또는 교체를 촉진하기 위하여 다음 각 호의 어느 하나에 해당하는 자에 대하여 예산의 범위에서 필요한 자금을 보조하거나 융자할 수 있다.

㉮ 저공해자동차를 구입하거나 저공해자동차로 개조하는 자

㉯ 천연가스를 연료로 사용하는 자동차에 천연가스를 공급하기 위한 시설로서 환경부장관이 정하는 시설

㉰ 전기를 연료로 사용하는 자동차(이하 "전기자동차"라 한다)에 전기를 충전하기 위한 시설로서 환경부장관이 정하는 시설

㉱ 그 밖에 태양광, 수소연료 등 환경부장관이 정하는 저공해자동차 연료공급시설

㉲ 자동차에 배출가스저감장치를 부착 또는 교체하거나 자동차의 엔진을 저공해엔진으로 개조 또는 교체하는 자

㉳ 자동차의 배출가스 관련 부품을 교체하는 자

㉴ 자동차를 조기에 폐차하는 자

㉵ 그 밖에 배출가스가 매우 적게 배출되는 것으로서 환경부장관이 정하여 고시하는 자동차를 구입하는 자

2 공회전의 제한(법 제59조)

① 시·도지사는 자동차의 배출가스로 인한 대기오염 및 연료 손실을 줄이기 위하여 필요하다고 인정하면 시·도의 조례가 정하는 바에 따라 터미널, 차고지, 주차장 등의 장소에서 자동차의 원동기를 가동한 상태로 주차하거나 정차하는 행위를 제한할 수 있다.

② 시·도지사는 대중교통용 자동차 등 환경부령으로 정하는 자동차에 대하여 시·도 조례에 따라 공회전제한장치의 부착을 명령할 수 있다.

③ 국가나 지방자치단체는 제②항에 따른 부착 명령을 받은 자동차 소유자에 대하여는 예산의 범위에서 필요한 자금을 보조하거나 융자할 수 있다.

3 운행차의 수시점검(법 제61조)

① 환경부장관, 특별시장·광역시장·특별자치시장·특별자치도지사·시장·군수·구청장은 자동차에서 배출되는 배출가스가 운행차배출허용기준에 맞는지 확인하기 위하여 도로나 주차장 등에서 자동차의 배출가스 배출상태를 수시로 점검하여야 한다.

② 자동차 운행자는 제①항에 따른 점검에 협조하여야 하며 이에 응하지 아니하거나 기피 또는 방해하여서는 아니 된다.

③ 제①항에 따른 점검 방법 등에 필요한 사항은 환경부령으로 정한다.

※ 운행차의 수시점검방법 등(시행규칙 제83조)

① 환경부장관, 특별시장·광역시장·특별자치시장·특별자치도지사 또는 시장·군수·구청장은 점검대상 자동차를 선정한 후 배출가스를 점검하여야 한다. 다만, 원활한 차량소통과 승객의 편의 등을 위하여 필요한 경우에는 운행 중인 상태에서 원격 측정기 또는 비디오카메라를 사용하여 점검할 수 있다.

② 제①항에 따른 배출가스 측정방법 등에 관하여 필요한 사항은 환경부장관이 정하여 고시한다.

※ 운행차 수시점검의 면제 (시행규칙 제84조)

환경부장관, 특별시장·광역시장 특별자치시장·특별자치도지사 또는 시장·군수·구청장은 다음 각 호의 어느 하나에 해당하는 자동차에 대하여는 운행차의 수시 점검을 면제할 수 있다.

1. 환경부장관이 정하는 저공해자동차
2. 삭제(2013.2.1.)
3. 도로교통법 제2조제22호 및 같은 법 시행령 제2조에 따른 긴급자동차
4. 군용 및 경호업무용 등 국가의 특수한 공용 목적으로 사용되는 자동차

CHAPTER 07 출제예상문제

>>> 교통 및 화물자동차 운수사업 관련 법규

도로교통법

01 다음 중 도로교통법상 도로에 해당되는 장소가 아닌 곳은?
① 도로법에 따른 도로
② 농어촌도로 정비법에 따른 농어촌도로
③ 유료도로법에 따른 유료도로
④ 군부대 내 도로

해설 도로란 도로법에 따른 도로, 유료도로법에 따른 유료도로, 농어촌도로 정비법에 따른 농어촌도로, 그 밖에 현실적으로 불특정 다수의 사람, 또는 차마가 통행할 수 있도록 공개된 장소로서 안전하고 원활한 교통을 확보할 필요가 있는 장소를 말한다.

02 도로법령에서 도로관리청이 도로의 편리한 이용과 안전 및 원활한 도로교통의 확보, 그 밖에 도로의 관리를 위하여 설치하는 시설 또는 공작물을 무엇이라 하는가?
① 고속국도
② 일반국도
③ 지방도
④ 도로의 부속물

해설 도로의 부속물이란 도로관리청이 도로의 편리한 이용과 안전 및 원활한 도로교통의 확보, 그 밖에 도로의 관리를 위하여 설치하는 시설 또는 공작물을 말한다.

03 다음 중 고속국도에 대한 설명으로 알맞은 것은?
① 자동차 교통망의 중축 부분을 이루는 중요한 도시를 연결하는 자동차 전용의 고속 교통에 이바지하는 도로로서 노선이 지정된 것을 말한다.
② 지방의 개발을 위하여 특히 중요한 도로로써 노선을 인정한 것을 말한다.
③ 도시 내 주요 지역 간이나 인근 도시 및 주요 지방간을 연결하는 도로를 말한다.
④ 중요도시 · 지정 항만, 중요 비행장, 국가 산업단지 또는 관광지 등을 연결하는 도로를 말한다.

해설 "고속국도"라 함은 자동차 교통망의 중축 부분을 이루는 중요한 도시를 연결하는 자동차 전용의 고속 교통에 이바지하는 도로로서 대통령령으로 노선이 지정된 것을 말한다.

04 자동차 전용도로란?
① 자동차만 다닐 수 있도록 설치된 도로
② 오로지 자동차의 고속 교통에만 공용되는 도로
③ 보도와 차도의 구분이 없는 도로
④ 보도와 차도의 구분이 있는 차도 부분

해설 "자동차전용도로"라 함은 자동차만이 다닐 수 있도록 설치된 도로를 말한다.

05 다음 중 원동기장치 자전거란?
① 이륜자동차 중 배기량 125cc 이하의 이륜차와 최고 정격출력 11kW 이하의 이륜차를 말한다.
② 이륜자동차 중 배기량 125cc 이하의 이륜차와 최고 정격출력

15kW 이하의 이륜차를 말한다.
③ 이륜자동차 중 배기량 150cc 이하의 이륜차와 50cc 미만의 원동기를 단 차를 말한다.
④ 이륜자동차 중 배기량 125cc 이하의 이륜차와 100cc 미만의 원동기를 단 차를 말한다.

06 녹색 등화가 표시하는 신호의 뜻에 맞지 않는 것은?
① 보행자는 횡단보도를 횡단할 수 있다.
② 차마는 직진할 수 있고 다른 교통에 방해되지 않도록 천천히 우회전할 수 있다.
③ 비보호 좌회전 표지 또는 비보호좌회전 표시가 있는 곳에서는 좌회전할 수 있다.
④ 차마는 항상 좌회전을 할 수 있다.

해설 녹색 등화가 표시하는 신호의 뜻
① 보행자는 횡단보도를 횡단할 수 있다.
② 차마는 직진할 수 있고 다른 교통에 방해되지 않도록 천천히 우회전할 수 있다.
③ 비보호 좌회전 표지 또는 비보호 좌회전 표시가 있는 곳에서는 좌회전할 수 있다.

07 신호기의 정의에 대한 설명으로 옳은 것은?
① 교차로에서 볼 수 있는 등화를 말한다.
② 도로교통에 관하여 문자, 기호 또는 등화로써 진행, 정지, 방향전환 등의 신호를 표시하기 위해 사람이나 전기의 힘에 의하여 조작되는 장치
③ 도로에 표시된 모든 문자, 기호 또는 등화를 말한다.
④ 건널목에 설치된 차단기도 신호기에 해당된다.

해설 "신호기"라 함은 도로교통에서 문자 · 기호 또는 등화를 사용하여 진행 · 정지 · 방향전환 · 주의 등의 신호를 표시하기 위하여 사람이나 전기의 힘으로 조작되는 장치를 말한다.

08 신호기에 대한 설명 중 틀린 것은?
① 문자 · 기호 또는 등화로서 표시한다.
② 진행 · 정지 · 방향 전환 및 주의 등의 신호를 표시한다.
③ 사람이나 전기의 힘에 의해 조작된다.
④ 도로의 바닥에 표시된 문자 · 기호도 신호기이다.

해설 안전표지란 교통안전에 필요한 주의 · 규제 · 지시 등을 표시하는 표지판이나 도로의 바닥에 표시하는 기호 · 문자 또는 선 등을 말한다.

09 비보호 좌회전 교차로에서의 통행 방법으로 가장 적절한 것은?
① 황색 신호시에만 좌회전할 수 있다.
② 황색 신호시 반대 방향의 교통에 유의하면서 서행한다.
③ 녹색 신호시 반대 방향의 교통에 방해가 되지 않게 좌회전할 수 있다.
④ 녹색 신호시에는 언제나 좌회전할 수 있다.

해설 비보호 좌회전 표지 또는 비보호 좌회전 표시가 있는 곳에서는 녹색 등화에 따르는 다른 교통에 방해가 되지 않을 때에는 좌회전할 수 있다.

정답 01. ④ 02. ④ 03. ① 04. ① 05. ① 06. ④ 07. ② 08. ④ 09. ③

10 비보호 좌회전 교차로에서 녹색신호에 좌회전 중 녹색신호에 진행하는 대향차량과 충돌사고 발생시 위반 사항은?

① 운전자의 준수사항 위반
② 지시위반
③ 신호위반
④ 교차로 통행방법 또는 안전운전의무 위반

> 해설 비보호 좌회전 표지 또는 비보호좌회전 표시가 있는 곳에서는 녹색 신호에 따르는 다른 교통에 방해가 되지 않을 때에는 좌회전할 수 있다. 다만, 다른 교통에 방해가 된 때에는 교차로 통행방법 또는 안전운전의무 위반 책임을 진다.

11 신호등의 황색 등화가 점멸할 때 옳은 통과 방법은?

① 정지선으로부터 서행하여야 한다.
② 빠른 속도로 교차로를 벗어나야 한다.
③ 다른 교통에 주의하면서 서행한다.
④ 일시 정지한 후 다른 교통에 주의하면서 진행할 수 있다.

> 해설 황색 등화가 점멸할 때 차마는 다른 교통 또는 안전표지의 표시에 주의하면서 진행할 수 있다.

12 녹색 등화에서 교차로 내를 직진 중에 황색 등화로 바뀌어졌다. 알맞은 조치는?

① 일시 정지하여 좌우를 확인한 후 진행한다.
② 신속히 교차로 밖으로 진행하여야 한다.
③ 일시 정지하여 다음 신호를 기다린다.
④ 속도를 줄여 서행하면서 진행한다.

> 해설 황색 등화가 표시한 신호의 뜻
> ① 차마는 정지선이 있거나 횡단보도가 있을 때에는 그 직전이나 교차로의 직전에 정지하여야 한다.
> ② 이미 교차로에 차마의 일부라도 진입한 경우에는 신속히 교차로 밖으로 진행하여야 한다.
> ③ 차마는 우회전을 할 수 있고 우회전하는 경우에는 보행자의 횡단을 방해하지 못한다.

13 도로의 통행방법, 통행구분 등 도로교통의 안전을 위하여 필요한 지시를 하는 표지는?

① 주의 표지
② 경계 표지
③ 지시 표지
④ 규제 표지

> 해설 교통안전 표지의 뜻
> ① 주의 표지 : 도로상태가 위험하거나 도로 또는 그 부근에 위험물이 있는 경우에 필요한 안전조치를 할 수 있도록 이를 도로 사용자에게 알리는 표지
> ② 지시 표지 : 도로의 통행방법, 통행구분 등 도로교통의 안전을 위하여 필요한 지시를 하는 경우에 도로 사용자가 이를 따르도록 알리는 표지
> ③ 규제 표지 : 도로교통의 안전을 위하여 각종 제한·금지 등의 규제를 하는 경우에 이를 도로 사용자에게 알리는 표지
> ④ 보조 표지 : 주의 표지·규제 표지 또는 지시 표지의 주 기능을 보충하여 도로 사용자에게 알리는 표지

14 교통안전 표지의 종류에 해당되지 않는 것은?

① 주의표지
② 지시표지
③ 규제표지
④ 경계표지

15 노면표지에 사용되는 각종 선에서 허용을 나타내는 선은?

① 점선
② 실선
③ 복선
④ 점선과 실선

> 해설 노면에 사용되는 각종 선에서 점선은 허용, 실선은 제한, 복선은 의미의 강조를 나타낸다.

16 다음 중 버스전용차로 차선의 색으로 맞는 것은?

① 청색
② 백색
③ 황색
④ 적색

> 해설 노면표시의 기본 색상
> ① 백색은 동일방향의 교통류 분리 및 경계표시
> ② 황색은 반대방향의 교통류분리 또는 도로이용의 제한 및 지시(중앙선 표시, 노상장애물 중 도로중앙 장애물 표시, 주차금지 표시, 정차·주차금지 표시 및 안전지대표시)
> ③ 청색은 지정방향의 교통류 분리 표시(버스전용차로 표시 및 다인승차량 전용차선 표시)
> ④ 적색은 어린이 보호구역 또는 주거지역 안에 설치하는 속도제한 표시의 테두리선에 사용

17 2차로 이상인 일반도로의 최고속도와 최저속도 기준으로 옳은 것은?(단, 지정·고시하여 변경된 경우 제외)

① 최고속도 70km/h 이내 - 최저속도 30km/h
② 최고속도 70km/h 이내 - 최저속도 제한 없음
③ 최고속도 80km/h 이내 - 최저속도 30km/h
④ 최고속도 80km/h 이내 - 최저속도 제한 없음

> 해설 일반도로에서 편도 2차로 이상이면 최고속도는 80km/h, 최저속도는 제한이 없다.

18 편도 2차로 이상의 일반도로에서 제한속도 표지판이 설치되어 있지 않을 경우 최고속도는 얼마인가?

① 60km
② 70km
③ 80km
④ 100km

> 해설 자동차등의 운행속도는 편도 2차로 이상인 일반도로(고속도로 및 자동차전용도로 외의 모든 도로를 말한다)에서는 매시 80킬로미터 이내. 다만, 편도1차로 도로에서는 매시 60킬로미터 이내이다.

19 최고 속도의 100분의 50을 줄인 속도로 운행하여야 하는 경우가 아닌 것은?

① 폭우, 폭설, 안개 등으로 가시거리가 100m 이내일 때
② 노면이 얼어붙은 때
③ 눈이 20mm 미만 쌓인 때
④ 눈이 20mm 이상 쌓인 때

> 해설 최고 속도의 50%를 감속하여 운행하여야 할 경우
> ① 노면이 얼어붙은 때
> ② 폭우·폭설·안개 등으로 가시거리가 100미터 이내일 때
> ③ 눈이 20mm 이상 쌓인 때

20 위험물 등을 운반하는 자동차는 도로의 오른쪽 가장자리 차로로 통행하여야 한다. 여기에 속하지 아니하는 경우는?

① 소방법 규정에 의한 지정 수량 이상의 위험물
② 총포·도검·화약류 등 단속법 규정에 의한 화약류
③ 유해 화학 물질 관리법 규정에 의한 유독물
④ 일반 쓰레기

> 해설 위험물 등을 운반하는 자동차로서 도로의 오른쪽 가장자리 차로로 통행하여야 하는 경우
> ① 위험물안전관리법 규정에 의한 지정수량 이상의 위험물
> ② 총포·도검·화약류 등 단속법 규정에 의한 화약류
> ③ 유해 화학 물질 관리법 규정에 의한 유독물
> ④ 폐기물 관리법 규정에 의한 지정폐기물 및 의료 폐기물
> ⑤ 고압가스안전관리법 규정에 의한 고압가스
> ⑥ 액화석유가스의 안전 및 사업법 규정에 의한 액화 석유가스
> ⑦ 원자력안전법에 따른 방사성 물질 및 그에 따라 오염된 물질
> ⑧ 산업안전보건법 규정에 의한 제조 등의 금지 유해 물질과 산업안전보건법에 따른 허가대상 유해 물질
> ⑨ 농약관리법 의한 유독성 원제

21 제한속도 60km/h 도로에서 눈이 20mm 미만 내린 때의 감속 운행 속도로 맞는 것은?

① 50km/h 　② 48km/h
③ 30km/h 　④ 40km/h

해설 눈이 20mm 미만 쌓인 경우에는 최고속도의 20/100을 감속하여야 하므로 60km/h×0.8=48km/h

22 좌회전 표시가 2개인 교차로에서 통행방법 중 위반 사항에 해당 되는 것은?

① 승용차가 1차로로 좌회전
② 15인승 승합자동차가 1차로로 좌회전
③ 특수차가 1차로로 좌회전
④ 25인승 승합차가 1차로로 좌회전

해설 좌회전 차로가 2 이상 설치된 교차로에서 좌회전하고자 하는 차는 그 설치된 좌회전 차로 내에서 고속도로 외의 도로의 통행 기준에 따라 좌회전하여야 한다. 따라서 승용자동차, 중·소형 승합자동차 는 1차로를 통행할 수 있는 차종 이다.

23 편도 2차로 이상 모든 고속도로에서 적재중량 1.5톤 초과 화물 자동차, 특수자동차, 위험물운반자동차, 건설기계의 최고속도 는?

① 120km/h 　② 90km/h
③ 110km/h 　④ 80km/h

해설 편도 2차로 이상 고속도로에서의 화물자동차(적재중량 1.5톤을 초과하는 경우에 한한다.)·특수자동차·위험물운반자동차 및 건설기계의 최고속도는 매시 80킬로미터, 최저속도는 매시 50킬로미터이다.

24 중부 고속도로에서 적재중량 1.5톤을 초과하는 화물자동차의 최고속도로 맞는 것은?

① 100km/h 　② 90km/h
③ 50km/h 　④ 40km/h

해설 중부 고속도로와 서해안 고속도로의 경우 적재중량 1.5톤 초과 화물자동차, 특수자동차, 건설기계, 위험물 운반 자동차의 최고속도는 90km/h이고 최저속도는 50km/h이다.

25 제한속도가 40km/h인 도로에서 눈이 10mm 미만 내린 때의 제한속도는?

① 8km/h 　② 25km/h
③ 32km/h 　④ 40km/h

해설 비가 내려 노면이 젖어 있는 때, 눈이 20mm 미만 쌓인 때의 운행속도는 최고 속도의 20/100을 줄인 속도이다. 따라서 실제 주행할 수 있는 속도는 최고속 도의 80/100이므로 32km/h로 주행하여야 한다.

26 편도 1차로의 일반도로에서 폭우가 내릴 때의 제한속도는?

① 20km/h 　② 30km/h
③ 40km/h 　④ 50km/h

해설 편도 1차로의 일반도로의 최고속도는 60km/h이며, 폭우가 내릴 때는 최고속 도의 50/100을 줄인 속도로 운행하여야 하므로 30km/h이다.

27 서행의 설명으로 옳은 것은?

① 차가 즉시 정지할 수 있는 느린 속도로 진행하는 것을 말한다.
② 15km/h 이하의 속도로 진행하는 것을 말한다.
③ 차가 완전히 정지된 상태, 즉 0km/h인 상태를 의미한다.
④ 차가 반드시 멈추어야 하되 얼마간의 시간동안 정지 상태를 유 지해야 하는 교통 상황적 의미이다.

해설 서행(徐行)이란 운전자가 차 또는 노면전차를 즉시 정지시킬 수 있는 정도의 느린 속도로 진행하는 것을 말한다.

28 다음 중 서행하여야 하는 경우에 해당되지 않는 것은?

① 교통정리가 행하여지고 있지 않은 교차로
② 편도 3차로의 다리 위
③ 차로가 설치되지 아니한 좁은 도로에서 보행자의 옆을 통과할 때
④ 비탈길의 고갯마루 부근

해설 서행하여야 하는 장소
　① 교통정리를 하고 있지 아니하는 교차로
　② 도로가 구부러진 부근
　③ 비탈길의 고갯마루 부근
　④ 가파른 비탈길의 내리막
　⑤ 시·도 경찰청장이 안전표지로 지정한 곳

29 운전자가 교차로 내에서 할 수 있는 행위는?

① 정차 　② 앞지르기
③ 서행 　④ 주차

해설 서행하여야 하는 경우
　① 교차로에서 좌·우회전할 때
　② 교통정리가 행하여지고 있지 아니하는 교차로 진입 시 교차하는 도로의 폭이 넓은 경우
　③ 안전지대에 보행자가 있는 때
　④ 차로가 설치되어 있지 아니한 좁은 도로에서 보행자의 옆을 지나는 때

30 일시정지의 의미에 대한 설명으로 옳은 것은?

① 차가 5km/h 미만의 속도로 진행하는 것을 말한다.
② 차가 즉시 정지할 수 있는 느린 속도로 진행하는 것을 말한다.
③ 차가 일시적으로 바퀴를 완전히 멈추어야 하는 행위 자체를 의 미한다.
④ 반드시 차가 멈추어야 하되 얼마간의 시간동안 정지 상태를 유 지해야 하는 교통상황의 의미로서 정지상황의 일시적 전개를 말 한다.

해설 일시정지의 의미는 반드시 차가 멈추어야 하되, 얼마간의 시간동안 정지 상태 를 유지해야 하는 교통상황의 의미로서 정지상황의 일시적 전개를 말한다.

31 일단정지의 설명으로 옳은 것은?

① 반드시 차가 일시적으로 바퀴를 완전히 멈추어야 하는 행위자체 의 의미로서 운행의 순간적 정지를 말한다.
② 반드시 차가 멈추어야 하되 얼마간의 시간동안 정지 상태를 유 지해야 하는 교통상황을 말한다.
③ 반드시 차가 일시적으로 바퀴를 멈추어야 하는 행위자체만을 의 미한다.
④ 차가 완전히 정지된 상태를 말한다.

해설 일단 정지는 반드시 차가 일시적으로 그 바퀴를 완전히 멈추어야 하는 행위 자 체의 의미로서 운행순간 정지를 말한다.

32 일시정지를 하여야 하는 경우에 해당되지 않는 것은?

① 가파른 비탈길의 내리막을 내려갈 때
② 정지선이나 횡단보도가 있는 곳에서 적색등화가 점멸 작동하고 있는 때
③ 앞을 보지 못하는 사람이 흰색지팡이를 가지고 도로를 횡단하고 있을 때
④ 철길건널목을 통과하고자 하는 때

해설 가파른 비탈길의 내리막을 내려갈 때는 서행하여야 한다.

정답 21.② 22.③ 23.④ 24.② 25.③ 26.② 27.① 　　28.② 29.③ 30.④ 31.① 32.①

33 교통정리가 행하여지고 있지 아니하고 좌·우를 확인할 수 없거나 교통이 빈번한 교차로에서의 운전 방법으로 옳은 것은?
① 경음기를 울린다. ② 서행을 한다.
③ 차폭등을 켠다. ④ 일시 정지한다.

34 다음 중 정지의 의미에 대한 설명으로 옳은 것은?
① 차가 즉시 정지할 수 있는 느린 속도로 진행하는 것을 의미한다.
② 반드시 차가 일시적으로 바퀴를 완전히 멈추어야 하는 행위 자체의 의미를 말한다.
③ 반드시 차가 멈추어야 하되 얼마간의 시간 동안 정지상태를 유지해야 하는 교통 상황을 의미한다.
④ 자동차가 완전히 멈추는 상태. 즉 0km/h인 상태로서 완전한 정지 상태를 의미한다.

→ 해설 정지는 자동차가 완전히 멈추는 것으로 0km/h인 상태로서 완전한 정지상태를 말한다.

35 다음 중 가장 우선적으로 통행할 수 있는 자동차는?
① 긴급 자동차 ② 긴급 자동차 이외의 자동차
③ 원동기 장치 자전거 ④ 자동차 이외의 차마

→ 해설 차마 서로간의 통행 우선순위
① 긴급 자동차(최우선 통행권을 갖는다)
② 긴급 자동차 외의 자동차(최고속도 순서)
③ 원동기 장치 자전거
④ 자동차 및 원동기 장치 자전거 외의 차마

36 다음 중 긴급 자동차에 대한 특례 사항이 아닌 것은?
① 긴급 부득이한 때에는 도로의 좌측 부분을 통행할 수 있다.
② 일시 정지하여야 할 곳에서 반드시 정지하여야 한다.
③ 자동차 등의 속도, 앞지르기 금지 시기, 앞지르기 금지 장소, 끼어들기 금지에 관한 규정을 적용하지 아니한다.
④ 긴급 자동차 본래의 사용 용도로 사용되고 있는 경우에 한하여 특례가 인정된다.

→ 해설 긴급 자동차의 특례
① 긴급하고 부득이한 경우에는 도로의 중앙이나 좌측 부분을 통행할 수 있다.
② 긴급하고 부득이한 경우에는 일시 정지하여야 할 곳에서 정지하지 아니할 수 있다.
③ 자동차 등의 속도, 앞지르기 금지 시기, 앞지르기 금지 장소, 끼어들기 금지에 관한 규정을 적용하지 아니한다.
④ 긴급 자동차 본래의 사용 용도로 사용되고 있는 경우에 한하여 특례가 인정된다.

37 교통정리가 행하여지지 않는 교차로에서 통행의 우선권이 가장 큰 차량은?
① 이미 교차로를 진입하여 좌회전하고 있는 차량
② 좌회전을 하려고 하는 차량
③ 우회전하려는 차량
④ 직진하려고 하는 차량

→ 해설 교통정리가 행하여지고 있지 아니하는 교차로에 들어가려는 모든 차는 다른 도로로부터 이미 그 교차로에 들어가고 있는 차가 있는 때에는 그 차의 진행을 방해하여서는 아니 된다. 단, 우선순위가 같은 차가 동시에 교차로에 들어가려고 하는 때에는 우측 도로의 차에 진로를 양보하여야 한다.

38 교차로 또는 그 부근에서 긴급 자동차가 접근하였을 때 피양 방법으로 옳은 것은?
① 그대로 진행 방향으로 진행을 계속한다.
② 교차로를 피하여 도로의 우측 가장자리에 일시 정지한다.
③ 서행하면서 앞지르기를 하라는 신호를 한다.
④ 교차로 중앙에 일시 정지하여 진로를 피양한다.

→ 해설 교차로나 그 부근에서 긴급자동차가 접근하는 경우에는 차마와 노면전차의 운전자는 교차로를 피하여 일시 정지하여야 한다. 모든 차와 노면 전차의 운전자는 교차로나 그 부근 외의 곳에서 긴급자동차가 접근한 경우에는 긴급자동차가 우선 통행할 수 있도록 진로를 양보하여야 한다.

39 교차로 통행 방법 중 틀린 것은?
① 교차로에서 우회전 할 때에는 서행하여야 한다.
② 좌회전할 때에는 유도 표지가 없는 한 교차로 중심 안쪽으로 서행한다.
③ 교차로에서 직행하려는 차는 이미 좌회전하고 있는 차의 진로를 방해할 수 없다.
④ 교차로 내에는 차선이 없으므로 진행 방향을 임의로 바꿀 수 있다.

→ 해설 교차로 통행 방법
① 모든 차는 교차로에서 우회전하려는 때에는 미리 도로의 우측 가장자리를, 좌회전하려는 때에는 미리 도로의 중앙선을 따라 교차로의 중심 안쪽을 각각 서행하여야 한다.
② 모든 차가 좌회전 또는 우회전하기 위하여 손이나 방향지시기 또는 등화로서 신호를 한 때에는 그 뒤차는 신호를 한 앞차의 진행을 방해하여서는 아니 된다.
③ 교통정리가 행하여지고 있지 아니하는 교차로에 들어가려는 모든 차는 다른 도로로부터 이미 그 교차로에 들어가고 있는 차가 있는 때에는 그 차의 진행을 방해하여서는 아니 된다.
④ 교통정리가 행하여지고 있지 아니하는 우선순위가 같은 차가 동시에 교차로에 들어가려고 하는 때에는 우측 도로의 차에 진로를 양보하여야 한다.

40 신호등이 없는 교차로에서 통행 우선순위가 같은 차가 동시 진입시 통행 우선순위로 틀린 것은?
① 넓은 도로에서 진입하는 차가 좁은 도로에서 진입하는 차보다 우선권이 있다.
② 우측 도로에서 진입하는 차가 좌측 도로에서 진입하는 차보다 우선권이 있다.
③ 직진차가 좌회전 차보다 우선권이 있다.
④ 좌회전 차가 우회전 차보다 우선권이 있다.

→ 해설 노폭이 대등한 신호등이 없는 교차로에서의 통행 우선순위
① 긴급 자동차를 제외하면 선 진입 차에게 우선권이 있다.
② 동시 진입 시에는 통행 우선순위 차(긴급 자동차, 지정을 받은 차)가 우선권이 있다.
③ 넓은 도로에서 진입하는 차가 좁은 도로에서 진입하는 차보다 우선권이 있다.
④ 우측 도로에서 진입하는 차가 좌측 도로에서 진입하는 차보다 우선권이 있다.
⑤ 직진 차가 좌회전 차보다 우선권이 있다.
⑥ 우회전 차가 좌회전 차보다 우선권이 있다.

41 제1종 보통면허로 운전할 수 있는 차량으로 맞는 것은?
① 승차정원 12명 이하의 긴급 승합자동차
② 적재중량 12톤의 화물자동차
③ 승차정원 15명 이상의 승합자동차
④ 트레일러 및 레커를 제외한 총중량 10톤 이상

→ 해설 제1종 보통면허로 운전할 수 있는 범위
① 승용자동차 ② 승차정원 15명 이하의 승합자동차
③ 적재중량 12톤 미만의 화물자동차
④ 건설기계(도로를 운행하는 3톤 미만의 지게차로 한정한다)
⑤ 총중량 10톤 미만의 특수자동차(구난차 등은 제외한다)
⑥ 원동기장치자전거

42 위험물 등을 운반하는 적재중량 3톤 초과 또는 적재용량 3,000ℓ 초과의 화물자동차를 운전할 수 있는 면허는?
① 제1종 소형면허 ② 제1종 보통면허
③ 제1종 대형면허 ④ 제1종 특수면허

→ 해설 위험물 등을 운반하는 적재중량 3톤 초과 또는 적재용량 3,000ℓ 초과의 화물자동차는 제1종 대형면허가 있어야 운전할 수 있다.

정답 33.④ 34.④ 35.① 36.② 37.① 38.② 39.④ 40.④ 41.① 42.③

43 피견인 자동차는 제1종 대형면허 · 제1종 보통면허 또는 제2종 보통면허를 가지고 있는 사람이 그 면허로 운전할 수 있는 자동차로 견인할 수 있다. 이 경우 총중량 몇 kgf을 초과하는 피견인 자동차를 견인하기 위해서는 견인하는 자동차를 운전할 수 있는 면허 외에 제1종 특수(트레일러) 면허를 가지고 있어야 하는가?

① 550kgf   ② 650kgf
③ 750kgf   ④ 850kgf

해설 피견인 자동차는 제1종 대형면허 · 제1종 보통면허 또는 제2종 보통면허를 가지고 있는 사람이 그 면허로 운전할 수 있는 자동차로 견인할 수 있다. 이 경우 총중량 750kg을 초과하는 피견인 자동차를 견인하기 위해서는 견인하는 자동차를 운전할 수 있는 면허 외에 제1종 특수(트레일러)면허를 가지고 있어야 한다.

44 무면허 운전금지 규정에 위반하여 자동차 등을 운전한 사람이 그 위반한 날부터 얼마의 기간이 경과되어야 면허시험에 응시할 수 있는가?

① 6월   ② 1년   ③ 2년   ④ 3년

해설 무면허 운전금지 규정에 위반하여 자동차 등을 운전한 사람이 그 위반한 날(운전면허의 효력이 정지된 기간 중 운전으로 인하여 취소된 경우에는 그 취소된 날)부터 1년이 경과되어야 운전면허 시험에 응시할 수 있다.

45 음주 운전금지 또는 과로 · 질병 · 약물의 영향으로 정상적 운전을 못할 염려가 있는 때의 운전금지 규정에 위반하여 구호 조치 및 사고 발생 신고 의무를 위반한 경우에는 그 위반한 날부터 얼마의 기간이 경과되어야 운전면허 시험에 응시할 수 있는가?

① 3년   ② 5년   ③ 7년   ④ 10년

해설 음주 운전금지 또는 과로 · 질병 · 약물의 영향으로 정상적 운전을 못할 염려가 있는 때의 운전 금지 규정에 위반하여 구호 조치 및 사고 발생 신고 의무를 위반한 경우에는 그 위반한 날부터 5년이 경과되어야 운전면허 시험에 응시할 수 있다.

46 경찰공무원의 면허증 제시 요구에 불응했을 때 운전면허 행정처분 벌점은?

① 100점   ② 30점   ③ 20점   ④ 10점

해설 중앙선 침범, 면허증 제시의무 위반, 고속도로 전용차로 위반, 갓길 통행위반, 속도위반(40km/h 초과)의 경우 벌점 기준은 30점이다.

47 교통사고 발생 시 운전면허 벌점 사항 중 틀린 것은?

① 경상 1명마다 5점   ② 사망 1명마다 90점
③ 중상 1명마다 30점   ④ 부상 1명마다 2점

해설 교통사고 발생 후 벌점 기준
① 사망 1명마다 90점   ② 중상 1명마다 15점
③ 경상 1명마다 5점   ④ 부상 1명마다 2점

48 음주 운전금지 규정에 위반하여 운전을 하다가 2회 이상 교통사고를 일으킨 경우에는 운전면허가 취소된 날부터 얼마의 기간이 경과되어야 운전면허 시험에 응시할 수 있는가?

① 1년   ② 3년   ③ 5년   ④ 10년

해설 음주 운전금지 또는 경찰공무원의 음주 측정을 위반하여 운전을 하다가 2회 이상 교통사고를 일으킨 경우에는 운전면허가 취소된 날부터, 자동차 및 원동기장치 자전거를 이용하여 범죄 행위를 하거나 다른 사람의 자동차 및 원동기장치 자전거를 훔치거나 빼앗은 사람이 무면허 운전금지 규정에 위반하여 그 자동차 및 원동기장치 자전거를 운전한 경우에는 그 위반한 날부터 각각 3년이 경과되어야 운전면허 시험에 응시할 수 있다.

49 다음 중 교통사고 결과에 따른 벌점 기준의 적용에 대한 설명으로 틀리는 것은?

① 교통사고 발생 원인이 불가항력이거나 피해자의 명백한 과실인

때에는 행정처분을 하지 아니한다.

② 차 대 사람 교통사고의 경우 쌍방 과실인 때에는 그 벌점을 3분의 1로 감경한다.

③ 차 대 차 교통사고의 경우에는 그 사고 원인 중 중한 위반행위를 한 운전자만 적용한다.

④ 교통사고로 인한 벌점산정에 있어서 처분 받을 운전자 본인의 피해에 대하여는 벌점을 산정하지 아니한다.

해설 교통사고 결과에 따른 벌점 기준의 적용
① 교통사고 발생 원인이 불가항력이거나 피해자의 명백한 과실인 때에는 행정처분을 하지 아니한다.
② 차 대 사람 교통사고의 경우 쌍방 과실인 때에는 그 벌점을 2분의 1로 감경한다.
③ 차 대 차 교통사고의 경우에는 그 사고 원인 중 중한 위반행위를 한 운전자만 적용한다.
④ 교통사고로 인한 벌점 산정에 있어서 처분 받을 운전자 본인의 피해에 대하여는 벌점을 산정하지 아니한다.

50 혈중 알코올 농도 0.03~0.08% 미만의 상태에서 음주 운전을 하였을 경우 벌점은 얼마인가?

① 100점   ② 90점
③ 80점   ④ 70점

해설 술에 취한 상태의 기준을 넘어서 운전한 때(혈중 알코올 농도 0.03~0.08% 미만)의 경우 벌점은 100점이다.

51 술에 취한 상태에서의 운전 금지규정의 설명으로 틀린 것은?

① 술에 취한 상태의 기준은 혈중알코올농도 0.03% 이상이다.

② 혈중알코올농도 0.03% 이상 0.08%미만의 상태로 음주 운전한 경우 운전면허 벌점은 100점이다.

③ 혈중알코올농도 0.08% 이상의 상태로 음주 운전한 경우 운전면허는 취소된다.

④ 소주를 마신 후 얼굴에 주기가 나타난 상태로 운전한 경우 주취 운전에 해당된다.

52 혈중알코올 농도가 0.03% 이상 0.08% 미만인 상태에서 자동차를 도로에서 운전하였을 때 벌금은?

① 200만원 이하   ② 100만원 이하
③ 300만원 이하   ④ 500만원 이하

53 다음 중 운전면허 행정처분 기준의 감경 사유에 해당되는 것은?

① 혈중 알코올 농도가 0.12퍼센트를 초과하여 운전한 경우

② 경찰관의 음주측정 요구에 불응한 때 또는 도주하거나 단속경찰관을 폭행한 경우

③ 모범운전자로서 처분 당시 3년 이상 교통봉사 활동에 종사하고 있는 경우

④ 과거 5년 이내에 3회 이상의 인적 피해 교통사고의 전력이 있는 경우

해설 운전면허 행정처분 감경 사유
① 취소처분 개별기준 및 정지처분 개별기준을 적용하는 것이 현저하게 불합리하다고 인정되는 경우
② 음주운전으로 운전면허에 관한 행정처분을 받은 경우에는 과거 5년 이내에 음주운전 전력이 없는 사람으로서 운전 이외에는 가족의 생계를 감당할 수단이 없는 경우
③ 모범운전자로서 처분 당시 3년 이상 교통봉사 활동에 종사하고 있는 경우
④ 과거에 교통사고를 일으키고 도주한 운전자를 검거하여 경찰서장 이상의 표창을 받은 사람이 그 행정처분에 관하여 주소지를 관할하는 시 · 도 경찰청장에게 이의 신청을 한 경우
④ 과거에 교통사고를 일으키고 도주한 운전자를 검거하여 경찰서장 이상의 표창을 받은 사람이 그 행정처분에 관하여 주소지를 관할하는 지방경찰청장에게 이의 신청을 한 경우

정답 43.③ 44.② 45.② 46.② 47.③ 48.② 49.② | 50.① 51.④ 52.④ 53.③

교통사고처리특례법

01 업무상 과실 또는 중대한 과실로 인하여 사람을 사상에 이르게 한 자는 ( ) 이하의 금고 또는 ( )원 이하의 벌금에 처한다. 다음 중 ( )안에 알맞은 것은?
① 10년 이하의 금고 또는 3,000만 원 이하의 벌금에 처한다.
② 5년 이하의 금고 또는 2,000만 원 이하의 벌금에 처한다.
③ 5년 이하의 금고 또는 1,000만 원 이하의 벌금에 처한다.
④ 10년 이하의 금고 또는 2,000만 원 이하의 벌금에 처한다.

해설 업무상 과실 또는 중대한 과실로 인하여 사람을 사상에 이르게 한 자는 5년 이하의 금고 또는 2,000만 원 이하의 벌금에 처한다.

02 교통사고처리특례법상 중대과실 12개항에 해당되지 않는 것은?
① 신호 또는 지시위반 사고
② 중앙선 침범사고
③ 보도 침범사고
④ 과속 20km/h 이하 위반 사고

해설 특례의 적용이 배제되는 12개 항목
① 신호·지시 위반 사고
② 중앙선 침범, 횡단·유턴 또는 후진 위반 사고
③ 속도위반(20km/h 초과) 과속 사고
④ 앞지르기의 방법·금지시기·금지장소 또는 끼어들기 금지 위반 사고
⑤ 철길 건널목 통과 방법 위반 사고
⑥ 보행자 보호 의무 위반 사고
⑦ 무면허 운전사고
⑧ 술에 취한 상태에서의 운전·약물 복용 운전사고
⑨ 보도 침범·보도 횡단 방법 위반 사고
⑩ 승객 추락 방지 의무 위반 사고
⑪ 어린이 보호구역내 안전운전의무 위반사고
⑫ 자동차의 화물이 떨어지지 아니하도록 필요한 조치를 하지 아니하고 운전한 경우

03 우리나라 교통사고 중 중대과실의 원인인 교통사고에서 발생 빈도가 가장 높은 것은?
① 횡단보도 보행자 보호의무 위반
② 중앙선 침범
③ 앞지르기 금지 또는 방법위반
④ 과속사고

04 교통사고처리특례법의 중대과실 12개항의 주취운전 위반에서 주취의 기준으로 맞는 것은?
① 혈중 알코올 농도가 0.05% 이상
② 혈중 알코올 농도가 0.10% 이상
③ 혈중 알코올 농도가 0.01% 이상
④ 혈중 알코올 농도가 0.03% 이상

해설 운전이 금지되는 술에 취한 상태의 기준은 운전자의 혈중알코올농도가 0.03% 이상인 경우로 한다.

05 도로교통법의 규정에 의한 교통사고로 인한 사망의 기준은?
① 피해자가 사고발생 시로부터 24시간 이내에 사망한 때
② 피해자가 사고발생 시로부터 48시간 이내에 사망한 때
③ 피해자가 사고발생 시로부터 72시간 이내에 사망한 때
④ 피해자가 사고발생 시로부터 96시간 이내에 사망한 때

해설 교통사고의 분류
① 사망 : 사고 발생 시로부터 72시간 이내에 사망한 때
② 중상 : 3주 이상의 치료를 요하는 부상
③ 경상 : 5일 이상 3주 미만의 치료를 요하는 부상
④ 부상 : 5일 미만의 치료를 요하는 부상

06 자동차의 운전자가 중대한 과실로 다른 사람의 건조물이나 재물을 손괴한 때의 도로교통법상 벌칙으로 알맞은 것은?
① 1년 이하의 금고 또는 300만원 이하의 벌금에 처한다.
② 2년 이하의 금고 또는 500만원 이하의 벌금에 처한다.
③ 3년 이하의 금고 또는 700만원 이하의 벌금에 처한다.
④ 5년 이하의 금고 또는 1,000만원 이하의 벌금에 처한다.

해설 자동차의 운전자가 업무상 필요한 주의를 게을리 하거나 중대한 과실로 다른 사람의 건조물이나 그 밖의 재물을 손괴한 때에는 2년 이하의 금고나 500만원 이하의 벌금의 형으로 벌한다.

07 피해자를 사망에 이르게 하고 도주하거나 도주 후에 피해자가 사망한 경우에는 어떠한 처벌을 받는가?
① 무기 또는 5년 이상의 징역
② 사형 또는 5년 이상의 징역
③ 5년 이하의 유기징역
④ 5년 이하의 금고

해설 피해자를 치사하고 도주하거나, 도주 후에 피해자가 사망한 때에는 사형·무기 또는 5년 이상의 징역에 처한다.

08 신호, 지시위반 사고의 성립 요건 중 운전자 과실의 예외 사항에 해당하는 것은?
① 부주의에 의한 과실
② 고의적 과실
③ 부득이한 과실
④ 의도적 과실

해설 신호, 지시위반 사고 성립 요건의 운전자 과실 예외 사항
① 불가항력적 과실
② 부득이한 과실
③ 교통상 적절한 행위는 예외

09 신호기의 적용 범위는 원칙적으로 해당 교차로나 횡단보도에만 적용되지만, 다음과 같은 경우에는 확대 적용될 수 있다. 이에 속하지 않는 것은?
① 신호기의 직접 영향 지역
② 신호기의 지주 위치 내의 지역
③ 대향 차선에 유턴을 허용하는 지역에서는 신호기 적용 유턴 허용 지점으로까지 확대 적용
④ 대향 차량이나 피해자가 신호기의 내용을 의식, 신호 상황에 따라 진행하지 않는 경우

해설 신호기의 적용 범위를 확대 적용하는 경우
① 신호기의 직접 영향 지역
② 신호기의 지주 위치 내의 지역
③ 대향 차선에 유턴을 허용하는 지역에서는 신호기 적용 유턴 허용 지점으로까지 확대 적용
④ 대향 차량이나 피해자가 신호기의 내용을 의식, 신호 상황에 따라 진행 중인 경우

10 신호, 지시위반 사고의 성립 요건 중 장소적 요건에 속하지 않는 것은?
① 신호기가 설치되어 있는 교차로나 횡단보도
② 경찰관 등의 수신호
③ 지시 표시판(12가지)이 설치된 구역 내
④ 부주의에 의한 과실

해설 신호, 지시위반 사고의 성립 요건 중 장소적 요건
① 신호기가 설치되어 있는 교차로나 횡단보도
② 경찰관 등의 수신호
③ 지시 표시판(12가지)이 설치된 구역 내

정답 01.② 02.④ 03.② 04.④ 05.③ 06.② 07.① 08.③ 09.④ 10.④

11 노면 표시의 중앙선 중 옳은 것은 ?

① 황색 및 백색의 점선으로 되어 있다.
② 황색의 실선 및 점선으로 되어 있다.
③ 백색의 실선 및 점선으로 되어 있다.
④ 백색 및 회색의 실선으로 되어 있다.

해설 중앙선 : 차마의 통행을 방향별로 명확히 구별하기 위하여 도로에 황색 실선이나 황색 점선 등의 안전표지로 설치한 선 또는 중앙 분리대·철책·울타리 등으로 설치한 시설물을 말한다.

12 중앙선 침범사고 성립요건 중 장소적 요건에 해당되지 않은 것은?

① 중앙선 침범 차량에 충돌되어 인적 피해를 입은 경우
② 황색 실선이나 점선의 중앙선이 설치되어 있는 도로
③ 자동차 전용도로에서 횡단 차량에 충돌되어 인적 피해를 입은 경우
④ 자동차 전용도로에서 유턴 차량에 충돌되어 인적 피해를 입은 경우

해설 중앙선 침범사고 성립요건의 장소적 요건
① 황색 실선이나 점선의 중앙선이 설치되어 있는 도로
② 자동차 전용도로에서의 횡단, 유턴, 후진
③ 고속도로에서의 횡단, 유턴, 후진

13 가변차로가 설치된 경우 중앙선의 정의에 대한 설명으로 알맞은 것은?

① 신호기가 지시하는 진행방향의 제일 오른쪽 황색 점선이 중앙선이다.
② 신호기가 지시하는 진행방향의 제일 오른쪽 청색 실선이 중앙선이다.
③ 신호기가 지시하는 진행방향의 제일 왼쪽 황색 점선이 중앙선이다.
④ 신호기가 지시하는 진행방향의 제일 왼쪽 백색 점선이 중앙선이다.

해설 중앙선이란 가변차로가 설치된 경우에는 신호기가 지시하는 진행방향의 제일 왼쪽 황색 점선을 말한다.

14 다음은 교통사고처리특례법상 중앙선 침범의 적용에 있어 형사 입건의 대상이 아닌 것은?

① 고의적 유턴 회전 중 중앙선 침범사고
② 커브길 과속으로 인한 중앙선 침범사고
③ 빗길 과속으로 인한 중앙선 침범사고
④ 교차로 좌회전 중 일부 중앙선 침범사고

해설 공소권 없는 사고로 처리하는 항목
① 불가항력적 중앙선 침범 사고
② 부득이한 중앙선 침범사고
㉮ 사고 피양을 위해 급제동으로 인한 중앙선 침범사고
㉯ 위험 회피로 인한 중앙선 침범사고
㉰ 충격에 의한 중앙선 침범사고
㉱ 빙판 등 부득이한 중앙선 침범사고
㉲ 교차로 좌회전 중 일부 중앙선 침범사고

15 다음은 과속의 개념에 대하여 설명한 것이다. 틀린 것은?

① 도로교통법에 규정된 법정속도를 초과한 것을 말한다.
② 도로교통법에 규정된 지정된 속도를 초과한 경우를 말한다.
③ 교통사고처리특례법상 도로교통법에 규정된 법정속도를 10km/h 초과된 경우를 말한다.
④ 교통사고처리특례법상 도로교통법에 규정된 지정속도를 20km/h 초과된 경우를 말한다.

해설 일반적으로 과속이란 도로교통법에 규정된 법정속도와 지정속도를 초과한 경우를 말하고 교통사고처리특례법상 과속이란 도로교통법에 규정된 법정속도와 지정속도를 20km/h 초과된 경우를 말한다.

16 경찰에서 사용 중인 속도 추정방법에 속하지 않는 것은?

① 운전자의 진술
② 스피드건
③ 타코 그래프(운행기록계)
④ ABS 장착 여부

해설 경찰에서 사용 중인 속도 추정방법
① 운전자의 진술
② 스피드건
③ 타코 그래프(운행기록계)
④ 제동 흔적

17 과속사고(20km/h 초과)의 성립요건으로 운전자의 과실에 해당되는 것은?

① 일반도로에서 제한속도 80km/h를 20km/h 초과한 경우
② 4차선 이상 도로에서 제한속도 60km/h를 20km/h 초과한 경우
③ 비가 내려 노면에 습기가 있거나, 눈이 20mm 미만 쌓일 때 최고 속도의 50/100을 줄인 속도에서 20km/h를 초과한 경우
④ 속도제한 표지판의 설치 구간에서 제한속도 20km/h를 초과한 경우

해설 운전자 과실의 성립 요건이 되는 경우
① 일반도로에서 제한속도 60km/h에서 20km/h 초과한 경우
② 4차선 이상 도로에서 제한속도 80km/h에서 20km/h 초과한 경우
③ 비가 내려 노면에 습기가 있거나, 눈이 20mm 미만 쌓일 때 최고 속도의 20/100을 줄인 속도에서 20km/h를 초과한 경우

18 다음 중 교통사고처리특례법상 12대 중과실 사고에 해당되는 것은?

① 어린이보호구역에서 안전운전의무 위반으로 어린이의 신체를 상해에 이르게 한 사고
② 비보호 좌회전 교차로에서 녹색신호에 좌회전 중 대향차량과 충돌하여 인적피해가 발생된 사고
③ 제한속도 80km/h 도로(노면상태 건조)의 구간에서 95km/h 속도로 진행 중 무단횡단자를 충격하여 전치 3주의 상해에 이르게 한 사고
④ 혈중알코올농도 0.01% 음주 상태로 운전 중 보행자를 충격하여 전치 4주의 상해에 이르게 한 사고

19 다음 중 앞지르기 방법 금지위반 사고의 성립요건 중 장소적 요건이 아닌 것은?

① 교차로·터널 안 또는 다리 위
② 도로의 구부러진 곳
③ 비탈길 고갯마루 부근 또는 가파른 비탈길의 내리막
④ 편도 4차로의 직선 도로

해설 앞지르기 금지 장소
① 교차로·터널 안 또는 다리 위
② 도로의 구부러진 곳
③ 비탈길 고갯마루 부근 또는 가파른 비탈길의 내리막
④ 시·도 지방경찰청장이 지정한 장소

20 다음 중 철도건널목의 종별 구분에 속하지 않는 것은?

① 1종 건널목
② 2종 건널목
③ 3종 건널목
④ 4종 건널목

해설 철도 건널목의 종별 구분
① 1종 건널목 : 차단기, 경보기 및 건널목 교통안전 표지를 설치하고 차단기를 주야간 계속 작동시키거나 또는 건널목 안내원이 근무하는 건널목
② 2종 건널목 : 경보기와 건널목 교통안전 표지만 설치하는 건널목
③ 3종 건널목 : 건널목 교통안전 표지만 설치하는 건널목

정답 11.② 12.① 13.③ 14.④ 15.③　　16.④ 17.④ 18.① 19.④ 20.④

21 앞지르기 금지위반 행위에서 운전자의 과실에 속하지 않는 것은?

① 직진시 앞지르기
② 앞차의 좌회전시 앞지르기
③ 이중 앞지르기
④ 앞지르기 금지 장소에서 앞지르기・앞지르기 방법 위반 행위

해설 앞지르기 금지위반 행위에서 운전자의 과실
① 병진시 앞지르기
② 앞차의 좌회전시 앞지르기
③ 이중 앞지르기
④ 앞지르기 금지 장소에서 앞지르기・앞지르기 방법 위반 행위
⑤ 우측 앞지르기
⑥ 우측 2개 차로 사이로 앞지르기
⑦ 앞지르기 허용 지점에서 반대쪽 전방 교통 주시 태만

22 교통사고처리특례법 적용이 배제되는 사유인 철길건널목 통과방법 위반에 해당되지 않는 경우는?

① 철길건널목 직전 일시정지 불이행
② 안전 미확인 통행 중 사고
③ 고장 시 승객 대피, 차량이동 조치 불이행
④ 신호기의 지시에 따라 일시정지하지 아니하고 통과한 경우

해설 운전자 과실
① 건널목 직전 일시 정지 불이행
② 안전 미확인 통행 중 사고
③ 고장 시 승객대피 조치 불이행
④ 고장 시 차량 이동 조치 불이행

23 보행 신호등이 점멸할 때 이륜차를 타고 횡단보도에 진입하여 통행 중 신호가 변경되어 사고 발생 시 운전자에 대한 법규 적용으로 알맞은 것은?

① 보행자 보호 의무 불이행
② 안전운전 불이행
③ 신호 위반
④ 일시 정지 위반

해설 이륜차를 보행자로 볼 수 없고 제차로 간주하여 안전운전 불이행 위반을 적용하여 처리한다.

24 철도 건널목 통과방법을 위반한 운전자의 과실에 속하지 않는 것은?

① 건널목 직전 일시 정지 불이행
② 안전 미확인 통행 중 사고
③ 고장 시 승객 대피, 차량 이동 조치 불이행
④ 건널목 직전 일시 정지 이행

해설 운전자 과실
① 건널목 직전 일시 정지 불이행
② 안전 미확인 통행 중 사고
③ 고장 시 승객대피 조치 불이행
④ 고장 시 차량 이동 조치 불이행

25 횡단보도 보행자 보호의무위반 사고의 성립 요건 중 운전자 과실에 속하지 않는 것은?

① 횡단보도를 건너는 보행자를 충돌한 사고
② 횡단보도 전에 정지한 차량을 추돌, 밀려 나가 보행자를 충돌한 사고
③ 보행 신호에 횡단보도를 건너던 중 주의신호 또는 정지신호가 되어 마저 건너고 있는 보행자를 충돌한 사고
④ 차량 고장 시 승객대피, 차량 이동조치 불이행의 사고

해설 횡단보도 보행자 보호의무위반 사고의 성립 요건 중 운전자 과실
① 횡단보도를 건너는 보행자를 충돌한 경우
② 횡단보도 전에 정지한 차량을 추돌, 밀려나가 보행자를 충돌한 경우
③ 보행 신호에 횡단보도 진입, 건너던 중 주의신호 또는 정지신호가 되어 마저 건너고 있는 보행자를 충돌한 경우

26 다음 중 무면허 운전에 해당되지 않는 경우는?

① 면허정지 기간 중에 운전하는 경우
② 시험 합격 후 면허증을 교부 받고 운전하는 경우
③ 면허 종별 외 차량을 운전하는 경우
④ 외국인으로 국제운전면허를 받지 않고 운전하는 경우

해설 무면허 운전에 해당되는 경우
① 면허를 취득치 않고 운전하는 경우
② 유효기간이 지난 운전 면허증으로 운전하는 경우
③ 면허취소 처분을 받은 자가 운전하는 경우
④ 면허정지 기간 중에 운전하는 경우
⑤ 시험 합격 후 면허증 교부 전에 운전하는 경우
⑥ 면허 종별 외 차량을 운전하는 경우
⑦ 외국인으로 국제운전면허를 받지 않고 운전하는 경우
⑧ 외국인으로 입국 1년이 지난 국제운전면허증을 소지하고 운전하는 경우

27 다음 중 일시 정지에 대한 실례를 설명한 것으로 틀린 것은?

① 철길 건널목을 통과하기 위해 일시 정지 후 통행하였다.
② 교통정리가 행하여지고 있지 아니한 교통이 빈번한 교차로를 통행하기 위해 일시 정지 후 통행하였다.
③ 횡단 보도상에 보행자가 도로를 통행하고 있어 일시 정지 후 통행하였다.
④ 길가의 주차장을 출입키 위해 일시 정지 후 보도를 통행하였다.

해설 일시 정지는 반드시 차마가 멈추어야 하되 얼마간의 시간동안 정지상태를 유지해야 하는 교통 상황적 의미로 정지 상황의 일시 전개를 말하며 실례는 다음과 같다.
① 철길 건널목을 통과할 때
② 횡단 보도상에 보행자가 통행할 때
③ 교통정리가 행하여지고 있지 아니한 교통이 빈번한 교차로를 통행할 때
④ 어린이, 유아, 앞을 보지 못하는 사람이 도로를 횡단하는 때

28 다음은 일단 정지에 대한 실례를 든 것이다. 가장 적절하게 설명한 것은?

① 철길 건널목을 통과할 때 일단정지 후 통행하였다.
② 교통정리가 행하여지고 있지 아니한 교통이 빈번한 교차로를 일단정지 후 통행하였다.
③ 길가의 주유소를 출입키 위해 일단정지 후 보도를 통행하였다.
④ 앞을 보지 못하는 사람이 도로를 횡단하고 있어 일단정지 후 통행하였다.

해설 일단정지는 차마가 멈추어야 하는 행위 자체에 대한 의미로 운행의 순간적 정지를 말하며, 길가의 주차장, 주유소 등을 출입키 위해 보도를 통행하는 경우이다.

정답 21.① 22.④ 23.② 24.④ 25.④ 26.② 27.④ 28.③

화물자동차운수사업법

01 화물자동차운수사업법 제정 목적에 속하지 않는 것은?
① 개인의 이윤추구　　② 공공복리의 증진
③ 화물의 원활한 수송　④ 운수사업의 효율적 관리

　해설 화물자동차운수사업법 제정의 목적
　　① 운수사업의 효율적 관리
　　② 화물의 원활한 운송
　　③ 공공복리 증진

02 화물자동차의 규모별 종류 및 세부 기준(자동차관리법 시행규칙)에서 대형화물차의 기준으로 옳은 것은?
① 배기량이 1,000cc 미만으로서 길이 3.6미터, 너비 1.6미터, 높이 2.0미터 이하인 것
② 최대 적재량이 1톤 이하인 것으로서 총중량이 3톤 이하인 화물자동차
③ 최대 적재량이 1톤 초과 5톤 미만이거나, 총중량이 3톤 초과 10톤 미만인 화물자동차
④ 최대 적재량이 5톤 이상이거나, 총중량이 10톤 이상인 화물자동차

　해설 화물자동차의 세부 기준
　　① 경형 일반형 : 배기량이 1,000cc 미만으로서 길이 3.6미터, 너비 1.6미터, 높이 2.0미터 이하인 것
　　② 소형 : 최대 적재량이 1톤 이하인 것으로서 총중량이 3.5톤 이하인 화물자동차
　　③ 중형 : 최대 적재량이 1톤 초과 5톤 미만이거나, 총중량이 3.5톤 초과 10톤 미만인 화물자동차
　　④ 대형 : 최대 적재량이 5톤 이상이거나, 총중량이 10톤 이상인 화물자동차

03 화물자동차 운송사업 및 화물자동차 운송 주선사업, 화물자동차 운송 가맹사업을 다음 중 무엇이라 부르는가?
① 화물자동차 운수사업　　② 화물자동차 운송사업
③ 화물자동차 운송 주선사업　④ 운수종사자 사업

　해설 ① 화물자동차 운수사업 : 화물자동차 운송사업 및 화물자동차 운송주선사업 및 화물자동차 운송가맹사업을 말한다.
　　② 화물자동차 운송사업 : 타인의 수요에 응하여 화물자동차를 사용하여 화물을 유상으로 운송하는 사업을 말한다.
　　③ 화물자동차 운송 주선사업 : 타인의 수요에 응하여 유상으로 화물운송 계약을 중개·대리하거나 화물자동차 운송사업을 경영하는 자의 화물운송 수단을 이용하여 자기의 명의와 계산으로 화물을 운송하는 사업을 말한다.
　　④ 운수종사자 : 화물자동차의 운전자, 화물의 운송 또는 운송 주선에 관한 사무를 취급하는 사무원 및 이를 보조하는 보조원, 기타 화물자동차 운수사업에 종사하는 자를 말한다.

04 화물자동차 운수사업에 해당하지 않는 것은?
① 화물자동차 운송사업　　② 화물자동차 공제사업
③ 화물자동차 운송주선사업　④ 화물자동차 운수사업

　해설 화물자동차 운수사업의 구분 : 화물자동차 운송사업, 화물자동차 운송주선사업, 화물자동차 운송가맹사업

05 운송가맹사업자의 허가사항 변경신고의 대상이 아닌 것은?
① 운전자의 변경　　② 화물취급소의 설치 및 폐지
③ 주 사무소·영업소의 이전　④ 화물자동차의 대폐차(代廢車)

　해설 운송가맹사업자의 허가사항 변경신고의 대상
　　① 상호의 변경　　② 대표자의 변경(법인인 경우)
　　③ 화물취급소의 설치 또는 폐지
　　④ 화물자동차의 대폐차(代廢車)
　　⑤ 주사무소·영업소 및 화물취급소의 이전

06 화물자동차 운수사업법령에서 정한 운수종사자의 범위에 속하지 않는 사람은?
① 화물자동차의 운전자
② 화물업무의 담당공무원
③ 화물의 운송취급 사무원
④ 화물의 운송주선 사무보조원

　해설 "운수종사자"라 함은 화물자동차의 운전자, 화물의 운송 또는 운송 주선에 관한 사무를 취급하는 사무원 및 이를 보조하는 보조원, 기타 화물자동차 운수사업에 종사하는 자를 말한다.

07 다음 중 화물자동차 1대를 사용하여 화물을 운송하는 사업은?
① 용달 화물자동차 운송사업
② 일반 화물자동차 운송사업
③ 개별 화물자동차 운송사업
④ 개인 화물자동차 운송사업

　해설 "개인 화물자동차 운송사업"이란 화물자동차 1대를 사용하여 화물을 운송하는 사업으로서 대통령령으로 정하는 사업을 말한다.

08 화물자동차 운송사업을 경영하고자 하는 자는 어느 영이 정하는 바에 따라 허가를 받아야 하는가?
① 행정안전부령　　② 국무총리령
③ 국토교통부령　　④ 대통령령

　해설 화물자동차 운송사업을 경영하고자 하는 자는 국토교통부령이 정하는 바에 따라 국토교통부장관의 허가를 받아야 한다.

09 다음 중 일반 화물자동차 운송사업에 관한 설명으로 옳은 것은?
① 화물자동차 1대를 사용하여 화물을 운송하는 사업을 말한다.
② 20대 이상의 범위에서 20대 이상의 화물자동차를 이용하여 화물을 운송하는 사업을 말한다.
③ 소형의 화물자동차를 사용하여 화물을 운송하는 사업을 말한다.
④ 일정 대수 이상의 화물자동차를 사용하여 화물을 운송하는 사업을 말한다.

　해설 "일반 화물자동차 운송사업"이란 20대 이상의 범위에서 20대 이상의 화물자동차를 이용하여 화물을 운송하는 사업을 말한다.

10 화물자동차운수사업법의 규정에 의하여 변경 신고를 하여야 하는 사항이 아닌 것은?
① 상호의 변경
② 대표자의 변경(법인인 경우에 한한다)
③ 화물 취급소의 설치 또는 폐지
④ 화물자동차의 고장 여부

　해설 화물자동차운수사업법 규정에 의하여 변경신고를 하여야 하는 사항
　　① 상호의 변경
　　② 대표자의 변경(법인인 경우에 한한다)
　　③ 화물 취급소의 설치 또는 폐지
　　④ 화물자동차의 대폐차
　　⑤ 주 사무소·영업소 및 화물 취급소의 이전. 다만, 주 사무소 이전의 경우에는 관할관청의 행정구역 내에서의 이전에 한한다.

11 화물운송사업 종사자 준수사항에 속하지 않는 것은?
① 운행 전 반드시 분해정비를 하여 안전운행을 할 것
② 정당한 이유 없이 화물을 중도에서 내리게 하는 행위
③ 정당한 이유 없이 화물의 운송을 거부하는 행위
④ 부당한 운임 또는 요금을 요구하거나 받는 행위

정답 01.① 02.④ 03.① 04.② 05.① 06.② 07.③ 08.③ 09.② 10.④ 11.①

12 화물운송종사자 자격이 취소되는 경우에 해당되는 것은?
① 도로교통법상 화물자동차를 운전할 수 있는 운전면허를 취득한 때
② 화물운송종사자 자격증을 타인에게 빌려준 때
③ 화물운송종사자 자격정지 기간이 종료되어 화물운송 업무에 종사한 때
④ 국토교통부장관이 시행하는 화물운송종사자 자격증을 취득한 때

해설 화물운송종사 자격증을 타인에게 대여한 경우에는 화물운송종사자 자격이 취소되는 원인이다.

13 다음 중 화물자동차 운수사업의 운전업무에 종사하고자 하는 자의 자격 요건 중 틀린 것은?
① 국토교통부령이 정하는 연령·운전 경력 등 운전업무에 필요한 요건을 갖출 것
② 국토교통부령이 정하는 운전 적성에 대한 정밀검사기준에 적합할 것
③ 국토교통부장관이 시행하는 화물운수사업법령, 화물취급요령 등에 관한 시험에 합격하고 소정을 교육을 받을 것
④ 행정안전부령이 정하는 운전적성에 대한 정밀검사기준에 적합할 것

해설 운전업무 종사자격
① 국토교통부령이 정하는 연령·운전경력 등 운전업무에 필요한 요건을 갖출 것
② 국토교통부령이 정하는 운전적성에 대한 정밀검사기준에 적합할 것
③ 화물자동차운수사업법령, 화물취급요령 등에 관하여 국토교통부장관이 시행하는 시험에 합격하고 소정의 교육을 받을 것

14 화물운송종사 자격이 취소되는 경우가 아닌 것은?
① 거짓 그 밖의 부정한 방법으로 화물운송종사 자격을 취득한 때
② 운수 종사자가 개선 명령을 위반한 때
③ 화물운송 중에 고의 또는 과실로 교통사고를 일으켜 사람을 사망하게 하거나 다치게 한 때
④ 화물자동차를 운전할 수 있는 도로교통법에 의한 운전면허를 취득한 때

해설 화물운송종사 자격이 취소되는 경우
① 거짓 그 밖의 부정한 방법으로 화물운송종사 자격을 취득한 때
② 운수 종사자가 개선 명령을 위반한 때
③ 화물운송 중에 고의 또는 과실로 교통사고를 일으켜 사람을 사망하게 하거나 다치게 한 때
④ 화물운송종사 자격증을 타인에게 대여한 때
⑤ 화물운송종사 자격정지 기간 중에 화물자동차 운수사업의 운전업무에 종사한 때
⑥ 화물자동차를 운전할 수 있는 도로교통법에 의한 운전면허가 취소된 때

15 운전업무종사 자격의 결격사유에 해당되지 않는 것은?
① 피성년후견인 또는 피한정후견인
② 파산선고를 받고 복권된 자
③ 화물자동차운수사업법을 위반하여 징역 이상의 실형을 선고받고 그 집행이 종료되거나 집행이 면제된 날부터 2년이 경과되지 아니한 자
④ 화물자동차운수사업법을 위반하여 징역 이상의 형의 집행 유예 선고를 받고 그 유예기간 중에 있는 자

해설 운전업무종사 자격의 결격사유
① 피성년후견인 또는 피한정후견인
② 파산선고를 받고 복권되지 아니한 자
③ 화물자동차운수사업법을 위반하여 징역 이상의 실형을 선고받고 그 집행이 종료(집행이 종료된 것으로 보는 경우를 포함한다)되거나 집행이 면제된 날부터 2년이 경과되지 아니한 자
④ 화물자동차운수사업법을 위반하여 징역 이상의 형의 집행 유예 선고를 받고 그 유예기간 중에 있는 자

16 화물자동차 운송사업에 종사하는 운수종사자의 준수사항에 속하지 않는 것은?
① 정당한 이유 없이 화물을 중도에서 내리게 하는 행위를 하여서는 아니 된다.
② 정당한 이유 없이 화물의 운송을 거부하는 행위를 하여서는 아니 된다.
③ 부당한 운임 또는 요금을 요구하거나 받은 행위를 하여서는 아니 된다.
④ 휴게시간 없이 4시간 연속 운전한 후에는 20분 이상의 휴게시간을 가질 것.

해설 운수종사자의 준수 사항
① 정당한 이유 없이 화물을 중도에서 내리게 하는 행위를 하여서는 아니 된다.
② 정당한 이유 없이 화물의 운송을 거부하는 행위를 하여서는 아니 된다.
③ 부당한 운임 또는 요금을 요구하거나 받은 행위를 하여서는 아니 된다.
④ 일정한 장소에 오랜 시간 정차하여 화주를 호객하는 행위를 하여서는 아니 된다.
⑤ 문을 완전히 닫지 아니한 상태에서 자동차를 출발하거나 운행하는 행위를 하여서는 아니 된다.
⑥ 휴게시간 없이 4시간 연속 운전한 후에는 30분 이상의 휴게시간을 가질 것.

17 법 규정에 의한 화물자동차 운수사업의 운전업무에 종사할 수 있는 자의 연령·운전 경력 등의 요건에 속하지 않는 것은?
① 화물자동차를 운전하기에 적합한 도로교통법 규정에 의한 운전면허를 가지고 있을 것
② 20세 이상일 것
③ 운전 경력이 2년 이상일 것.
④ 여객자동차 운수사업용 자동차 또는 화물자동차 운수사업용 자동차를 운전한 경력이 있는 경우에는 그 운전 경력이 2년 이상일 것

해설 법 규정에 의한 화물자동차 운수사업의 운전업무에 종사할 수 있는 자의 연령·운전 경력 등의 요건
① 화물자동차를 운전하기에 적합한 도로교통법 규정에 의한 운전면허를 가지고 있을 것
② 20세 이상일 것
③ 운전 경력이 2년 이상일 것. 다만, 여객자동차 운수사업용 자동차 또는 화물자동차 운수사업용 자동차를 운전한 경력이 있는 경우에는 그 운전 경력이 1년 이상일 것

18 다음 중 화물자동차 운수사업의 운전업무에 종사할 수 있는 자의 경력에 대한 설명으로 적합한 것은?
① 제1종 보통면허증을 소지하고 영업용 택시를 운전한 경력이 2년 6월인 자
② 제1종 보통면허증을 소지하고 자가용 화물자동차를 운전한 경력이 2년인 자
③ 제1종 보통면허증을 소지하고 화물자동차 운수사업용 자동차를 운전한 경력이 1년 3월인 자
④ 제1종 보통면허증을 소지하고 승용자동차를 운전한 경력이 2년인 자

해설 여객자동차 운수사업용 자동차 또는 화물자동차 운수사업용 자동차를 운전한 경력이 있는 경우에는 그 운전 경력이 1년 이상일 것

정답 12.② 13.④ 14.④ 15.② 16.④ 17.④ 18.③

19 다음 중 화물운송종사 자격증 필기시험의 과목에 해당되지 않는 것은?

① 교통 및 화물자동차 운수사업 관련 법규
② 안전운행에 관한 사항
③ 자동차 응급처치 및 방법
④ 운송서비스에 관한 사항

해설 화물운송종사 자격증 필기시험 과목
① 교통 및 화물자동차 운수사업 관련 법규
② 안전운행에 관한 사항
③ 화물취급 요령
④ 운송서비스에 관한 사항

20 화물운송종사 자격증명을 화물자동차의 어느 위치에 항상 게시하고 운행하여야 하는가?

① 화물자동차 실내의 앞면 좌측 상단
② 화물자동차 실내의 앞면 좌측 하단
③ 화물자동차 실내의 앞면 우측 상단
④ 화물자동차 실내의 앞면 우측 하단

해설 운송사업자는 화물자동차 운전자로 하여금 화물운송종사 자격증명을 화물자동차안 앞면 우측 상단에 항상 게시하고 운행하도록 하여야 한다.

자동차관리법

01 자동차관리법의 목적에 속하지 않는 것은?

① 자동차의 효율적 관리   ② 자동차의 성능확보
③ 자동차의 안전도 확보   ④ 자동차의 생산성 향상

해설 자동차관리법은 자동차를 효율적으로 관리하고 자동차의 성능 및 안전을 확보함으로써 공공의 복리를 증진함을 목적으로 한다.

02 자동차관리법의 목적에 정하여진 사항이 아닌 것은?

① 자동차의 등록   ② 자동차의 운수사업
③ 자동차의 관리   ④ 자동차의 안전기준

해설 자동차관리법의 목적은 자동차의 등록·안전기준·자기인증·제작 결함 시정·점검·정비·검사 및 자동차 관리사업 등에 관한 사항을 정하여 자동차를 효율적으로 관리하고 자동차의 성능 및 안전을 확보함으로써 공공의 복리를 증진함을 목적으로 한다.

03 자동차관리법의 적용에서 제외되는 자동차가 아닌 것은?

① 건설기계관리법에 의한 건설기계
② 농업기계화촉진법에 의한 농업기계
③ 군수품관리법에 의한 차량
④ 외국에서 수입하여 운행하는 차량

해설 자동차관리법의 적용이 제외되는 자동차
① 건설기계관리법에 의한 건설기계
② 농업기계화촉진법에 의한 농업기계
③ 군수품관리법에 의한 차량
④ 궤도 또는 공중선에 의하여 운행되는 차량

04 다음은 자동차의 종류를 구분한 것이다. 옳은 것은?

① 보통 자동차, 소형 자동차의 2종이 있다.
② 승용자동차, 승합자동차, 화물자동차, 특수자동차, 이륜자동차의 5종이 있다.
③ 보통자동차, 승합자동차, 화물자동차의 3종이 있다.
④ 이륜화물자동차, 승용자동차, 승합자동차의 3종이 있다.

해설 자동차는 국토교통부령이 정하는 구분 기준에 의하여 승용자동차, 승합자동차, 화물자동차, 특수자동차, 이륜자동차로 구분한다.

05 자동차관리법에서 승객 1인당 무게는 몇 kgf으로 정하는가?

① 55kgf   ② 65kgf
③ 75kgf   ④ 85kgf

해설 자동차관리법에서 승객 1인당 무게는 65kgf으로 한다.

06 A는 자동차를 등록하여 소유하다가 B에게 팔았다. 이 등록의 종류는?

① 이전등록   ② 변경등록
③ 신규등록   ④ 말소등록

해설 등록된 자동차를 양수 받는 자는 대통령령이 정하는 바에 의하여 시·도지사에게 자동차 소유권의 이전등록을 신청하여야 한다.

07 자동차 등록원부의 기재 사항이 변경된 경우 자동차 소유자가 신청하여야 하는 것은?

① 변경등록   ② 신규등록
③ 이전등록   ④ 말소등록

해설 자동차 소유자는 등록원부의 기재 사항에 변경(이전등록 및 말소등록에 해당되는 경우를 제외)이 있을 때에는 대통령령이 정하는 바에 의하여 시·도지사에게 변경등록을 신청하여야 한다.

08 다음은 자동차 등록번호판에 대하여 설명한 것으로 적당치 않은 것은?

① 시·도지사는 국토교통부령이 정하는 바에 의하여 자동차 등록번호판을 붙이고 봉인을 하여야 한다.
② 등록번호판 및 봉인은 시·도지사의 허가를 받은 경우와 다른 법률에 특별한 규정이 있는 경우를 제외하고는 이를 떼지 못한다.
③ 등록번호판의 부착 또는 봉인을 하지 아니한 자동차는 이를 운행하지 못한다.
④ 등록번호판을 가리거나 알아보기 곤란한 자동차를 운행하여도 된다.

해설 누구든지 등록번호판을 가리거나 알아보기 곤란하게 하여서는 아니 되며, 그러한 자동차를 운행하여서는 아니 된다.

09 화물자동차운수사업법에 의하여 면허가 취소되어 말소등록을 신청할 때 시·도지사에게 반납하여야 하는 것으로 해당되지 않는 것은?

① 당해 자동차의 등록증
② 당해 자동차의 등록번호판
③ 당해 자동차의 검사증
④ 당해 자동차의 봉인

해설 등록된 자동차가 말소등록의 사유에 해당되는 경우에는 대통령령이 정하는 바에 의하여 자동차 등록증, 등록번호판, 봉인을 반납하고 시·도지사에게 말소등록을 신청하여야 한다.

10 자동차 사용자는 당해 자동차 안에 무엇을 비치하고 운행하여야 하는가?

① 자동차 등록증   ② 자동차 보험 가입증명서
③ 소유자의 주민등록표 초본   ④ 자동차세 납입영수증

해설 자동차 사용자는 당해 자동차 안에 자동차 등록증을 비치하여 운행하여야 한다. 다만, 임시운행 허가증을 비치하는 경우와 피견인 자동차의 경우에는 그러하지 아니하다.

정답 19.③ 20.③ / 01.④ 02.② 03.④ 04.② 05.② 06.① 07.① 08.④ 09.③ 10.①

11 다음 중 비사업용 승용 자동차의 검사유효기간으로 맞는 것은?
① 최초 3년, 차령 10년 이하 2년, 10년 경과 1년
② 최초 4년, 차령 10년 이하 2년, 10년 경과 1년
③ 최초 4년, 차령에 관계없이 2년
④ 최초 2년, 차령에 관계없이 1년

해설 자동차 정기검사 유효기간

차종	비사업용 승용 및 피견인 자동차	사업용 승용 자동차	경형·소형의 승합 및 화물자동차	사업용 대형 화물자동차		그 밖의 자동차	
차령				2년 이하	2년 초과	5년 이하	5년 초과
유효 기간	2년 (최초 4년)	1년 (최초 2년)	1년	1년	6월	1년	6월

12 다음 중 자동차 검사의 종류에 속하지 않는 것은?
① 신규 검사   ② 정기 검사
③ 튜닝 검사   ④ 수시 검사

해설 자동차 검사의 종류
① 신규검사 : 신규등록을 하고자 할 때 실시하는 검사
② 정기검사 : 신규등록 후 일정기간마다 정기적으로 실시하는 검사
③ 튜닝검사 : 자동차의 구조 및 장치를 변경한 때에 실시하는 검사
④ 임시검사 : 법에 의한 명령이나 자동차 소유자의 신청에 의하여 비정기적으로 실시하는 검사

13 자동차 튜닝검사를 받고자 하는 자가 자동차 검사신청서에 첨부해야 할 서류가 아닌 것은?
① 튜닝 전·후의 주요 제원 대비표
② 자동차보험 가입증명서
③ 튜닝 전·후의 자동차의 외관도(외관이 변경이 있는 경우)
④ 자동차 등록증

해설 자동차의 튜닝검사 신청서류
① 자동차 등록증   ② 튜닝 변경승인서
③ 튜닝 전·후의 주요 제원 대비표
④ 튜닝 전·후의 자동차 외관도(외관의 변경이 있는 경우)
⑤ 변경하고자 하는 구조·장치의 설계도
⑥ 튜닝 변경 작업완료 증명서

도로법

01 다음은 어느 법의 목적인가?

"도로망의 정비와 적정한 도로관리를 위하여 도로에 관한 계획의 수립, 노선의 지정 또는 인정, 관리, 시설 기준, 보전 및 비용에 관한 사항을 규정함으로써 교통의 발달과 공공복리의 향상에 기여함을 목적으로 한다."

① 화물운송사업법   ② 자동차관리법
③ 도로법   ④ 대기환경보전법

해설 도로법의 목적은 도로망의 정비와 적정한 도로 관리를 위하여 도로에 관한 계획의 수립, 노선의 지정 또는 인정, 관리, 시설 기준, 보전 및 비용에 관한 사항을 규정함으로써 교통의 발달과 공공복리의 향상에 기여함을 목적으로 한다.

02 도로망의 정비와 적정한 도로관리를 위하여 규정한 사항이 아닌 것은?
① 도로의 노선 지정   ② 도로의 시설기준
③ 도로에 관한 계획의 수립   ④ 도로의 안전 확보

03 도로관리청이 도로의 구조를 보전하고 운행의 위험을 방지하기 위하여 차량의 운행을 제한할 수 있는데 그 대상에 속하지 않는 것은?
① 축하중이 10톤을 초과하는 차량
② 총중량이 20톤을 초과하는 차량
③ 차량의 폭이 2.5미터, 높이가 4.0미터, 길이가 16.7미터를 초과하는 차량
④ 관리청이 특히 도로 구조의 보전과 통행의 안전에 지장이 있다고 인정하는 차량

해설 운행 제한 대상 차량
① 축 하중이 10ton을 초과하거나 총 중량이 40ton을 초과하는 차량
② 차량의 폭이 2.5m, 높이가 4.0m, 길이가 16.7m를 초과하는 차량
③ 관리청이 특히 도로 구조의 보전과 통행의 안전에 지장이 있다고 인정하는 차량

04 도로관리청이 차량의 구조 또는 적재화물의 특수성으로 인하여 운행의 허가를 할 경우 조건에 붙이는 사항으로 틀린 것은?
① 운행 노선   ② 운행 시간
③ 운행 방법   ④ 운행 차량

해설 도로관리청이 차량의 구조 또는 적재화물의 특수성으로 인하여 운행의 허가를 함에 있어서 운행노선, 운행시간 및 운행방법 등에 관한 조건을 붙일 수 있다.

05 법령상 도로에서의 금지행위가 아닌 것은?
① 도로를 포장하는 행위
② 도로의 교통에 지장을 끼치는 행위
③ 도로에 장애물을 쌓아놓는 행위
④ 도로를 파손하는 행위

해설 도로에 관한 금지 행위
① 도로를 손괴 하는 행위
② 도로에 토석, 죽목, 기타의 장애물을 적치하는 행위
③ 기타 도로의 구조 또는 교통에 지장을 끼치는 행위

06 도로법령에서 도로관리청이 도로의 편리한 이용과 안전 및 원활한 도로교통의 확보, 그 밖에 도로의 관리를 위하여 설치하는 시설 또는 공작물을 무엇이라 하는가?
① 고속도로   ② 일반국도
③ 지방도   ④ 도로의 부속물

해설 도로의 부속물 : 도로관리청이 도로의 편리한 이용과 안전 및 원활한 도로교통의 확보, 그 밖에 도로의 관리를 위하여 설치하는 시설 또는 공작물

07 도로의 손괴 자에 대하여 부담금을 부담시킬 수 있는 경우가 아닌 것은?
① 도로의 내하중량을 초과하는 화물 등을 수송함으로 인하여 도로를 손괴하게 한 자
② 자동차 운송사업자
③ 기타 자동차 또는 도로를 손괴하는 차량을 사용하는 자
④ 승용자동차로 출·퇴근하는 자

해설 도로 손괴 자에 부담금을 부담시킬 수 있는 경우
① 도로의 내하중량을 초과하는 화물 등을 수송함으로 인하여 도로를 손괴하게 한 자
② 자동차 운송사업자
③ 기타 자동차 또는 도로를 손괴하는 차량을 사용하는 자

정답 11.③ 12.④ 13.② / 01.③ 02.④ 03.② 04.④ 05.① 06.④ 07.④

대기환경보존법

01 대기환경보존법에서 사용하는 용어의 정의가 잘못된 것은?

① "대기오염물질"이라 함은 대기오염의 원인이 되는 가스·입자상 물질로서 환경부령으로 정하는 것을 말한다.

② "가스"라 함은 물질의 연소·합성·분해시에 발생하거나 화학적 성질에 의하여 발생하는 액체상 물질을 말한다.

③ "입자상 물질"이라 함은 물질의 파쇄·선별·퇴적·이적 기타 기계적 처리 또는 연소·합성·분해시에 발생하는 고체상 또는 액체상의 미세한 물질을 말한다.

④ "매연"이라 함은 연소시에 발생하는 유리 탄소를 주로 하는 미세한 입자상 물질을 말한다.

해설 ① 대기오염물질 : 대기오염의 원인이 되는 가스·입자상 물질로서 환경부령으로 정하는 것
② 가스 : 물질의 연소·합성·분해시에 발생하거나 물리적 성질에 의하여 발생하는 기체상 물질
③ 입자상 물질 : 물질의 파쇄·선별·퇴적·이적 기타 기계적 처리 또는 연소·합성·분해시에 발생하는 고체상 또는 액체상의 미세한 물질
④ 매연 : 연소시에 발생하는 유리 탄소를 주로 하는 미세한 입자상 물질

02 대기환경보존법에서 사용하는 대기오염물질의 정의에 대해 알맞게 설명한 것은?

① 연소시에 발생하는 유리 탄소를 주로 하는 미세한 입자상 물질을 말한다.

② 물질의 연소·합성·분해시에 발생하거나 물리적 성질에 의하여 발생하는 기체상 물질을 말한다.

③ 물질의 파쇄·선별·퇴적·이적 기타 기계적 처리 또는 연소·합성·분해시에 발생하는 고체상 또는 액체상의 미세한 물질을 말한다.

④ 대기오염의 원인이 되는 가스·입자상 물질로서 환경부령으로 정하는 것을 말한다.

해설 대기오염물질이라 함은 대기오염의 원인이 되는 가스·입자상 물질로서 환경부령으로 정하는 것을 말한다.

03 대기환경보존법에서 사용하는 가스의 정의에 대해 알맞게 설명한 것은?

① 물질의 파쇄·선별·퇴적·이적 기타 기계적 처리 또는 연소·합성·분해시에 발생하는 고체상 또는 액체상의 미세한 물질을 말한다.

② 대기오염의 원인이 되는 가스·입자상 물질로서 환경부령으로 정하는 것을 말한다.

③ 물질의 연소·합성·분해시에 발생하거나 물리적 성질에 의하여 발생하는 기체상 물질을 말한다.

④ 연소시에 발생하는 유리 탄소를 주로 하는 미세한 입자상 물질을 말한다.

해설 가스라 함은 물질의 연소·합성·분해시에 발생하거나 물리적 성질에 의하여 발생하는 기체상 물질을 말한다.

05 대기환경보전법상 용어의 정의 중 연소할 때에 생기는 유리(遊離)탄소가 주가 되는 미세한 입자상 물질은?

① 수소　　　　　　　② 액체상 물질
③ 매연　　　　　　　④ 가스

해설 매연이라 함은 연소시에 발생하는 유리 탄소를 주로 하는 미세한 입자상 물질을 말한다.

04 대기환경보존법에서 사용하는 입자상 물질의 정의에 대해 알맞게 설명한 것은?

① 물질의 파쇄·선별·퇴적·이적 기타 기계적 처리 또는 연소·합성·분해시에 발생하는 고체상 또는 액체상의 미세한 물질을 말한다.

② 연소시에 발생하는 유리 탄소를 주로 하는 미세한 입자상 물질을 말한다.

③ 대기오염의 원인이 되는 가스·입자상 물질로서 환경부령으로 정하는 것을 말한다.

④ 물질의 연소·합성·분해시에 발생하거나 물리적 성질에 의하여 발생하는 기체상 물질을 말한다.

해설 입자상 물질이라 함은 물질의 파쇄·선별·퇴적·이적 기타 기계적 처리 또는 연소·합성·분해시에 발생하는 고체상 또는 액체상의 미세한 물질을 말한다.

06 정밀검사기간 내에 정밀검사를 신청하여 정밀검사에서 적합 판정(재 검사기간 내에 적합 판정을 받은 경우를 포함한다)을 받은 자동차의 정밀검사 유효기간은 언제부터 기산 하는가?

① 종전 정밀검사 유효기간 만료일의 다음날부터 기산한다.

② 종전 정밀검사 유효기간 만료일부터 기산한다.

③ 종전 정밀검사 유효기간 만료일의 5일전부터 기산한다.

④ 종전 정밀검사 유효기간 만료일의 10일전부터 기산한다.

해설 정밀검사기간 내에 정밀검사를 신청하여 정밀검사에서 적합 판정(재 검사기간 내에 적합 판정을 받은 경우를 포함한다)을 받은 자동차의 정밀검사 유효기간은 종전 정밀검사 유효기간 만료일의 다음날부터 기산한다.

07 부적합 판정을 받은 자동차의 소유자가 재검사를 받고자 하는 경우 정밀검사기간 내에 정밀검사를 신청한 경우 부적합 판정을 받은 날부터 정밀검사기간 만료 후 며칠 이내에 정밀검사대행자 또는 지정사업자에게 자동차 등록증, 정밀검사 결과표, 당해 자동차를 제시하여야 하는가?

① 5일 이내　　　　　② 10일 이내
③ 15일 이내　　　　④ 30일 이내

해설 부적합 판정을 받은 자동차의 소유자가 재검사를 받고자 하는 경우 정밀검사기간 내에 정밀검사를 신청한 경우 부적합 판정을 받은 날부터 정밀검사기간 만료 후 5일 이내에 정밀검사대행자 또는 지정사업자에게 자동차 등록증, 정밀 검사 결과표, 당해 자동차를 제시하여야 한다.

08 시장·군수·구청장이 운행차의 배출가스가 허용기준에 적합한지의 여부를 도로에서 확인하는 것을 무엇이라 하는가?

① 수시 점검　　　　② 정기 점검
③ 정기 검사　　　　④ 정밀 검사

해설 운행차의 수시점검은 특별시장·광역시장 또는 시장·군수·구청장은 운행차의 배출가스가 허용기준에 적합한지의 여부를 확인하기 위하여 도로 또는 주차장 등에서 운행차에 대한 점검을 실시할 수 있다

09 시·도지사가 대기질 개선을 위하여 필요하다고 인정하면 그 지역에서 운행하는 자동차 중 일정요건을 갖춘 자동차 소유자에게 하는 조치에 해당하지 않는 것은?

① 저공해 자동차로의 전환　　② 배출가스 저감장치의 부착
③ 저공해 엔진으로의 개조　　④ 원동기장치 자전거 구매

해설 저공해 자동차의 운행 : 특별시·광역시·특별자치시·특별자치도·시·군의 조례에 따라 그 자동에 대하여 다음 각 호의 어느 하나에 해당하는 조치를 하도록 명령하거나 조기에 폐차할 것을 권고할 수 있다.
① 저공해 자동차로의 전환 또는 개조
② 배출가스 저감장치의 부착 또는 교체 및 배출가스 관련 부품의 교체
③ 저공해 엔진(혼소엔진을 포함한다)으로의 개조 또는 교체

정답 01.② 02.④ 03.③ 04.① 05.③　　06.① 07.① 08.① 09.④

화물 취급요령

1. 개요
2. 운송장 작성과 화물포장
3. 화물의 상하차
4. 적재물 결박 및 덮개 설치
5. 운행요령
6. 화물의 인수와 인계요령
7. 화물자동차의 종류
8. 화물운송의 책임 한계

CHAPTER 01 화물취급요령

1. 개요 2. 운송장 작성과 화물포장 3. 화물의 상하차 4. 적재물 결박 및 덮개 설치 5. 운행요령 6. 화물의 인수와 인계요령
7. 화물자동차의 종류

01 개요

일반화물이 아닌 좀 색다른 화물을 실어 나르는 화물차량을 운행할 때에 유의할 사항은 다음과 같다.

① 드라이 벌크 탱크(Dry bulk tanks) 차량은 일반적으로 무게 중심이 높고 적재물이 쏠리기 쉬우므로 커브길이나 급회전할 때 주의해야 한다.
② 냉동차량은 냉동설비 등으로 인해 무게중심이 높기 때문에 급회전할 때 특별한 주의 및 서행운전이 필요하다.
③ 소나 돼지와 같은 가축 또는 살아있는 동물을 운송하는 차량은 무게 중심이 이동하면 전복될 우려가 있으므로 커브길 등에서 특별히 주의하여 운전이 필요하다.
④ 길이가 긴 화물, 폭이 넓은 화물 또는 부피에 비하여 중량이 무거운 화물 등 비정상 화물(Oversized loads)을 운반하는 때에는 적재물의 특성을 알리는 특수 장비를 갖추거나 경고표시를 하는 등 운행에 특별히 주의한다.

02 운송장 작성과 화물포장

1 운송장의 기능과 운영

(1) 운송장의 기능
① 계약서 기능
② 화물 인수증 기능
③ 운송요금 영수증 기능
④ 정보처리 기본자료
⑤ 배달에 대한 증빙(배송에 대한 증거 서류 기능)
⑥ 수입금 관리자료
⑦ 행선지 분류정보 제공(작업지시서 기능)

(2) 운송장의 형태
운송장은 일반적으로 운송장 제작비의 절감, 취급 절차의 간소화 목적 등에 따라 몇 가지 형태로 제작된다.
① 기본형 운송장(포켓타입)
② 보조 운송장
③ 스티커형 운송장
④ 배달표형 스티커 운송장
⑤ 바코드 절취형 스티커 운송장

(3) 운송장 기록 사항
① 운송장 번호와 바코드
② 송하인의 주소, 성명 및 전화번호
③ 수하인의 주소, 성명 및 전화번호
④ 주문번호 또는 고객번호
⑤ 화물명
⑥ 화물의 가격
⑦ 화물의 크기(중량, 사이즈)
⑧ 운임의 지급방법
⑨ 운송 요금
⑩ 발송지(집하점)
⑪ 도착지(코드)
⑫ 집하자
⑬ 인수자 날인
⑭ 특기사항
⑮ 면책사항
⑯ 화물의 수량

(4) 송하인 기재사항
① 송하인의 주소, 성명(또는 상호) 및 전화번호
② 수하인의 주소, 성명, 전화번호(거주지 또는 핸드폰 번호)
③ 물품의 품명, 수량, 가격
④ 특약사항 약관설명 확인필 자필 서명
⑤ 파손품 및 냉동 부패성 물품의 경우 : 면책 확인서(별도 양식) 자필 서명

(5) 집하 담당자 기재사항
① 접수일자, 발송점, 도착점, 배달 예정일
② 운송료
③ 집하자 성명 및 전화번호
④ 수하인용 송장상의 좌측하단에 총수량 및 도착점 코드
⑤ 기타 물품의 운송에 필요한 사항

(6) 운송장 기재시 유의사항
① 수하인의 주소 및 전화번호가 맞는지 재차 확인한다.
② 도착점 코드가 정확히 기재되었는지 확인한다(유사지역과 혼동되지 않도록).
③ 특약사항에 대하여 고객에게 고지한 후 특약사항 약관 설명 확인필에 서명을 받는다.
④ 파손, 부패, 변질 등 문제의 소지가 있는 물품의 경우에는 면책 확인서를 받는다.
⑤ 고가품에 대하여는 그 품목과 물품가격을 정확히 확인하여 기재하고, 할증료를 청구하여야 하며, 할증료를 거절하는 경우에는 특약사항을 설명하고 보상한도에 대해 서명을 받는다.
⑥ 같은 장소로 2개 이상 보내는 물품에 대해서는 보조송장을 기재할 수 있으며, 보조송장도 주송장과 같이 정확한 주소와 전화번호를 기재한다.
⑦ 산간 오지, 섬 지역 등은 지역 특성을 고려하여 배달 예정일을 정한다.
⑧ 화물 인수시 적합성 여부를 확인한 다음, 고객이 직접 운송장 정보를 기입하도록 한다.
⑨ 운송장은 꼭꼭 눌러 기재하여 맨 뒷면까지 잘 복사되도록 한다.

2 운송장 부착 요령

① 운송장은 물품의 정중앙 상단에 뚜렷하게 보이도록 부착한다.
② 물품의 정중앙 상단에 부착이 어려운 경우 최대한 잘 보이는 곳에 부착한다.
③ 박스 모서리나 후면 또는 측면에 부착하여 혼동을 주어서는 안 된다.
④ 운송장이 떨어지지 않도록 손으로 잘 눌러서 부착한다.
⑤ 운송장을 부착할 때에는 운송장과 물품이 정확히 일치하는지 확인하고 부착한다.
⑥ 박스 물품이 아닌 쌀, 매트, 카펫 등은 물품의 정중앙에 부착하며, 테이프 등을 이용하여 운송장이 떨어지지 않도록 조치하되, 운송장의 바코드가 가려지지 않도록 한다.
⑦ 운송장이 떨어질 우려가 큰 물품의 경우 송하인의 동의를 얻어 포장재에 수하인 주소 및 전화번호 등 필요한 사항을 기재한다.
⑧ 월불거래처의 경우 운송장을 이중으로 부착하여 운송장 2개가 한 개의 물품에 부착되는 경우가 발생하지 않도록 상차 시 확인하고, 혹 2개의 운송장이 부착된 물품이 도착되었을 때는 바로 집하 지점에 통보하여 확인하도록 한다.
⑨ 기존에 사용하던 박스 사용 시 구 운송장이 그대로 방치되면 물품의 오분류가 발생할 수 있으므로 반드시 구 운송장은 제거한다.
⑩ 취급주의 스티커의 경우 운송장 바로 우측 옆에 붙여서 눈에 띄게 한다.

3 운송화물의 포장

(1) 화물포장에 관한 일반적 유의사항

운송화물의 포장이 부실하거나 불량한 경우 다음과 같이 처리한다.
① 포장을 보강하도록 고객에게 양해를 구한다.
② 포장비를 별도로 받고 포장할 수 한다(포장 재료비는 실비로 수령한다).
③ 포장이 미비하거나 포장의 보강을 고객이 거부할 경우 집하를 거절할 수 있으며, 부득이 발송할 경우에는 면책확인서에 고객의 자필 서명을 받고 집하한다(특약사항 약관설명 확인필 란에 자필서명, 면책 확인서는 지점에서 보관).

(2) 특별 품목에 대한 포장 유의사항

① 손잡이가 있는 박스 물품의 경우는 손잡이를 안으로 접어 사각이 되게 한 다음 테이프로 포장한다.
② 휴대폰 및 노트북 등 고가품의 경우 내용물이 파악되지 않도록 별도의 박스로 이중 포장한다.
③ 배나 사과 등을 박스에 담아 좌우에서 들 수 있도록 되어 있는 물품은 손잡이 부분의 구멍을 테이프로 막아 내용물의 파손을 방지한다.
④ 꿀 등을 담은 병제품의 경우 가능한 플라스틱 병으로 대체하거나 병이 움직이지 않도록 포장재를 보강하여 낱개로 포장한 뒤 박스로 포장하여 집하한다. 부득이 병으로 집하하는 경우 면책 확인서를 받고, 내용물간의 충돌로 파손되는 경우가 없도록 박스 안의 빈 공간에 폐지 또는 스티로폼 등으로 채워 집하한다.
⑤ 식품류(김치, 특산물, 농수산물 등)의 경우 스티로폼으로 포장하는 것을 원칙으로 하되, 스티로폼이 없을 경우 비닐로 내용물이 손상되지 않도록 포장한 후 두꺼운 골판지 박스 등으로 포장하여 집하한다.
⑥ 가구류의 경우 박스 포장하고 모서리 부분을 에어 캡으로 포장 처리 후 면책 확인서를 받고 집하한다.
⑦ 가방류, 보자기류 등의 경우 풀어서 내용물을 확인할 수 있는 물품들은 개봉이 되지 않도록 안전장치를 강구한 후 박스로 이중 포장하여 집하한다.
⑧ 포장된 박스가 낡은 경우 운송 중에 박스 손상으로 인한 내용물의 유실 또는 파손 가능성이 있는 물품에 대해서는 박스를 교체하거나 보강하여 포장한다.
⑨ 서류 등 부피가 작고 가벼운 물품의 경우 집하할 때는 작은 박스에 넣어 포장한다.
⑩ 비나 눈이 올 경우 비닐포장 후 박스포장을 원칙으로 한다.
⑪ 부패 또는 변질되기 쉬운 물품의 경우 아이스박스를 사용한다.
⑫ 깨지기 쉬운 물품 등의 경우 플라스틱 용기로 대체하여 충격 완화포장을 한다. 도자기, 유리병 등 일부 물품은 집하금지 품목에 해당.

(3) 집하시의 유의사항

① 물품의 특성을 잘 파악하여 물품의 종류에 따라 포장 방법을 달리하여 취급하여야 한다.
② 집하할 때에는 반드시 물품의 포장 상태를 확인한다.

03 화물의 상하차

1 화물 취급 전 준비사항

화물을 취급하기 전에 준비, 확인 또는 확인할 사항 등을 살펴보면 다음과 같다.
① 취급할 화물의 품목별, 포장별, 비포장별(산물, 분탄, 유해물) 등에 따른 취급방법 및 작업순서를 사전 검토한다.
② 유해, 유독 화물 확인을 철저히 하고 위험에 대비한 약품, 세척용구 등을 준비한다.
③ 화물의 포장이 거칠거나 미끄러움, 뾰족함 등은 없는지 확인한 후 작업에 착수한다.
④ 화물의 낙하·분탄 화물의 비산 등의 위험을 사전에 제거하고 작업을 시작한다.
⑤ 작업도구는 해당 작업에 적합한 물품으로 필요한 수량만큼 준비한다.
⑥ 보호구의 자체 결함은 없는지 또는 사용 방법은 알고 있는지 확인한다.

2 창고 내 및 입출고 작업 요령

① 창고 내에서 작업할 때에는 어떠한 경우라도 흡연을 금한다.
② 화물적하장소에 무단출입하지 않는다.
③ 작업 안전 통로를 충분히 확보한 후 화물을 적재한다.
④ 창고의 통로 등에는 장애물이 없도록 조치한다.
⑤ 화물더미 한쪽 가장자리에서 작업할 때에는 불안전한 상태를 수시 확인하여 붕괴 등의 위험이 발생하지 않도록 주의해

야 한다.
⑥ 화물을 쌓거나 내릴 때에는 순서에 맞게 신중히 하여야 한다.
⑦ 화물더미의 화물을 출하할 때는 화물더미 위에서부터 순차적으로 층계를 지으면서 헐어낸다.
⑧ 화물더미의 상층과 하층에서 동시에 작업을 하지 않는다.
⑨ 화물더미에 오르내릴 때에는 안전한 승강시설을 이용한다.
⑩ 화물더미의 중간에서 화물을 뽑아내거나 직선으로 깊이 파내기 작업을 하지 않는다.
⑪ 화물더미 위에서 작업을 할 때는 힘을 줄 때 발밑을 항상 조심한다.
⑫ 화물더미 위로 오르고 내릴 때에는 안전한 승강시설을 이용한다.
⑬ 바닥에 물건 등이 놓여 있으면 즉시 치우도록 한다.
⑭ 바닥에 기름기나 물기를 제거하여 미끄럼 사고를 예방한다.
⑮ 운반통로의 맨홀이나 홈에 유의해야 한다.
⑯ 상차용 컨베이어(conveyor)를 이용하여 타이어 등을 상차할 때는 타이어가 떨어지거나 떨어질 위험이 있는 곳에서 작업을 해선 안 된다.
⑰ 컨베이어(conveyor) 위로는 절대로 올라가서는 안 된다.
⑱ 상차 작업자와 컨베이어(conveyor)를 운전하는 작업자는 상호간에 신호를 긴밀히 해야 한다.
⑲ 운반하는 물건이 시야를 가리지 않도록 한다.
⑳ 뒷걸음질로 화물을 운반해서는 안 된다.

3 위험물 탱크로리 취급 시의 확인 점검
① 탱크로리에 커플링(coupling)은 잘 연결 되었는가 확인한다.
② 접지는 연결시켰는지 확인한다.
③ 플랜지 등 연결 부분에 새는 곳은 없는지 확인한다.
④ 플렉시블 호스는 고정 시켰는지 확인한다.
⑤ 누유된 위험물은 회수하여 처리한다.
⑥ 인화성 물질 취급 시 소화기를 준비하고, 흡연자가 없는지 확인한다.
⑦ 주위 정리 정돈 상태는 양호한지 점검한다.
⑧ 담당자 이외에는 손대지 않도록 조치한다.
⑨ 주위에 위험표지를 부착한다.

4 주유 취급소의 위험물 취급 기준
① 자동차 등에 주유할 때에는 고정 주유 설비를 사용하여 직접 주유하여야 한다.
② 자동차 등을 주유할 때는 자동차 등의 원동기를 정지시켜야 한다.
③ 자동차 등의 일부 또는 전부가 주유 취급소 밖에 나온 채로 주유하여서는 아니 된다.
④ 주유 취급소의 전용 탱크 또는 간이 탱크에 위험물을 주입할 때는 그 탱크에 접결되는 고정 주유 설비의 사용을 중지하여야 하며, 자동차 등을 그 탱크에 주입구에 접근시켜서는 아니 된다.
⑤ 유 분리 장치에 고인 유류는 넘치지 아니하도록 수시로 퍼내어야 한다.
⑥ 고정 주유 설비에 유류를 공급하는 배관은 전용 탱크 또는 간이 탱크로부터 고정 주유 설비에 직접 연결된 것이어야 한다.
⑦ 자동차 등에 주유할 때는 정당한 이유 없이 다른 자동차 등

을 그 주유 취급소 안에 주차시켜서는 아니 된다. 다만 재해 발생의 우려가 없는 경우에는 그러하지 아니하다.

5 독극물 취급 시 주의사항
① 독극물을 취급하거나 운반할 때는 소정의 안전한 용기, 도구, 운반구 및 운반차를 이용할 것.
② 취급 불명의 독극물은 함부로 다루지 말고 독극물 취급방법을 확인한 후 취급할 것.
③ 독극물의 취급 및 운반은 거칠게 다루지 말 것.
④ 독극물을 보호할 수 있는 조치를 취하고 적재 및 적하 작업 전에는 주차 브레이크를 사용하여 차량이 움직이지 않도록 조치할 것.
⑤ 독극물이 들어있는 용기가 쓰러지거나 미끄러지거나 튀지 않도록 철저하게 고정한다.
⑥ 독극물 저장소, 드럼통, 용기, 배관 등은 내용물을 알 수 있도록 확실하게 표시하여 놓을 것.
⑦ 독극물이 들어 있는 용기는 마개를 단단히 닫고 빈 용기와 확실하게 구별하여 놓을 것.
⑧ 용기가 깨어질 염려가 있는 것은 나무상자나 플라스틱 상자 속에 넣어 보관하고 쌓아둔 것은 울타리나 철망 등으로 둘러싸서 보관할 것.
⑨ 취급하는 독극물의 물리적, 화학적 특성을 충분히 알고, 그 성질에 따른 방호수단을 알고 있을 것.
⑩ 만약 독극물이 새거나 엎질러졌을 때는 신속히 제거할 수 있는 안전한 조치를 하여 놓을 것.
⑪ 도난방지 및 오용(誤用) 방지를 위해 보관을 철저히 할 것.

6 상·하차 작업 시 확인사항
① 작업원에게 화물의 내용, 특성 등을 잘 주지시켰는가?
② 받침목, 지주, 로프 등 필요한 보조 용구는 준비되어 있는가?
③ 차량에 구름 막이는 되어 있는가?
④ 위험한 승강을 하고 있지는 않는가?
⑤ 던지기 및 굴려 내리기를 하고 있지 않는가?
⑥ 적재량을 초과하지 않았는가?
⑦ 적재 화물의 높이, 길이, 폭 등의 제한은 지키고 있는가?
⑧ 화물의 붕괴를 방지하기 위한 조치는 취해져 있는가?
⑨ 위험물이나 긴 화물은 소정의 위험표지를 하였는가?
⑩ 차량의 이동 신호는 잘 지키고 있는가?
⑪ 작업 신호에 따라 작업이 잘 행하여지고 있는가?
⑫ 차를 통로에 방치해 두지 않았는가?

7 일반화물의 화물취급 표지(KS A ISO 780)

호 칭	표시 부호	의 미	비 고
깨지기 쉬움 취급주의		내용물이 깨지기 쉬운 것이므로 주의하여 취급할 것.	적용 예 :
갈고리 금지		갈고리를 사용해서는 안 됨	
위 쌓기		화물의 올바른 위 방향을 표시	적용 예 :
직사광선 금지		태양의 직사광선에 화물을 노출시켜서는 안 됨	

호 칭	표시 부호	의 미	비 고
방사선 보호		방사선에 의해 상태가 나빠지거나 사용할 수 없게 될 수 있는 내용을 표시	
젖음 방지		비를 맞으면 안 되는 포장 화물	
무게 중심 위치		취급되는 최소 단위 화물의 무게 중심을 표시	적용 예 :
굴림방지		굴려서는 안 되는 화물을 표시.	
손수레 사용금지		손수레를 끼우면 안 되는 면 표시	
지게차 취급 금지		지게차를 사용한 취급 금지	
조임쇠 취급 표시		이 표시가 있는 면의 양쪽 면이 클램프의 위치라는 표시	
조임쇠 취급 제한		이 표지가 있는 면의 양쪽에는 클램프를 사용하면 안 된다는 표시	
적재 제한		위에 쌓을 수 있는 최대 무게를 표시	
적재 단수 제한		위에 쌓을 수 있는 동일한 포장 화물의 수 표시. 'n'은 한계 수	
적재 금지		포장의 위에 다른 화물을 쌓으면 안 된다는 표시	
거는 위치		슬링을 거는 위치를 표시	
온도 제한		포장 화물의 저장 또는 유통시 온도 제한을 표시	

04 적재물 결박 및 덮개 설치

1 파렛트 화물의 붕괴 방지요령

(1) 밴드 걸기 방식
① 이 방식은 나무상자를 파렛트에 쌓는 경우의 붕괴 방지에 많이 사용되는 방법이며, 수평 밴드 걸기 방식과 수직 밴드 걸기 방식이 있다.
② 어느 쪽이나 밴드가 걸려 있는 부분은 화물의 움직임을 억제하지만, 밴드가 걸리지 않은 부분의 화물이 튀어나오는 결점이 있다.
③ 각목대기 수형 밴드 걸기 방식은 포장 화물의 네 모퉁이에 각목을 대고, 그 바깥쪽으로부터 밴드를 거는 방법이다. 이것은 쌓은 화물의 압력이나 진동·충격으로 밴드가 느슨해지는 결점이 있다.

(2) 주연어프 방식
① 파렛트의 가장자리(주연)를 높게 하여 포장 화물을 안쪽으로 기울여, 화물이 갈라지는 것을 방지하는 방법으로써 부대 화물 따위에는 효과가 있다.
② 주연어프 방식만으로 화물이 갈라지는 것을 방지하기는 어렵다. 다른 방법과 병용하여 안전을 확보하는 것이 효율적이다.

(3) 슬립 멈추기 시트 삽입 방식
① 포장과 포장 사이에 미끄럼을 멈추는 시트를 넣음으로써 안전을 도모하는 방법이다.
② 부대 화물에는 효과가 있으나 상자는 진동하면 튀어 오르기 쉽다는 문제가 있다.

(4) 풀 붙이기 접착 방식
① 파렛트 화물의 붕괴 방지 대책의 자동화·기계화가 가능하고 비용도 저렴한 방식이다.
② 사용하는 풀은 미끄럼에 대한 저항이 강하고, 상하로 뗄 때의 저항은 약한 것을 택하지 않으면 화물을 파렛트에서 분리시킬 때에 장해가 일어난다.
③ 풀은 온도에 의해 변화하는 수도 있는 만큼, 포장 화물의 중량이나 형태에 따라서 풀의 양이나 풀칠하는 방식을 결정하여야 할 것이다.

(5) 수평 밴드 걸기 풀 붙이기 방식
① 풀 붙이기와 밴드 걸기 방식을 병용한 것이다.
② 화물의 붕괴를 방지하는 효과를 한층 더 높이는 방법이다.

(6) 슈 링크 방식
① 열 수축성 플라스틱 필름을 파렛트 화물에 씌우고 슈 링크 터널을 통과시킬 때 가열하여 필름을 수축시켜 파렛트와 밀착시키는 방식으로 물이나 먼지도 막아내기 때문에 우천시의 하역이나 야적 보관도 가능하게 된다.
② 통기성이 없고, 고열(120~130℃)의 터널을 통과하므로 상품에 따라서는 이용할 수가 없고 비용이 많이 든다는 단점이 있다.

(7) 스트레치 방식
① 스트레치 포장기를 사용하여 플라스틱 필름을 파렛트 화물에 감아, 움직이지 않게 하는 방법이다.
② 슈 링크 방식과는 달리 열처리는 행하지 않으나, 통기성은 없다. 비용이 많이 드는 단점이 있다.

(8) 박스 테두리 방식
① 파렛트에 테두리를 붙이는 박스 파렛트와 같은 형태는 화물이 무너지는 것을 방지하는 효과는 크다.
② 평 파렛트에 비해 제조원가가 많이 든다.

2 포장화물 운송과정의 외압과 보호요령

포장 화물은 운송 과정에서 각종 충격, 진동 또는 압축 하중을 받는다. 따라서 포장 방법에 따라 물품의 보호, 보장이 뒷받침되고 있으나 화물 보호를 위해서는 다음과 같은 운송 과정상의 외압을 이해하고 있어야 한다.

(1) 하역시의 충격
① 하역시의 충격 중 가장 큰 것은 낙하 충격이다. 낙하 충격이 화물에 미치는 영향도 낙하의 높이, 낙하면의 상태 등 낙하 상황과 포장의 방법에 따라 다르다.
② 일반적으로 수하역의 경우에 낙하의 높이는 아래와 같다.
   ㉮ **견하역** : 100cm 이상
   ㉯ **요하역** : 10cm 정도
   ㉰ **파렛트 쌓기의 수하역** : 40cm 정도

(2) 수송 중의 충격 및 진동

① 수송 중의 충격으로서는 트랙터와 트레일러를 연결할 때 발생하는 수평충격이 있는데, 이것은 낙하충격에 비하면 적은 편이다.

② 화물은 수평충격과 함께 수송 중에는 항상 진동을 받고 있다. 진동에 의한 장해로 제품의 포장면이 서로 닿아서 상처를 일으킨다던가, 표면이 상하는 것 등을 생각할 수 있다.

③ 트럭수송에서 비포장 도로 등 포장 상태가 나쁜 길을 달리는 경우에는 상하진동이 발생하게 되므로 고정시켜 진동으로부터 화물을 보호한다.

(3) 보관 및 수송 중의 압축 하중

① 포장화물은 보관 중 또는 수송 중에 밑에 쌓은 화물이 반드시 압축 하중을 받는다. 이를테면 통상, 높이는 창고에서는 4m, 트럭이나 화차에서는 2m이지만, 주행 중에는 상하진동을 받음으로 2배 정도로 압축 하중을 받게 된다.

② 내하중은 포장 재료에 따라 상당히 다르다. 나무상자는 강도의 변화가 거의 없으나 골판지는 시간이나 외부 환경에 의해 변화를 받기 쉬우므로 골판지의 경우에는 외부의 온도와 습기, 방치시간 등에 대하여 특히 유의하여야 한다.

05 운행요령

1 일반사항

① 배차 지시에 따라 차량을 운행하여야 한다.

② 배차 지시에 따라 배정된 물자를 지정된 장소로 한정된 시간 내에 안전하고 정확하게 운행할 책임이 있다.

③ 사고 예방을 위하여 관계 법규를 준수함은 물론 운전 전, 운전 중, 운전 후 점검 및 정비를 철저히 이행한다.

④ 운전에 지장이 없도록 충분한 수면을 취하고 주취 운전이나 운전 중에는 흡연 또는 잡담을 하지 않는다.

⑤ 주차할 때에는 엔진을 끄고 주차브레이크 장치로서 완전 제동한다.

⑥ 내리막길을 운전할 때에는 기어를 중립에 두지 않는다.

⑦ 트레일러를 운행할 때에는 트랙터와의 연결 부분을 점검하고 확인한다.

⑧ 크레인의 인양 중량을 초과하는 작업을 허용하지 않는다.

⑨ 미끄러지는 물품, 길이가 긴 물건, 인화성 물질 운반 시에는 각별한 안전관리를 한다.

⑩ 장거리 운송의 경우 고속도로 휴게소 등에서 휴식을 취하다가 잠들어 시간이 지연되는 일이 없도록 한다. 특히 과다한 음주 등으로 인한 장시간의 수면으로 운송 시간이 지연되지 않도록 주의한다.

⑪ 기타 고속도로 운전, 장마철, 여름철, 한랭기, 악천후, 철길 건널목, 나쁜 길, 야간 운전할 때에는 제반 안전관리 사항에 대해 더욱 주의한다.

2 트랙터 운행요령

(1) 트랙터(TRACTOR) 운행에 따른 유의사항

① 중량물 및 활대품을 수송하는 경우에는 바인더 잭(Binder Jack)으로 화물 결박을 철저히 하고, 운행할 때에는 수시로 결박 상태를 확인한다.

② 고속 주행 중 급제동은 잭 나이프 현상 등의 위험을 초래하므로 조심한다.

③ 트랙터는 일반적으로 트레일러와 연결하여 운행하므로 일반 차량에 비해 회전 반경 및 점유 면적이 크다. 따라서 미리 운행경로의 도로정보와 화물의 제원, 장비의 제원을 정확히 파악한다.

④ 화물의 균등한 적재가 이루어지도록 한다. 트레일러에 중량물을 적재할 때에는 화물적재 전에 중심을 정확히 파악하여 적재토록 해야 한다. 만약 화물을 한쪽으로 치우치게 적재하면 킹핀 또는 후륜에 무리한 힘이 작용하여, 트랙터의 견인력 약화와 각 하체 부분에 무리를 가져와 타이어의 이상마모 내지 파손을 초래하거나 경사 도로에서 회전할 때 전복의 위험이 발생할 수 있다.

⑤ 후진할 때에는 반드시 뒤를 확인 후 서행한다.

⑥ 가능한 한 경사진 곳에 주차하지 않도록 한다.

⑦ 장거리 운행할 때에는 최소한 2시간 주행마다 10분 이상 휴식하면서 타이어 및 화물 결박 상태를 확인한다.

(2) 고속도로 제한차량 및 운행허가

① 고속도로를 운행하려는 차량 중 아래사항에 해당되는 차량은 운행제한 차량에 해당된다.

㉮ **축하중** : 차량의 축하중이 10톤을 초과

㉯ **총중량** : 차량 총중량이 40톤을 초과

㉰ **길 이** : 적재물을 포함한 차량의 길이가 16.7m 초과

㉱ **폭** : 적재물을 포함한 차량의 폭이 2.5m 초과

㉲ **높 이** : 적재물을 포함한 차량의 높이가 4.0m 초과(도로 구조의 보전과 통행의 안전에 지장이 없다고 도로관리청이 인정하여 고시한 도로의 경우는 4.2m)

㉳ **다음 각목에 해당하는 적재불량 차량**

• 화물 적재가 편중되어 전도 우려가 있는 차량

• 모래, 흙, 골재류, 쓰레기 등을 운반하면서 덮개를 미설치하거나 없는 차량

• 스페어타이어 고정상태가 불량한 차량

• 덮개를 씌우지 않았거나 묶지 않아 결속상태가 불량한 차량

• 액체 적재물 방류 또는 유출 차량

- 사고 차량을 견인하면서 파손품의 낙하가 우려되는 차량

- 기타 적재불량으로 인하여 적재물 낙하 우려가 있는 차량

㉴ **저 속** : 정상운행속도가 50km/h 미만 차량

㉵ **이상 기후일 때**(적설량 10cm 이상 또는 영하 20℃ 이하) 연결 화물차량(풀카고, 트레일러 등)

㉶ 기타 도로관리청이 도로의 구조보전과 운행의 위험을 방지하기 위하여 운행제한이 필요하다고 인정하는 차량

② **제한차량의 표시 및 공고**

도로법에 의한 운행제한의 표지는 다음 각 호의 사항을 기재하여 그 운행을 제한하는 구간의 양측과 그 밖에 필요한 장소에 설치하고 그 내용을 공고하여야 한다.

㉮ 해당도로의 종류, 노선번호 및 노선명

㉯ 운행이 제한되는 차량

㉰ 차량운행이 제한되는 구간 및 기간

㉯ 차량운행을 제한하는 사유
㉰ 그 밖에 차량운행이 제한에 필요한 사항

③ **운행허가기간**

운행허가기간은 해당 운행에 필요한 일수로 한다. 다만, 제한제원이 일정한 차량(구조물 보강을 요하는 차량 제외)이 일정기간 반복하여 운행하는 경우에는 신청인의 신청에 따라 그 기간을 1년 이내로 할 수 있다.

④ **차량호송**

㉮ 운행허가 기관의 장은 다음 사유에 해당하는 제한 차량의 운행을 허가하고자 할 때에는 차량의 안전운행을 위하여 고속도로순찰대와 협조하여 차량호송을 실시토록 한다. 다만, 운행자가 호송할 능력이 없거나 호송을 공사에 위탁하는 경우에는 공사가 이를 대행할 수 있다.
- 적재물을 포함하여 차폭 3.6m 또는 길이 20m를 초과하는 차량으로서 운행상 호송이 필요하다고 인정되는 경우
- 구조물 통과 하중계산서를 필요로 하는 중량제한차량
- 주행속도 50km/h 미만인 차량의 경우

㉯ 특수한 도로상황이나 제한차량의 상태를 감안하여 운행허가기관의 장이 필요하다고 인정하는 경우에는 "㉮"의 규정에도 불구하고 그 호송기준을 강화하거나 다른 특수한 호송방법을 강구하게 할 수 있다.

㉰ ㉮의 규정에도 불구하고 안전운행에 지장이 없다고 판단되는 경우에는 제한차량 후면 좌우측에 "자동점멸신호등"의 부착 등의 조치를 함으로써 그 호송을 대신할 수 있다.

06 화물의 인수와 인계요령

1 화물의 인수요령

① 포장 및 운송장 기재 요령을 반드시 숙지하고 인수에 임한다.
② 집하 자제 품목 및 집하 금지 품목(화약류 및 인화물질 등 위험물)의 경우는 그 취지를 알리고 양해를 구한 후 정중히 거절한다.
③ 집하 물품의 도착지와 고객의 배달 요청일이 배송 소요 일수 내에 가능한지 필히 확인하고 기간 내에 배송 가능한 물품을 인수한다(몇 월, 며칠, 몇 시까지 배달 등 조건부 운송물품 인수금지).
④ 제주도 및 도서지역인 경우 그 지역에 적용되는 부대비용(항공료, 도선료)을 수하인에게 징수할 수 있음을 반드시 알려주고 이해를 구한 뒤 인수한다.
⑤ 도서지역의 경우 차량이 직접 들어갈 수 없는 지역은 착불로 거래 시 운임을 징수 할 수 없으므로 소비자의 양해를 얻어 운임 및 도선료는 선불로 처리한다.
⑥ 항공을 이용한 운송의 경우 항공기 탑재 불가 물품(총포류, 화약류, 기타 공항에서 정한 물품)과 공항유치 물품(가전제품, 전자제품)은 집하시 고객에게 이해를 구한 다음 집하를 거절함으로써 고객과의 마찰을 방지한다. 만약 항공료가 착불일 경우 기타 란에 항공료 착불이라고 기재하고 합계란은 공란으로 비워 둔다.
⑦ 운송인의 책임은 물품을 인수하고 운송장을 교부한 시점부터 발생한다.
⑧ 운송장에 대한 비용은 항상 발생하므로 운송장을 작성하기 전에 물품의 성질, 규격, 포장상태, 운임, 파손 면책 등 부대사항을 고객에게 알리고 상호 동의가 되었을 때 운송장을 작성, 발급하게 하여 불필요한 운송장 낭비를 막는다.
⑨ 전화로 발송할 물품을 접수 받을 때 반드시 집하 가능한 일자와 고객의 배송 요구일자를 확인한 후 배송 가능한 경우에 고객과 약속하고 약속 불이행을 불만이 발생되지 않도록 한다.
⑩ 인수(집하)예약은 반드시 접수 대장에 기재하여 누락되는 일이 없도록 한다.
⑪ 거래처 및 집하지점에서 반품 요청이 들어왔을 때 반품 요청일 다음 날부터 빠른 시일 내에 처리한다.
⑫ 화물은 취급가능 화물규격 및 중량, 취급불가 화물품목 등을 확인하고, 화물의 안전수송과 타화물의 보호를 위하여 포장상태 및 화물의 상태를 확인한 후 접수여부를 결정한다.
⑬ 두 개 이상의 화물을 하나의 화물로 밴딩 처리한 경우에는 반드시 고객에게 파손 가능성을 설명하고 별도로 포장하여 각각 운송장 및 보조송장을 부착하여 집하한다.
⑭ 신용업체의 대량화물 집하할 때는 수량의 착오가 발생하지 않도록 최대의 주의하여 운송장 및 보조송장을 부착하고 반드시 BOX 수량과 운송장에 기재된 수량을 확인한다.

2 화물의 인계요령

① 수하인의 주소 및 수하인이 맞는 지 확인한 후에 인계한다.
② 지점에 도착된 물품에 대해서는 당일 배송을 원칙으로 한다. 단, 산간 오지 및 당일 배송이 불가능한 경우 소비자의 양해를 구한 뒤 조치하도록 한다.
③ 수하인에게 물품을 인계할 때 인계 물품의 이상 유무를 확인하여, 이상이 있을 경우 즉시 지점에 알려 조치하도록 한다.
④ 각 영업소로 분류된 물품은 수하인에게 물품의 도착 사실을 알리고 배송 가능한 시간을 약속한다.
⑤ 인수된 물품 중 부패성물품과 긴급을 요하는 물품에 대해서는 우선적으로 배송을 하여 손해배상 요구가 발생하지 않도록 한다.
⑥ 영업소(취급소)는 택배물품을 배송할 때 물품뿐만 아니라 고객의 마음까지 배달한다는 자세로 성심껏 배송하여야 한다.
⑦ 배송 중 사소한 문제로 수하인과 마찰이 발생할 경우 일단 소비자의 입장에서 생각하고 조심스러운 언어로 마찰을 최소화 할 수 있도록 한다.
⑧ 물품 포장에 경미한 이상이 있는 경우에는 고객에게 사과하고 대화로 해결할 수 있도록 하며 절대로 남의 탓으로 돌려 고객들의 불만을 가중시키지 않도록 한다.
⑨ 특히 택배는 직접 전달하는 운송 서비스이므로 수하인에게 배달처를 못 찾으니 어디로 나오라고 하던가, 배달처 위치가 높아 못 올라간다는 말을 하지 않는다.
⑩ 1인이 배송하기 힘든 물품의 경우 원칙적으로 집하해서는 안 되지만 도착된 물품에 대해서는 수하인에게 정중히 요청하여 같이 운반할 수 있도록 한다.
⑪ 물품을 고객에게 인계할 때 물품의 이상 유무를 확인시키고 인수증에 정자로 인수자 서명을 받아 향후 발생할 수 있는 손해배상을 예방하도록 한다(인수자 서명이 없을 경우 수하인이 물품인수를 부인하면 그 책임이 배송지점에 전가됨).
⑫ 배송할 때 고객 불만의 원인 중 가장 큰 부분은 배송직원의

대응 미숙에서 발생하는 경우가 많다. 부드러운 말씨와 친절한 서비스정신으로 고객과의 마찰을 예방한다.

⑬ 배송지연은 고객과의 약속 불이행이 고객 불만 사항으로 발전되는 경향이 있으므로 배송지연이 예상될 경우 고객에게 사전에 양해를 구하고 약속한 것에 대해서는 반드시 이행하도록 한다.

⑭ 배송확인 문의 전화를 받았을 경우, 임의적으로 약속하지 말고 반드시 해당 영업소장에게 확인하여 고객에게 전달하도록 한다.

⑮ 배송할 때 수하인의 부재로 인해 배송이 곤란할 경우, 임의적으로 방치 또는 배송처 안으로 무단 투기하지 말고 수하인과 연락하여 지정하는 장소에 전달하고, 수하인에게 알린다(특히 아파트의 소화전이나 집 앞에 물건을 방치해 두지 말 것). 만약 수하인과 통화가 되지 않을 경우 송하인과 통화하여 반송 또는 다음 날 재배송할 수 있도록 한다.

⑯ 방문시간에 수하인이 부재중일 경우에는 부재중 방문표를 활용하여 방문 근거를 남기되 우편함에 넣거나 문틈으로 밀어 넣어 타인이 볼 수 없도록 조치한다.

⑰ 수하인에게 인계가 어려워 부득이하게 대리인에게 인계할 때에는 사후조치로 실제 수하인과 연락을 취하여 확인한다.

⑱ 수하인과 연락이 되지 않아 물품을 다른 곳에 맡길 경우, 반드시 수하인과 연락하여 맡겨놓은 위치 및 연락처를 남겨 물품인수를 확인하도록 한다.

⑲ 수하인이 장기부재, 휴가, 주소불명, 기타사유 등으로 배송이 어려운 경우, 집하지점 또는 송하인과 연락하여 조치하도록 한다.

⑳ 귀중품 및 고가품의 경우는 분실의 위험이 높고 분실되었을 때 피해 보상액이 크므로 수하인에게 직접 전달하도록 하며 부득이 본인에게 전달이 어려울 경우 정확하게 전달될 수 있도록 조치하여야 한다.

㉑ 배송 중 수하인이 직접 찾으러 오는 경우 물품을 전달할 때 반드시 본인 확인을 한 후 물품을 전달하고 인수확인란에 직접 서명을 받아 그로 인한 피해가 발생하지 않도록 유의한다.

㉒ 물품 배송 중 발생할 수 있는 도난에 대비하여 근거리 배송이라도 차에서 떠날 때는 반드시 잠금장치를 하여 사고를 미연에 방지하도록 한다.

㉓ 당일 배송하지 못한 물품에 대하여는 익일 영업시간까지 물품이 안전하게 보관될 수 있는 장소에 물품을 보관하여야 한다.

3 인수증 관리 요령

① 인수증은 반드시 인수자 확인란에 수령인이 누구인지 인수자가 자필로 바르게 적도록 한다.

② **수령인 구분** : 본인, 동거인, 관리인, 지정인, 기타 등으로 구분하여 확인

③ 같은 장소에 여러 박스를 배송할 때에는 인수증에 반드시 실제 배달한 수량을 기재 받아 차후에 수량 차이로 인한 시비가 발생하지 않도록 하여야 한다.

④ 수령인이 물품의 수하인과 다른 경우 반드시 수하인과의 관계를 기재하여야 한다.

⑤ 지점에서는 회수된 인수증 관리를 철저히 하고 인수 근거가 없는 경우 즉시 확인하여 인수인계 근거를 명확히 관리하여

야 한다. 물품 인도일 기준으로 1년 이내 인수근거 요청이 있을 때 입증 자료를 제시할 수 있어야 한다.

⑥ 인수증에 인수자 서명을 운전자가 임의 기재한 경우는 무효로 간주되며, 문제가 발생하면 배송 완료로 인정받을 수 없다.

4 고객 유의사항

(1) 고객 유의사항의 필요성

① 택배는 소화물 운송으로 무한책임이 아닌 과실 책임에 한정하여 변상할 필요성.

② 내용 검사가 부적당한 수탁물에 대한 송하인의 책임을 명확히 설명할 필요성.

③ 운송인이 통보받지 못한 위험 부분까지 책임지는 부담 해소

(2) 고객 유의사항 사용범위(매달 지급하는 거래처 제외−계약서상 명시)

① 수리를 목적으로 운송을 의뢰하는 모든 물품

② 포장이 불량하여 운송에 부적합하다고 판단되는 물품

③ 중고 제품으로 원래의 제품 특성을 유지하고 있다고 보기 어려운 물품(외관상 전혀 이상이 없는 경우 보상불가)

④ 통상적으로 물품의 안전을 보장하기 어렵다고 판단되는 물품

⑤ 일정금액(예 : 50만원)을 초과하는 물품으로 위험 부담률이 극히 높고, 할증료를 징수하지 않은 물품

⑥ 물품 사고시 다른 물품에까지 영향을 미쳐 손해액이 증가하는 물품

(3) 고객 유의사항 확인 요구 물품

① 중고 가전제품 및 A/S용 물품

② 기계류, 장비 등 중량 고가 물로 40kgf 초과 물품

③ 포장 부실물품 및 무포장 물품(비닐포장 또는 쇼핑백 등)

④ 파손 우려 물품 및 내용 검사가 부적당하다고 판단되는 부적합 물품

07 화물자동차의 종류

1 자동차관리법상 화물자동차 유형별 세부기준

(1) 화물자동차

① **일반형** : 보통의 화물운송용인 것

② **덤프형** : 적재함을 원동기의 힘으로 기울여 적재물을 중력에 의하여 쉽게 미끄러뜨리는 구조의 화물운송용인 것

③ **밴형** : 지붕 구조의 덮개가 있는 화물운송용인 것

④ **특수용도형** : 특정한 용도를 위하여 특수한 구조로 하거나, 기구를 장치한 것으로서 일반형, 덤프형, 밴형 어느 형에도 속하지 아니하는 화물운송용인 것

(2) 특수자동차

① **견인형** : 피견인차의 견인을 전용으로 하는 구조인 것

② **구난형** : 고장·사고 등으로 운행이 곤란한 자동차를 구난·견인할 수 있는 구조인 것

③ **특수작업형** : 견인형, 구난형 어느 형에도 속하지 아니하는 특수 작업용인 것

2 산업현장의 일반적인 화물자동차 호칭

① **보닛 트럭(cab-behind-engine truck)** : 원동기부의 덮개가 운전실의 앞쪽에 나와 있는 트럭
② **캡 오버 엔진 트럭(cab-over-engine truck)** : 원동기의 전부 또는 대부분이 운전실의 아래쪽에 있는 트럭
③ **밴(van)** : 상자형 화물실을 갖추고 있는 트럭. 다만, 지붕이 없는 것(오픈 톱형)도 포함.
④ **픽업(pick up)** : 화물실의 지붕이 없고, 옆판이 운전대와 일체로 되어 있는 화물자동차.
⑤ **특수 자동차(special vehicle)** : 특별한 장비를 한 사람 및(또한) 물품의 수송차량, 특수한 작업 전용 차량
⑥ **냉장(냉동)차(insulated vehicle)** : 수송물품을 냉각제를 사용하여 냉장하는 설비를 갖추고 있는 특수용도 자동차이다.
⑦ **탱크차(tank truck, tank lorry truck)** : 탱크모양의 용기와 펌프 등을 갖추고 오로지 물·휘발유 등과 같은 액체를 수송하는 특수 장비자동차이다.
⑧ **덤프차(tipper, dump truck, dumper)** : 화물대를 기울여 적재물을 중력으로 쉽게 미끄러지게 내리는 구조의 특수장비자동차로 리어 덤프, 사이드 덤프, 삼전 덤프 등이 있다.
⑨ **믹서 자동차(truck mixer, agitator)** : 시멘트, 골재(모래·자갈), 물을 드럼 내에서 혼합 반죽하여(믹싱해서) 콘크리트로 하는 특수 장비자동차로 특히, 생콘크리트를 교반하면서 수송하는 것을 아지테이터(agitator)라고 한다.
⑩ **레커차(wrecker truck, break clown lorry)** : 크레인 등을 갖추고 고장 차의 앞 또는 뒤를 매달아 올려서 수송하는 특수 장비자동차이다.
⑪ **트럭 크레인(truck crane)** : 크레인을 갖추고 작업을 하는 특수 장비 자동차. 다만, 래커는 제외된다.
⑫ **크레인 붙이 트럭** : 차에 실은 화물의 쌓아 내림용 크레인을 갖춘 특수 장비 자동차이다.
⑬ **트레일러 견인자동차(trailer-towing vehicle)** : 주로 풀 트레일러를 견인하도록 설계된 자동차이다. 풀 트레일러를 견인하지 않는 경우는 트럭으로써 사용할 수 있다.
⑭ **세미 트레일러용 트랙터(semi-trailer-towing vehicle)** : 세미 트레일러를 견인하도록 설계된 자동차이다.
⑮ **폴 트레일러용 트랙터(pole trailer-towing vehicle)** : 폴 트레일러를 견인하도록 설계된 자동차이다.

3 트레일러의 종류

(1) 트레일러의 종류

① 트레일러란 동력을 갖추지 않고 모터 비이클에 의하여 견인되고, 사람 및(또는) 물품을 수송하는 목적을 위하여 설계되어 도로상을 주행하는 차량을 말한다.
② 트레일러는 자동차를 동력 부분(견인차 또는 트랙터)과 적하 부분(피견인차)으로 나누었을 때 적하 부분을 지칭하며, 일반적으로 풀 트레일러, 세미 트레일러, 폴 트레일러의 3가지로 구분된다. 여기에 돌리(dolly)를 추가하여 4가지로 구분하기도 한다.

㉮ **풀 트레일러(full trailer)**
- 트랙터와 트레일러 완전히 분리되어 있고 트랙터 자체도 적재함을 가지고 있다.
- 총하중을 트레일러만으로 지탱되도록 설계되어 선단에 견인구 즉, 트랙터를 갖춘 트레일러이다.
- 돌리와 조합된 세미 트레일러는 풀 트레일러로 해석된다.

㉯ **세미 트레일러(semi-trailer)**
- 세미 트레일러용 트랙터에 연결하여 총하중의 일부분이 견인하는 자동차에 의해서 지탱되도록 설계된 트레일러이다.
- 가동 중인 트레일러 중에서는 가장 많고 일반적인 트레일러이다.
- 잡화 수송에는 밴형 세미 트레일러, 중량물에는 중량용 세미 트레일러 또는 중저상식 트레일러 등이 사용되고 있다.
- 세미 트레일러는 발착지에서의 트레일러 탈착이 용이하고 공간을 적게 차지해서 후진하는 운전을 하기가 쉽다.

㉰ **폴 트레일러(pole trailer)**
- 기둥, 통나무 등 장척의 적하물 자체가 트랙터와 트레일러의 연결 부분을 구성하는 구조의 트레일러이다.
- 파이프나 H형강 등 장척물의 수송을 목적으로 한 트레일러이다.
- 트랙터에 턴테이블을 비치하고 폴 트레일러를 연결해서 적재함과 턴테이블이 적재물을 고정시키는 것으로 거리는 적하물의 길이에 따라 조정할 수 있다.

㉱ **돌리(dolly)** : 세미 트레일러와 조합해서 풀 트레일러로 하기 위한 견인구를 갖춘 대차를 말한다.

4 적재함 구조에 의한 화물자동차의 종류

(1) 카고 트럭

하대에 간단히 접는 형식의 문짝을 단 차량으로 일반적으로 트럭 또는 카고 트럭이라고 부른다. 카고 트럭은 우리나라에서 가장 보유 대수가 많고 일반화된 것이다. 차종은 적재량 1톤 미만의 소형차로부터 12톤 이상의 대형차에 이르기까지 다양하다.

미국에서는 우리나라와 같은 카고 트럭은 없으며, 보통 트럭이라고 할 경우 하대를 밀폐시킬 수 있는 상자형 보디의 밴 트럭을 말한다. 카고 트럭의 하대는 귀틀(세로귀틀, 가로귀틀)이라고 불리는 받침 부분과 화물을 얹는 바닥 부분 그리고 짐 무너짐을 방지하는 문짝의 3개의 부분으로 이루어져 있다.

(2) 전용 특장차

특장차란 차량의 적재함을 특수한 화물에 적합하도록 구조를 갖추거나 특수한 작업이 가능하도록 기계장치를 부착한 차량을 말한다. 전용특장차로서는 덤프트럭, 믹서차, 분립체 수송차, 액체 수송차 또는 냉동차 등의 차량을 생각할 수 있다. 특히 냉동차는 저온, 냉장, 냉동을 포함하는 콜드 체인의 신장이 기대되고 있는 오늘날 그 중요성이 더욱 높아질 것으로 전망된다.

① **덤프트럭** : 덤프 차량은 특장차 중에 대표적인 차종이다. 덤프 차량은 적재함 높이를 경사지게 하여 적재물을 쏟아 내리는 것으로서 주로 흙, 모래를 수송하는데 사용하고 있다. 무거운 토사를 굴착기 등으로 거칠게 적재하기 때문에 차체는 견고하게 만들어져 있다.
② **믹서차량** : 믹서차는 적재함 위에 회전하는 드럼을 싣고 이 속에 생 콘크리트를 뒤섞으면서 토목건설 현장 등으로 운행하는 차량이다. 보디 부분을 움직이면서 수송하는 기능을 갖고 있다. 대형차가 주류를 이룬다.

③ **벌크차량(분립체 수송차)** : 시멘트, 사료, 곡물, 화학제품, 식품 등 분립체를 자루에 담지 않고 실물상태로 운반하는 차량이다. 일반적으로 벌크차라고 부른다. 하대는 밀폐형 탱크 구조로서 상부에서 적재하고 스크루식, 공기압송식, 덤프식 또는 이들을 병용하여 배출한다. 이 차량은 적재물에 따라 시멘트 수송차, 사료 운반차 등으로 부른다.

시멘트 수송차량이 가장 많고 그 다음이 사료 수송 차량인데, 식품에서는 밀가루 수송에 사용되는 비율이 높아지고 있다. 이 차량들은 물류면에서 보면 포장의 생략, 하역의 기계화라는 관점에서 대단히 합리적인 차량이라고 할 수 있다.

④ **액체 수송차** : 각종 액체를 수송하기 위해 탱크 형식의 적재함을 장착한 차량이다. 일반적으로 탱크로리라고 불린다. 수송하는 종류가 대단히 많으며, 적재물의 명칭을 따서 휘발유 로리, 우유 로리 등으로 부른다. 이 차량은 적재물의 종류에 따라 위험물 탱크로리와 비위험물 탱크로리로 나뉜다. 전자에는 휘발유, 등유 등 석유제품, 메타놀, 농황산 등 화학제품이 포함되며 소방법에 의해 구조 및 취급상 엄격한 제약을 받고 후자는 우유, 간장 등 식품이 포함되며 소방법의 제약은 없다.

⑤ **냉동차** : 단열 보디에 차량용 냉동장치를 장착하여 적재함 내에 온도관리가 가능하도록 한 것이다. 냉동식품이나 야채 등 온도관리가 필요한 화물수송에 사용된다. 보디는 단열되어 있는데, 냉동장치를 갖추지 않은 것을 보냉고(또는 냉장차)라고 부르며 구별하고 있다.

냉동차는 적재함 내를 냉각시키는 방법에 의해 기계식, 축냉식, 액체질소식, 드라이아이스식으로 분류된다. 식료품 가격의 안정을 위해 저온 유통기구(Cold chain)의 정비가 요망되고 있다. 콜드 체인이란 신선식품을 냉동, 냉장, 저온상태에서 생산자로부터 소비자의 손에까지 전달하는 구조를 말한다.

⑥ **기타** : 기타 특정 화물 수송차로는 승용차를 수송하는 차량 운반차를 비롯, 목재(Chip) 운반차, 컨테이너 수송차, 프레하브 전용차, 보트 운반차, 가축 운반차, 말 운반차, 지육 수송차, 병 운반차, 파렛트 전용차, 행거차 등 여러 가지가 있다. 이들 화물의 공통적인 사실은 적재하는 화물에 맞는 특정 적재함을 갖추고 있다는 것이다.

(3) 합리화 특장차

합리화 특장차란 화물을 싣거나 내릴 때에 발생하는 하역을 합리화하는 설비기기를 차량 자체에 장비하고 있는 차를 지칭한다. 합리화란 노동력의 절감, 신속한 적재하차, 화물의 품질유지, 기계화에 의한 하역코스트 절감방법 중 하나 이상을 목적으로 한 것인데, 그 중심은 적재하차의 합리화에 있다.

합리화 특장차는 차량 내부의 하역 합리화를 주목적으로 하는 실내 하역기기 장비차, 측면에서 파렛트 등, 롯트(lot) 단위로 짐을 내릴 수 있게 하는 측방 개폐차, 짐부리기 합리화차(쌓기·부리기 합리하차) 및 보디를 트랙터에 붙였다 떼었다 할 수 있는 시스템 차량의 4종류로 분류된다.

① **실내하역기기 장비차**

이 유형에 속하는 차량의 특징은 적재함 바닥면에 롤러컨베이어, 로더용레일, 파렛트 이동용의 파렛트 슬라이더 또는 컨베이어 등을 장치함으로써 적재함 하역의 합리화를 도모하고 있다는 점이다.

② **측방 개폐차**

측방 개폐차는 화물에 시트를 치거나 로프를 거는 작업을 합리화하고, 동시에 포크리프트에 의해 짐부리기를 간이화할 목적으로 개발된 것이다. 스태빌라이저차는 보디에 스태빌라이저를 장치하고 수송 중의 화물이 무너지는 것을 방지할 목적으로 개발된 것이다.

③ **쌓기·내리기 합리화 차**

쌓기·내리기 합리화 차는 리프트게이트, 크레인 등을 장비하고 쌓기·내리기 작업의 합리화를 위한 차량이다. 차량 뒷부분에 리프트게이트를 장치한 리프트게이트 부착 트럭 또는 크레인 부착 트럭 등이 있다.

④ **시스템 차량**

시스템 차량이란 트레일러 방식의 소형트럭을 가리키며 CB(Chang- eable body)차 또는 탈착 보디차를 말한다. 보디의 탈착 방식으로는 기계식, 유압식, 차의 유압장치를 사용하는 것이 있다.

08 화물운송의 책임 한계

1 이사 화물 표준약관의 규정

이사 화물 표준약관(공정거래위원회, 표준약관 제10035호, 2014.9.19)의 규정에서 정하고 있는 이사 화물의 책임 한계와 관련된 사항을 살펴보면 다음과 같다.

(1) 인수 거절(제7조)

이사 화물이 다음 각 호의 하나에 해당될 때에는 사업자는 그 인수를 거절할 수 있다(제1항).

① 현금, 유가증권, 귀금속, 예금통장, 신용카드, 인감 등 고객이 휴대할 수 있는 귀중품

② 위험품, 불결한 물품 등 다른 화물에 손해를 끼칠 염려가 있는 물건

③ 동식물, 미술품, 골동품 등 운송에 특수한 관리를 요하기 때문에 다른 화물과 동시에 운송하기에 적합하지 않은 물건

④ 일반 이사 화물의 종류, 무게, 부피, 운송거리 등에 따라 운송에 적합하도록 포장할 것을 사업자가 요청하였으나 고객이 이를 거절한 물건

※ ①내지 ④에 해당되는 이사 화물이더라도 사업자는 그 운송을 위한 특별한 조건을 고객과 합의한 경우에는 이를 인수할 수 있다.

(2) 계약 해제(제9조)

① 고객의 책임 있는 사유로 계약을 해제한 경우 다음의 손해배상액을 사업자에게 지급한다. 다만, 고객이 이미 지급한 계약금이 있는 경우에는 그 금액을 공제할 수 있다.

㉮ 고객이 약정된 이사 화물의 인수일 1일전까지 해제를 통지한 경우 : 계약금

㉯ 고객이 약정된 이사 화물의 인수일 당일에 해제를 통지한 경우 : 계약금의 배액

② 사업자의 책임 있는 사유로 계약을 해제한 경우 다음의 손해배상액을 고객에게 지급한다. 다만, 고객이 이미 지급한 계약금이 있는 경우에는 손해배상액과는 별도로 그 금액도 반환

한다.
- ㉮ 사업자가 약정된 이사 화물의 인수일 2일전까지 해제를 통지한 경우 : 계약금의 배액
- ㉯ 사업자가 약정된 이사 화물의 인수일 1일전까지 해제를 통지한 경우 : 계약금의 4배액
- ㉰ 사업자가 약정된 이사 화물의 인수일 당일에 해제를 통지한 경우 : 계약금의 6배액
- ㉱ 사업자가 약정된 이사 화물의 인수일 당일에도 해제를 통지하지 않은 경우 : 계약금의 10배액

③ 이사 화물의 인수가 사업자의 귀책사유로 약정된 인수 일시로부터 2시간 이상 지연된 경우에는 고객은 계약을 해제하고 이미 지급한 계약금의 반환 및 계약금의 6배액의 손해배상을 청구할 수 있다.

(3) 손해 배상(제14조)

① 사업자는 자기 또는 사용인 기타 이사 화물의 운송을 위하여 사용한 자가 이사 화물의 포장, 운송, 보관, 정리 등에 관하여 주의를 게을리 하지 않았음을 증명하지 못하는 한 고객에 대하여 다음 ② 및 ③의 이사 화물의 멸실, 훼손 또는 연착으로 인한 손해를 배상할 책임을 진다.

② 사업자의 손해배상은 다음 각 호에 의한다. 다만, 사업자가 보험에 가입하여 고객이 직접 보험회사로부터 보험금을 받은 경우에는 사업자는 다음 각 호의 금액에서 그 보험금을 공제한 잔액을 지급한다.

[연착되지 않은 경우]
- ㉮ 전부 또는 일부 멸실된 경우 : 약정된 인도일과 도착 장소에서의 이사 화물의 가액을 기준으로 산정한 손해액의 지급
- ㉯ 훼손된 경우 : 수선이 가능한 경우에는 수선해 주고 수선이 불가능한 경우에는 '①'의 규정함에 의함.

[연착된 경우]
- ㉮ 멸실 및 훼손되지 않은 경우 : 계약금의 10배액 한도에서 약정된 인도 일시로부터 연착된 1시간마다 계약금의 반액을 곱한 금액(연착시간수 × 계약금×1/2)의 지급. 다만, 연착 시간 수의 계산에서 1시간 미만의 시간은 산입하지 않음
- ㉯ 일부 멸실된 경우 : 연착되지 않은 경우의 "㉮"의 금액 및 "연착된 경우의 ㉮"의 금액 지급
- ㉰ 훼손된 경우 : 수선이 가능한 경우에는 수선해 주고 "연착된 경우의 ㉮"의 금액 지급, 수선이 불가능한 경우에는 "연착된 경우의 ㉯"의 규정에 의함

③ 이사 화물의 멸실, 훼손 또는 연착이 사업자 또는 그의 사용인 등의 고의 또는 중대한 과실로 인하여 발생한 때 또는 고객이 이사 화물의 멸실, 훼손 또는 연착으로 인하여 실제 발생한 손해액을 입증한 경우에는 사업자는 위 "(2)"의 규정에도 불구하고 민법 제393조의 규정에 따라 그 손해를 배상한다.

(4) 고객의 손해배상(제15조)

① 고객의 책임 있는 사유로 이사 화물의 인수가 지체된 경우에는, 고객은 약정된 인수일시로부터 지체된 1시간마다 계약금의 반액을 곱한 금액(지체시간수×계약금×1/2)을 손해배상액으로 사업자에게 지급해야 한다. 다만, 계약금의 배액을 한도로 하며, 지체 시간수의 계산에서 1시간 미만의 시간은 산입하지 않는다.

② 고객의 귀책사유로 이사 화물의 인수가 약정된 일시로부터 2시간 이상 지체된 경우에는, 사업자는 계약을 해제하고 계약금의 배액을 손해배상으로 청구할 수 있다. 이 경우 고객은 그가 이미 지급한 계약금이 있는 경우에는 손해배상액에서 그 금액을 공제할 수 있다.

(5) 면책(제16조)

사업자는 이사 화물의 멸실, 훼손 또는 연착이 다음 각 호의 사유로 인한 경우에는 그 손해를 배상할 책임을 지지 아니한다. 다만, 아래 "①내지 ③"의 사유 발생에 대해서는 자신의 책임이 없음을 입증해야 한다.
① 이사 화물의 결함, 자연적 소모
② 이사 화물의 성질에 의한 발화, 폭발, 뭉그러짐, 곰팡이 발생, 부패, 변색 등
③ 법령 또는 공권력의 발동에 의한 운송의 금지, 개봉, 몰수, 압류 또는 제3자에 대한 인도
④ 천재지변 등 불가항력적인 사유

(6) 멸실·훼손과 운임 등(제17조)

① 이사 화물이 천재지변 등 불가항력적 사유 또는 고객의 책임 없는 사유로 전부 또는 일부 멸실되거나 수선이 불가능할 정도로 훼손된 경우에는, 사업자는 그 멸실·훼손된 이사 화물에 대한 운임 등은 이를 청구하지 못한다. 사업자가 이미 그 운임 등을 받은 때에는 이를 반환한다.

② 이사 화물이 그 성질이나 하자 등 고객의 책임 있는 사유로 전부 또는 일부 멸실되거나 수선이 불가능할 정도로 훼손된 경우에는, 사업자는 그 멸실·훼손된 이사 화물에 대한 운임 등도 이를 청구할 수 있다.

(7) 책임의 특별 소멸사유와 시효(제18조)

① 이사 화물의 일부 멸실 또는 훼손에 대한 사업자의 손해배상 책임은 고객이 이사 화물을 인도 받은 날로부터 30일 이내에 그 일부 멸실 또는 훼손의 사실을 사업자에게 통지하지 아니하면 소멸한다.

② 이사 화물의 멸실, 훼손 또는 연착에 대한 사업자의 손해배상 책임은 고객이 이사 화물을 인도 받은 날로부터 1년이 경과하면 소멸한다. 다만, 이사 화물이 전부 멸실된 경우에는 약정된 인도일부터 기산한다.

③ 위 "①"·"②"는 사업자 또는 그 사용인이 이사 화물의 일부 멸실 또는 훼손의 사실을 알면서 이를 숨기고 이사 화물을 인도한 경우에는 적용되지 아니한다. 이 경우에는 사업자의 손해배상 책임은 고객이 이사 화물을 인도받은 날로부터 5년간 존속한다.

(8) 사고 증명서의 발행(제19조)

이사 화물이 운송 중에 멸실, 훼손 또는 연착된 경우 사업자는 고객의 요청이 있으면 그 멸실·훼손 또는 연착된 날로부터 1년에 한하여 사고 증명서를 발행한다.

(9) 관할 법원(제20조)

사업자와 고객 간의 소송은 민사소송법상의 관할에 관한 규정에 따른다.

CHAPTER

02 출제예상문제

>>> 교통 및 화물자동차 운수사업 관련 법규

01 다음 중 운송장의 역할이 아닌 것은?
① 배달에 대한 증빙자료 ② 행선지 분류정보 제공
③ 지출금 관련자료   ④ 운송요금 영수증의 역할

해설 운송장의 기능
① 계약서 기능   ② 화물인수증 기능
③ 운송요금 영수증 기능 ④ 정보처리 기본자료
⑤ 배달에 대한 증빙   ⑥ 수입금 관리자료
⑦ 행선지 분류정보 제공

02 동일 수하인에게 다수의 화물이 배달될 때 운송장 비용을 절약하기 위하여 사용하는 운송장으로 옳은 것은?
① 기본형 운송장   ② 보조 운송장
③ 스티커형 운송장 ④ 바코드 절취형 운송장

해설 보조 운송장은 동일 수하인에게 다수의 화물이 배달될 때 운송장 비용을 절약하기 위하여 사용하는 운송장으로서 간단한 기본적인 내용과 원운송장을 연결하는 내용만 기록한다.

03 운송장 제작비와 전산입력 비용을 절감하기 위하여 기업고객과 완벽한 EDI 시스템이 구축될 수 있는 경우에 이용되는 운송장으로 옳은 것은?
① 보조 운송장   ② 기본형 운송장
③ 스티커형 운송장 ④ 팸플릿형 운송장

해설 스티커형 운송장은 운송장 제작비와 전산입력 비용을 절감하기 위하여 기업고객과 완벽한 EDI 시스템이 구축될 수 있는 경우에 이용된다. 스티커형 운송장은 라벨 프린터기를 설치하고 자체 정보시스템에 운송장 발행시스템, 출하정보의 전송시스템 등 별도의 EDI시스템이 필요하다.
• EDI (Electronic Data Interchange) : 기업간 업무처리시 문서를 컴퓨터로 처리하는 표준화된 양식. '전자문서교환' 이라고도 부른다.

04 운송장에 기록되어야 할 내용이 아닌 것은?
① 인수자 날인   ② 운임의 지급방법
③ 송수하인 주소 및 전화 번호 ④ 수입 내용

해설 운송장에 기록되어야 할 내용
① 운송장 번호와 바코드   ② 송하인 주소, 성명 및 전화번호
③ 수하인 주소 및 전화번호 ④ 주문번호 또는 고객번호
⑤ 화물명   ⑥ 화물의 가격
⑦ 화물의 크기(중량, 사이즈) ⑧ 운임의 지급방법
⑨ 운송요금   ⑩ 발송지(집하점)
⑪ 도착지(코드)   ⑫ 집하자(集荷者)
⑬ 인수자 날인   ⑭ 특기사항
⑮ 면책사항   ⑯ 화물의 수량

05 다음 중 송하인이 운송장에 기재하여야 하는 사항으로 맞지 않는 것은?
① 배송인의 주소, 성명, 전화번호
② 물품의 품명, 수량, 가격
③ 특약사항 약관 설명, 확인필 자필서명
④ 파손품 및 냉동 부패성 물품의 경우 면책확인서 자필서명

해설 송하인의 기재 사항
① 송하인의 주소, 성명(또는 상호) 및 전화번호

② 수하인의 주소, 성명, 전화번호(거주지 또는 핸드폰 번호)
③ 물품의 품명, 수량, 물품 가격
④ 특약 사항 약관 설명 확인필 자필 서명
⑤ 파손품 또는 냉동 부패성 물품의 경우 : 면책확인서(별도 양식) 자필 서명 등을 기재한다.

06 다음 중 집하 담당자가 운송장에 기재하여야 하는 사항으로 맞지 않는 것은?
① 집하자 성명, 전화번호
② 배송인의 성명, 전화번호
③ 접수일자, 발송점, 도착점, 배달 예정일
④ 기타 물품의 운송에 필요한 사항

해설 집하 담당자가 기재하는 사항
① 접수일자, 발송점, 도착점, 배달 예정일
② 운송료
③ 집하자 성명 및 전화번호
④ 수하인용 송장상의 좌측하단에 총수량 및 도착점 코드
⑤ 기타 물품의 운송에 필요한 사항

07 운송장을 기재할 때 유의하여야 할 사항에 대한 설명으로 맞지 않은 것은?
① 고가품에 대하여는 품목과 가격을 정확히 확인하여 기재하고 할증료를 청구하여야 하며 할증료 거절시 특약사항을 설명하고 보상 한도에 대해 서명을 받는다.
② 같은 곳으로 2개 이상 보내는 물품에 대하여는 보조송장을 기재하며 보조송장도 주송장과 같이 정확한 주소와 전화번호를 기재한다.
③ 산간, 오지 섬지역 등 지역 특성을 고려하여 배달 예정일을 정한다.
④ 수하인의 주소 및 전화번호가 맞는지 확인은 하지 않아도 된다.

해설 운송장을 기재할 때 유의사항
① 수하인의 주소 및 전화번호가 맞는지 재차 확인한다.
② 도착점 코드가 정확히 기재되었는지 확인한다(유사 지역과 혼동되지 않도록).
③ 특약 사항에 대하여 고객에게 고지한 후 특약사항 약관설명 확인필에 서명을 받는다.
④ 파손, 부패, 변질 등 물품의 특성상 문제의 소지가 있을 때는 면책 확인서를 받는다.
⑤ 고가품에 대하여는 그 품목과 물품 가격을 정확히 확인하여 기재하고, 할증료를 청구하여야 하며, 할증료를 거절하는 경우에는 특약 사항을 설명하고 보상한도에 대해 서명을 받는다.
⑥ 같은 곳으로 2개 이상 보내는 물품에 대하여는 보조송장을 기재하며, 보조송장도 주송장과 같이 정확한 주소와 전화번호를 기재한다.
⑦ 산간 오지, 섬 지역 등 지역특성에 고려하여 배달 예정일을 정한다.

08 화물에 운송장을 부착하는 방법으로 부적절한 것은?
① 박스 물품이 아닌 쌀, 매트, 카펫 등은 물품의 모서리에 부착한다.
② 운송장 부착은 원칙적으로 접수 장소에서 매 건마다 작성하여 부착한다.
③ 박스 후면 또는 측면 부착으로 혼동을 주어서는 안 된다.
④ 운송장을 표장 표면에 부착할 수 없는 소형(작은 소포), 변형화물은 박스에 넣어 수탁한 후 부착한다.

정답 01.③ 02.② 03.③ 04.④ 05.① 06.② 07.④ 08.①

해설 운송장 부착 요령
① 운송장 부착 시 운송장과 물품이 정확히 일치하는지 확인하여 부착한다.
② 박스 물품이 아닌 쌀, 매트, 카펫 등은 물품의 정중앙에 부착하며, 테이프 등을 이용하여 운송장이 떨어지지 않도록 조치하되 운송장의 바코드가 가려지지 않도록 한다.
③ 운송장이 떨어질 우려가 큰 물품의 경우 송하인의 동의를 얻어 포장재에 수하인 주소 및 전화번호 등 필요한 사항을 기재한다.
④ 월불거래처의 경우 운송장을 이중으로 부착하여 운송장 2개가 한 개의 물품에 부착되는 경우가 발생하지 않도록 상차할 때마다 확인하고, 2개 운송장이 부착된 물품이 도착되었을 때는 바로 집하지점에 통보하여 확인하도록 한다.
⑤ 기존에 사용하던 박스를 사용하는 경우에 구운송장이 그대로 방치되면 물품의 오분류가 발생할 수 있으므로 반드시 구운송장은 제거한다.
⑥ 취급주의 스티커의 경우 운송장 바로 우측 옆에 붙여서 눈에 띄게 한다.

09 운송화물의 포장이 부실하거나 불량한 경우 처리하는 방법으로 틀린 것은?
① 고객이 포장의 보강을 거부하여 부득이 발송할 경우에는 면책확인서에 고객의 자필 서명을 받고 집하한다.
② 포장을 보강하도록 고객에게 양해를 구한다.
③ 포장의 보강을 고객이 거부할 경우 집하를 거절할 수 있다.
④ 포장의 보강을 고객이 거부할 경우 집하 담당자가 취급주의 스티커를 붙여 집하한다.

해설 운송화물의 포장이 부실하거나 불량한 경우 다음과 같이 처리한다.
① 포장을 보강하도록 고객에게 양해를 구한다.
② 포장비를 별도로 받고 포장한다(포장 재료비는 실비로 수령한다).
③ 포장이 미비하거나 포장의 보강을 고객이 거부할 경우 집하를 거절할 수 있으며, 부득이 발송할 경우에는 면책확인서에 고객의 자필 서명을 받고 집하한다(특약사항 약관설명 확인필 란에 자필서명, 면책확인서는 지점에서 보관).

10 특별 품목에 대한 포장 유의사항 중 맞지 않은 것은?
① 휴대폰 및 노트북 등 고가품의 경우 내용물을 개봉하여 별도의 박스로 이중포장 한다.
② 꿀 등을 담은 병제품의 경우 가능한 한 플라스틱 병으로 대체하거나 병이 움직이지 않도록 포장재를 보강한다.
③ 부득이 병으로 집하하는 경우 면책 확인서를 받는다.
④ 가구류의 경우 박스 포장하고 모서리부분을 에어 캡으로 포장처리 후 면책 확인서를 받아 집하한다.

해설 특별 품목에 대한 포장 시 유의사항
① 손잡이가 있는 박스 물품의 경우는 손잡이를 안으로 접어 사각이 되게 한 다음 테이프로 포장한다.
② 휴대폰 및 노트북 등 고가품의 경우 내용물이 파악되지 않도록 별도의 박스로 이중 포장한다.
③ 배나 사과처럼 좌우에서 들 수 있도록 되어 있는 물품은 손잡이 부분의 구멍을 테이프로 막아 내용물의 파손을 방지한다.
④ 꿀 등을 담은 병 제품의 경우 가능한 플라스틱 병으로 대체하거나 병이 움직이지 않도록 포장재를 보강하여 낱개로 포장한 뒤 박스로 포장하여 집하한다. 부득이 병으로 집하하는 경우 면책확인서를 받고, 내용물간의 충돌로 파손되는 경우가 없도록 박스 안의 빈 공간에 폐지 또는 스티로폼 등으로 채워 집하한다.
⑤ 식품류(김치, 특산물, 농수산물 등)의 경우 스티로폼으로 포장하는 것을 원칙으로 하되, 스티로폼이 없을 경우 비닐로 내용물이 손상되지 않도록 포장한 후 두꺼운 골판지 박스 등으로 포장하여 집하한다.
⑥ 가구류의 경우 박스 포장하고 모서리 부분을 에어 캡으로 포장 처리 후 면책 확인서를 받아 집하한다.

11 화물을 취급하기 전에 준비, 확인 또는 확인할 사항 중 틀린 것은?
① 취급할 화물의 품목별, 포장별, 비포장별(산물, 분탄, 유해물) 등에 따른 취급 방법 및 작업 순서를 사전 검토한다.
② 유해·유독 화물은 위험에 대비한 약품, 세척 용구 등을 준비하지 않아도 된다.
③ 화물의 포장이 거칠거나 미끄러움, 뾰족함 등은 없는지 확인한 후 작업에 착수한다.
④ 화물의 낙하, 분탄 화물의 비산 등의 위험을 사전에 제거하고 작업을 시작한다.

해설 화물을 취급하기 전에 준비, 확인 또는 확인할 사항
① 취급할 화물의 품목별, 포장별, 비포장별(산물, 분탄, 유해물) 등에 따른 취급 방법 및 작업 순서를 사전 검토한다.
② 유해, 유독 화물 확인을 철저히 하고 위험에 대비한 약품, 세척 용구 등을 준비한다.
③ 화물의 포장이 거칠거나 미끄러움, 뾰족함 등은 없는지 확인한 후 작업에 착수한다.
④ 화물의 낙하, 분탄 화물의 비산 등의 위험을 사전에 제거하고 작업을 시작한다.
⑤ 작업 도구는 당해 작업에 적합한 물품으로 필요한 수량만큼 준비한다.
⑥ 보호구의 자체 결함은 없는지 또는 사용 방법은 알고 있는지 확인한다.

12 창고 내 입·출고 작업 요령으로 적절하지 않은 것은?
① 창고의 통로 등에는 장애물이 없도록 한다.
② 2인이 동시에 작업할 경우에는 1인은 컨베이어 위에서 작업한다.
③ 화물을 쌓거나 내릴 때에는 순서에 맞게 신중히 하여야 한다.
④ 원기둥형을 굴릴 때는 앞으로 밀어 굴리고 뒤로 끌어서는 안 된다.

해설 창고 내 및 입·출고 작업요령
① 창고 내에서 작업할 때에는 어떠한 경우도 흡연을 금한다.
② 화물을 쌓거나 내릴 때에는 순서에 맞게 신중히 하여야 한다.
③ 화물더미 위로 오르고 내릴 때에는 안전한 승강시설을 이용한다.
④ 화물더미 한쪽 가장자리에서 작업할 때에는 화물더미의 불안전한 상태를 수시 확인하여 붕괴 등의 위험이 발생하지 않도록 주의해야 한다.
⑤ 화물의 적하장소에 무단으로 출입하지 않는다.
⑥ 창고의 통로 등에는 장애물이 없도록 조치한다.
⑦ 화물더미에 오르내릴 때에는 화물의 쏠림이 발생하지 않도록 조심해야 한다.
⑧ 화물더미의 화물을 출하할 때에는 화물더미 위에서부터 순차적으로 층계를 지으면서 헐어낸다.

13 다음 중 창고 내 및 입·출고 작업 요령을 설명한 것으로 알맞은 것은?
① 신속한 작업을 위해 화물더미의 중간에서 화물을 뽑아낸다.
② 화물자동차에서 화물을 내릴 때 로프를 풀거나 옆문을 열 때 화물의 낙하 여부를 확인하고 안전위치에서 한다.
③ 원기둥형을 굴릴 때는 뒤로 밀어 굴리고 앞으로 끌어서는 안 된다.
④ 발판을 활용하여 작업할 때에는 발판 상하 부위에 고정 조치를 하지 않아도 된다.

해설 창고 내 및 입·출고 작업요령
① 화물더미의 중간에서 화물을 뽑아내거나 직선으로 깊이 파내기 작업을 하지 않는다.
② 화물자동차에서 화물을 내릴 때 로프를 풀거나 옆문을 열 때는 화물막하 여부를 확인하고 안전위치에서 행한다.
③ 원기둥형을 굴릴 때는 앞으로 밀어 굴리고 뒤로 끌어서는 안 된다.
④ 발판을 활용하여 작업할 때에는 발판이 움직이지 않도록 목마위에 설치하거나 발판 상하 부위에 고정장치를 철저히 하도록 한다.
⑤ 화물의 붕괴를 막기 위하여 적재 규정을 준수하고 있는지 확인한다.
⑥ 화물더미의 화물 출하 시는 화물더미 위에서부터 순차적으로 층계를 지으면서 헐어 낸다.
⑦ 화물더미의 상층과 하층에서 동시에 작업을 하지 않는다.
⑧ 화물 적하 장소에 무단출입하지 않는다.

14 다음 중 운송화물의 적재 작업방법을 설명한 것으로 잘못된 것은?

① 화물자동차에 화물을 적재할 때에는 적재하중을 초과하지 않도록 한다.
② 무거운 화물은 되도록 적재함의 뒤쪽에 적재한다.
③ 무거운 화물은 되도록 적재함의 중간 부분에 적재한다.
④ 차량의 전복을 방지하기 위하여 적재물 전체의 무게 중심을 적재함 전후좌우로 분산시키는 것이 바람직하다.

해설 운송화물의 적재 작업방법
① 화물자동차에 적재할 때에는 한쪽으로 기울지 않게 쌓고 적재하중을 초과하지 않도록 한다.
② 화물을 적재할 때에는 최대한 무게가 골고루 분산되도록 하고 무거운 화물은 적재함의 중간부분에 무게가 집중될 수 있도록 적재한다.
③ 차량의 전복을 방지하기 위하여 적재물 전체의 무게중심의 위치는 적재함 전후좌우의 중심위치로 하는 것이 바람직하다.

15 다음 중 운송화물의 적재 작업방법을 설명한 것으로 가장 알맞은 것은?

① 가벼운 화물은 너무 높게 적재하여도 관계없다.
② 물건을 적재한 후에는 이동거리가 멀건 가깝건 짐이 넘어지지 않도록 로프나 체인 등으로 단단히 묶어야 한다.
③ 차량에 물건을 적재할 때 적재중량을 어느 정도 초과하여도 된다.
④ 적재함의 폭을 초과하여 과다하게 화물을 적재하여도 관계없다.

해설 운송화물의 적재 작업방법
① 화물을 적재할 때 적재함의 폭을 초과하여 과다하게 적재하지 않도록 한다.
② 가벼운 화물이라도 너무 높게 적재하지 않도록 한다.
③ 차량에 물건을 적재할 때에는 적재 중량을 초과하지 않도록 한다.
④ 물건을 적재한 후에는 이동거리가 멀건, 가깝건 간에 짐이 넘어지지 않도록 로프나 체인 등으로 단단히 묶어야 한다.
⑤ 상차할 때 화물이 넘어지지 않도록 질서 있게 정리하면서 적재한다.
⑥ 차의 동요로 안정이 파괴되기 쉬운 짐은 철저히 결박한다.

16 다음 중 운송화물의 적재 작업방법의 설명으로 틀린 것은?

① 둥글고 구르기 쉬운 물건은 상자 등으로 포장한 후 적재한다.
② 자동차에 화물을 적하할 때 적재함의 난간에 서서 작업하지 않는다.
③ 작업 후 적재함 바닥의 돌출 또는 낙하물이 없는지 확인한다.
④ 긴 물건을 적재할 때 적재함 밖으로 나온 부위에 위험 표시를 한다.

해설 운송화물의 적재 작업방법
① 둥글고 구르기 쉬운 물건은 상자 등으로 포장한 후 적재한다.
② 적재함보다 긴 물건을 적재할 때에는 적재함 밖으로 나온 부위에 위험표시를 한다.
③ 적재함 문짝을 개폐할 때에는 신체의 일부가 끼이거나 물리지 않도록 각별히 주의한다.
④ 작업 전 적재함 바닥의 파손, 돌출 또는 낙하물이 없는지 확인한다.
⑤ 자동차에 화물을 적하할 때 적재함의 난간(문짝 위)에 서서 작업하지 않는다.

17 운송화물의 적재방법의 설명으로 틀린 것은?

① 차의 동요로 안전이 파괴되기 쉬운 짐은 로프로 반드시 묶는다.
② 둥글고 구르기 쉬운 물건은 상자에 넣고 쌓는다.
③ 부피가 큰 것을 쌓을 때에는 가벼운 것은 밑에 무거운 것은 위에 쌓는다.
④ 볼트와 같이 세밀한 물건은 상자에 넣고 쌓는다.

해설 운송화물의 적재 작업방법
① 타이어를 굴릴 때는 좌우 앞을 잘 살펴서 굴려야 하고 보행자에게 충돌치

않도록 해야 한다.
② 부피가 큰 것을 쌓을 때는 무거운 것은 밑에 가벼운 것은 위에 쌓는다.
③ 차의 동요로 안정이 파괴되기 쉬운 짐은 로프로 반드시 묶는다.
④ 둥글고 구르기 쉬운 물건은 상자에 넣고 쌓는다.
⑤ 볼트와 같이 세밀한 물건은 상자에 넣고 쌓는다.
⑥ 긴 물건을 쌓을 때는 끝에 위험 표시를 하여 둔다.

18 다음 중 성인남자 단독으로 계속 작업할 때 1인당 화물의 무게 한도는?

① 10~15kgf 정도   ② 15~20kgf 정도
③ 20~25kgf 정도   ④ 25~30kgf 정도

해설 성인남자 단독으로 계속 작업할 때 1인당 화물의 무게는 10~15kgf 정도이다.

19 다음 중 성인여자 단독으로 계속 작업할 때 1인당 화물의 무게 한도는?

① 5~10kgf 정도   ② 15~20kgf 정도
③ 20~25kgf 정도   ④ 25~30kgf 정도

해설 성인여자 단독으로 계속 작업할 때 1인당 화물의 무게는 5~10kgf 정도이다.

20 다음 중 운송화물을 적재하기 위하여 운반하는 방법을 설명한 것으로 틀린 것은?

① 중량이 많이 나가는 것은 공동으로 운반해야 한다.
② 화물을 올리거나 내리는 높이는 크게 할수록 좋다.
③ 가능한 한 물건을 신체에 붙여서 단단히 잡고 운반한다.
④ 화물을 들었다 놓았다 하지 말고 직선거리로 운반한다.

해설 운송화물 적재 작업방법
① 중량이 많이 나가는 것은 공동으로 운반하거나 운반차를 이용한다.
② 화물을 들어 올리거나 내리는 높이는 작게 할수록 좋다.
③ 가능한 한 물건을 신체에 붙여서 단단히 잡고 운반한다.
④ 화물을 들었다 놓았다 하지 말고 직선거리로 운반한다.

21 다음 중 위험물 탱크로리를 취급할 때 확인 점검사항으로 잘못된 것은?

① 플렌지 등 연결 부분에 새는 곳은 없는지 확인한다.
② 플렉시블 호스는 고정시켰는지 확인한다.
③ 누유된 위험물은 그대로 두어도 된다.
④ 인화성 물질 취급 시 소화기를 준비하고, 흡연자가 없는지 확인한다.

해설 위험물 탱크로리 취급 시 확인 점검사항
① 플렌지 등 연결부분에 새는 곳은 없는지 확인한다.
② 플렉시블 호스는 고정시켰는지 확인한다.
③ 누유된 위험물은 회수하여 처리한다.
④ 인화성 물질을 취급할 때에는 소화기를 준비하고, 흡연자가 없는지 확인한다.

22 다음 중 운송화물을 적재하기 위해 들어 올릴 때의 설명으로 틀린 것은?

① 물건을 들 때는 허리를 똑바로 펴야 한다.
② 허리의 힘으로 드는 것이 아니고 무릎을 굽혀 펴는 힘으로 물품을 들어 올린다.
③ 작업을 신속하게 하기 위하여 무거운 물건을 무리해서 들어올린다.
④ 다리와 어깨의 근육에 힘을 넣고 팔꿈치를 바로 펴서 서서히 물품을 들어 올린다.

해설 운송화물의 적재 작업방법
① 물품을 들 때는 허리를 똑바로 펴야 한다.
② 몸의 균형을 유지하기 위해서 발은 어깨넓이 만큼 벌리고 물품으로 향한다.

정답 14.② 15.② 16.③ 17.③   18.① 19.① 20.② 21.③ 22.③

③ 무거운 물건을 무리해서 들거나 너무 많이 들지 않는다.
④ 물품과 몸의 거리는 수직으로 들어 올릴 수 있는 위치에 몸을 준비한다.
⑤ 다리와 어깨의 근육에 힘을 넣고 팔꿈치를 바로 펴서 서서히 물품을 든다.
⑥ 허리의 힘으로 드는 것이 아니라 무릎을 굽혀 펴는 힘으로 물품을 든다.

23 위험물(가스) 수송차량의 운전자가 주의할 사항으로 옳지 않은 것은?

① 운행 및 주차 시 안전조치 사항을 숙지한다.
② 차량내부 및 차량 옆에서는 화기를 사용하지 않는다.
③ 가스탱크 수리는 주변과 차단된 밀폐된 공간에서 한다.
④ 지정된 장소가 아닌 곳에서는 탱크로리 상호간에 취급 물질을 입·출하시키지 말아야 한다.

해설 가스탱크 수리를 할 때에는 통풍이 양호한 장소에서 실시할 것

24 위험물 수송 탱크로리의 안전운전에 대한 설명으로 틀린 것은?

① 적재차량은 빈차보다 차량 높이가 높아지므로 위쪽이 들리지 않게 주의한다.
② 도로교통 관련법규, 위험물취급 관련법규 등을 철저히 준수하여 운행한다.
③ 부득이하게 소속회사가 정한 운행경로를 변경하는 경우에는 사전에 연락한다.
④ 터널에 진입하는 경우는 전방에 이상사태가 발생하지 않았는지 표시등을 확인하면서 진입한다.

해설 차량이 육교 등 밑을 통과할 때는 육교 등 높이에 주의하여 서서히 운행하여야 하며, 차량이 육교 등의 아랫부분에 접촉할 우려가 있는 경우에는 다른 길로 돌아서 운행하고, 또 빈차의 경우는 적재 차량보다 차의 높이가 높게 되므로 적재 차량이 통과한 장소라도 주의할 것

25 다음 중 주유 취급소의 위험물 취급 기준으로 올바르지 못한 것은?

① 자동차 등에 주유할 때에는 고정 주유 설비를 사용하여 직접 주유 한다.
② 자동차 등을 주유할 때는 자동차 등의 원동기를 가동시켜야 한다.
③ 자동차 등의 명부 또는 전부가 주유 취급소의 밖에 나온 채로 주유하여서는 아니 된다.
④ 주유 취급소의 전용탱크 또는 간이 탱크에 위험물을 주입할 때는 그 탱크에 연결되는 고정 주유 설비의 사용을 중지하여야 하며 자동차 등을 그 탱크에 주입구에 접근시켜서는 아니 된다.

해설 주유 취급소의 위험물 취급기준
① 자동차 등에 주유할 때에는 고정 주유 설비를 사용하여 직접 주유한다.
② 자동차 등을 주유할 때는 자동차 등의 원동기를 정지시켜야 한다.
③ 자동차 등의 일부 또는 전부가 주유 취급소의 밖에 나온 채로 주유하지 않는다.
④ 주유 취급소의 전용탱크 또는 간이 탱크에 위험물을 주입할 때는 그 탱크에 연결되는 고정 주유 설비의 사용을 중지하여야 하며 자동차 등을 그 탱크의 주입구에 접근시켜서는 아니 된다.

26 독극물을 운반할 때의 방법으로 적절하지 않은 것은?

① 독극물의 취급 및 운반은 거칠게 다루지 않는다.
② 독극물이 들어 있는 용기는 손으로 직접 다루지 말고, 집게로 집어서 운반한다.
③ 취급불명의 독극물은 함부로 다루지 않는다.
④ 독극물이 들어 있는 용기는 마개를 단단히 닫고 빈 용기와 확실하게 구별하여 놓는다.

해설 독극물 취급 시 주의사항
① 독극물을 취급하거나 운반할 때는 소정의 안전한 용기, 도구, 운반구 및 운반차를 이용할 것
② 표지 불명의 독극물을 함부로 다루지 말고 독극물 취급방법을 확인한 후 취급할 것
③ 독극물의 취급 및 운반은 거칠게 다루지 말 것
④ 독극물 저장소, 드럼통, 용기, 배관 등은 내용물을 알 수 있도록 확실하게 표시하여 놓을 것
⑤ 독극물이 들어 있는 용기는 마개를 단단히 닫고 빈 용기와 확실하게 구별하여 놓을 것
⑥ 용기가 깨어질 염려가 있는 것은 나무상자나 플라스틱 상자 속에 넣어 보관하고 쌓아 둔 것은 울타리나 철망으로 둘러싸서 보관할 것
⑦ 취급하는 독극물의 물리적, 화학적 특성을 충분히 알고, 그 성질에 따라 방호 수단을 알고 있을 것
⑧ 만약 독극물이 새거나 엎질러졌을 때는 신속히 제거할 수 있는 안전한 조치를 하여 놓을 것
⑨ 도난방지 및 오용(誤用) 방지를 위해 보관을 철저히 할 것

27 다음 중 운송화물의 상하차 작업을 할 때 확인하는 사항을 설명한 것으로 틀린 것은?

① 작업원에게 화물의 내용, 특성 등을 잘 주지시켰는지 확인한다.
② 작업장 주위에 위험 표지를 부착하였는지 확인한다.
③ 던지기 및 굴려 내리기를 하고 있지 않는지 확인한다.
④ 적재량을 초과하지 않았는지 확인한다.

해설 상하차 작업시 확인사항
① 작업원에게 화물의 내용, 특성 등을 잘 주지시켰는지 확인한다.
② 받침목, 지주, 로프 등 필요한 보조 용구는 준비되어 있는지 확인한다.
③ 차량에 구름 막이는 되어 있는지 확인한다.
④ 위험한 승강을 하고 있지는 않는지 확인한다.
⑤ 던지기 및 굴려 내리기를 하고 있지 않는지 확인한다.
⑥ 적재량을 초과하지 않았는지 확인한다.
⑦ 작업 신호에 따라 작업이 잘 행하여지고 있는지 확인한다.
⑧ 차를 통로에 방치해 두지 않았는지 확인한다.

28 다음 중 나무상자를 파렛트에 쌓는 경우의 붕괴 방지에 많이 사용되는 방법으로 적합한 것은?

① 풀 붙이기 접착 방식
② 스트레치 방식
③ 밴드걸기 방식
④ 주연어프 방식

해설 밴드걸기 방식 : 나무상자를 파렛트에 쌓는 경우의 붕괴 방지에 많이 사용되는 방법이며, 수평 밴드 걸기 방식과 수직 밴드 걸기 방식이 있다. 어느 쪽이나 밴드가 걸려 있는 부분은 화물의 움직임을 억제하지만 밴드가 걸리지 않은 부분의 화물이 튀어나오는 결점이 있다. 각목대기 수형 밴드 걸기 방식은 포장화물의 네 모퉁이에 각목을 대고 그 바깥쪽으로부터 밴드를 거는 방법이다. 이것은 쌓은 화물의 압력이나 진동·충격으로 밴드가 느슨해지는 결점이 있다.

29 파렛트 화물의 붕괴를 방지하기 위한 방식이 아닌 것은?

① 박스 테두리 방식
② 스트레치 방식
③ 밴드걸기 방식
④ 수직밴드 걸기 방식

해설 파렛트 화물의 붕괴를 방지하는 방식 : 밴드 걸기 방식, 주연어프 방식, 슬립 멈추기 시트 삽입 방식, 풀 붙이기 접착 방식, 수평 밴드 걸기 풀 붙이기 방식, 슈 링크 방식, 스트레치 방식 등이 있다.

30 열수축성 플라스틱 필름을 파렛트 화물에 씌우고 이를 가열하여 필름을 수축시켜 파렛트와 밀착시키는 화물붕괴 방지 방식은?

① 주연어프 방식
② 슈 링크방식
③ 풀붙이기 접착방식
④ 수평 밴드걸기 방식

해설 슈 링크 방식
① 열수축성 플라스틱 필름을 파렛트 화물에 씌우고 슈링크 터널을 통과시킬 때 가열하여 필름을 수축시켜 파렛트와 밀착시키는 방식으로 물이나 먼지도 막아내기 때문에 우천 시의 하역이나 야적 보관도 가능하게 된다.
② 통기성이 없고, 고열(120~130℃)의 터널을 통과하므로 상품에 따라서는 이용할 수가 없고, 비용이 많이 드는 단점이 있다.

31 다음 중 포장과 포장 사이에 미끄럼을 멈추는 시트를 넣어 안전을 도모하는 방식으로 적합한 것은?

① 풀 붙이기 접착 방식   ② 슬립 멈추기 시트 삽입 방식
③ 밴드걸기 방식   ④ 주연어프 방식

해설 슬립 멈추기 시트 삽입 방식은 포장과 포장 사이에 미끄럼을 멈추는 시트를 넣음으로써 안전을 도모하는 방법이며, 부대 화물에는 효과가 있으나, 상자는 진동하면 튀어 오르기가 쉬워 문제가 있다.

32 다음 중 플라스틱 필름을 화물에 감아서 움직이지 않게 하는 방식으로 적합한 것은?

① 스트레치 방식   ② 슬립 멈추기 시트 삽입 방식
③ 밴드걸기 방식   ④ 주연어프 방식

해설 스트레치 방식은 스트레치 포장기를 사용하여 플라스틱 필름을 파렛트 화물에 감아서, 움직이지 않게 하는 방법이며, 슈 링크 방식과는 달리 열처리는 행하지 않고, 통기성은 없다. 비용이 많이 드는 단점이 있다.

33 다음 중 운송화물 수송 중의 충격 및 진동에 대하여 설명한 것으로 틀린 것은?

① 화물은 수송 중에 수평 충격과 함께 항상 진동을 받는다.
② 트랙터와 트레일러를 연결할 때 발생하는 수평 충격은 낙하 충격에 비해 크다.
③ 진동에 의한 장해는 제품의 포장면이 서로 닿아서 상처를 일으킨다.
④ 연결할 때 발생되는 수평 충격은 낙하 충격보다 적다.

해설 수송 중의 충격으로서는 트랙터와 트레일러를 연결할 때 발생하는 수평 충격이 있는데 이것은 낙하 충격에 비하면 적은 편이다. 화물은 수평충격과 함께 수송 중에는 항상 진동을 받는다. 진동에 의한 장해로 제품의 포장면이 서로 닿아서 상처를 일으킨다.

34 다음은 수작업과 기계작업 운반의 기준을 나열한 것이다. 다음 중 수작업 운반 기준에 해당하는 것은

① 얼마동안 기산 간격을 두고 되풀이 되는 소량 취급 작업
② 단순하고 반복적인 작업
③ 표준화되어 있어 지속적으로 운반량이 많은 작업
④ 취급 물품의 형상, 성질, 크기 등이 일정한 작업

해설 수작업의 운반기준
① 두뇌 작업이 필요한 작업
② 얼마동안 시간 간격을 두고 되풀이 되는 소량 취급 작업
③ 취급 물품의 형상, 성질, 크기 등이 일정하지 않은 작업
④ 취급 물품이 경량인 작업

35 다음 중 차량의 운행 요령을 가장 적절하게 설명한 것은?

① 화주의 운행 지시에 따라 차량을 운행하여야 한다.
② 사고 예방을 위하여 관계 법규를 준수함은 물론 운전 전, 운전 중, 운전 후 점검 및 정비를 철저히 이행하여야 한다.
③ 화주의 운행 지시에 의하여 지시된 물자를 지정된 구간에 한정된 시간 내에 안전하고 정확하게 운행할 책임이 있다.
④ 크레인의 인양 중량을 경우에 따라서는 초과하는 작업을 허용한다.

해설 차량의 운행 요령
① 배차 지시에 따라 차량을 운행하여야 한다.
② 배차 지시에 따라 배정된 물자를 지정된 장소로 한정된 시간 내에 안전하고 정확하게 운행할 책임이 있다.
③ 사고 예방을 위하여 관계 법규를 준수함은 물론 운전 전, 운전 중, 운전 후 점검 및 정비를 철저히 이행한다.
④ 크레인의 인양 중량을 초과하는 작업을 허용해서는 안 된다.
⑤ 미끄러지는 물품, 길이가 긴 물건, 인화성 물질 운반 시에는 각별한 안전관리를 하여야 한다.

⑥ 장거리 운송의 경우 고속도로 휴게소 등에서 휴식을 취하다가 잠들어 시간이 지연되는 일이 없도록 한다.
⑦ 과다한 음주로 인한 장시간의 수면으로 운송시간의 지연이 없도록 주의한다.
⑧ 기타 고속도로 운전, 장마철, 여름철, 한냉기, 악천후, 건널목, 나쁜 길, 야간 운전할 때에는 제반 안전관리 사항에 대해 더욱 주의한다.

36 다음 중 트랙터 운행 요령의 일반적인 사항을 서술한 것으로 적절한 것은?

① 경우에 따라서는 규정 속도를 초과하여 운행할 수 있다.
② 경우에 따라서는 정량을 초과하여 적재할 수 있다.
③ 경우에 따라서는 화물을 편중되게 적재할 수 있다.
④ 비포장도로나 위험한 도로에서는 반드시 서행하여야 한다.

해설 트랙터 운행 요령의 일반사항
① 규정 속도로 운행해야 한다.
② 비포장도로나 위험한 도로에서는 반드시 서행하여야 한다.
③ 정량초과 적재를 절대로 하지 말아야 한다.
④ 화물을 편중되게 적재하지 말아야 한다.

37 다음 중 트랙터 트레일러를 운행하고자 할 때 사전에 정확히 파악하여야 하는 사항을 서술한 것으로 틀린 것은?

① 도로를 정찰하여 정확히 파악하여야 한다.
② 화물의 운송거리를 정확히 파악하여야 한다.
③ 화물의 제원을 정확히 파악하여야 한다.
④ 장비의 제원을 정확히 파악하여야 한다.

해설 트랙터 트레일러의 장비가 항시 연결되어 운행하므로 회전 반경 및 점유 면적이 크기 때문에 사전 도로 정찰, 화물의 제원, 장비의 제원을 정확히 파악해야 한다.

38 다음 중 트랙터의 운행요령에서 상차 전에 배차계로부터 통보를 받아야 하는 사항을 열거한 것으로 틀린 것은?

① 보세 면장번호   ② 컨테이너 라인
③ 컨테이너 중량   ④ 하역 장소, 도착시간

해설 상차 전 배차계로부터 통보받는 사항
① 배차계로부터 배차지시를 받아야 한다.
② 배차계에서 보세 면장번호(번호 네 자리)를 통보 받아야 한다.
③ 컨테이너 라인(LINE)을 배차계로부터 통보 받아야 한다.
④ 배차계로부터 화주, 공장위치, 공장 전화번호, 담당자 이름을 통보 받아야 한다.
⑤ 배차계로부터 상차지, 도착시간을 통보 받아야 한다.
⑥ 배차계로부터 컨테이너 중량을 통보 받아야 한다.

39 다음 중 트랙터 트레일러에 컨테이너를 상차한 후 확인사항을 서술한 것으로 부적합한 것은?

① 본인이 느끼기에 면장상의 중량과 실중량이 같다고 생각되면 배차계로 연락하여 운송여부를 통보 받아야 한다.
② 상차가 완료되면 해당 게이트(Gate)로 가서 전산 정리를 하여야 한다.
③ 도착 장소와 도착 시간을 다시 한 번 정확히 확인하여야 한다.
④ 다른 라인일 경우에는 배차계에게 면장번호, 컨테이너 번호, 화주 이름을 알려주고 전산 정리를 하여야 한다.

해설 컨테이너를 상차 후 확인사항
① 도착 장소와 도착 시간을 다시 한 번 정확히 확인해야 한다.
② 면장상의 중량과 실중량에는 차이가 있을 수 있으므로 운전자 본인이 실중량이 무겁다고 판단되면 관련부서로 연락해서 운송 여부를 통보 받는다.
③ 상차한 후에는 해당 게이트(Gate)로 가서 전산 정리를 해야 하고 다른 라인일 경우에는 배차계에게 면장번호. 컨테이너 번호, 화주 이름을 말해 주고, 전산 정리를 해야 한다.

정답 31.② 32.① 33.② 34.① 35.②   36.④ 37.② 38.④ 39.①

40 트레일러에 컨테이너를 상차할 때의 유의사항으로 틀린 것은?
① 섀시 잠금장치의 확인은 요하지 않는다.
② 다른 라인의 컨테이너 상차가 어려울 경우에는 배차계로 통보한다.
③ 손해여부 및 봉인번호 체크 결과를 배차계에 통보한다.
④ 상차할 때는 안전하게 실었는지 여부를 확인하다.

> **해설** 컨테이너를 상차할 때 유의사항
> ① 손해(Damage) 여부와 봉인번호(Seal No.)를 체크해야 하고 그 결과를 배차계에 통보한다.
> ② 상차할 때는 안전하게 실었는지를 확인한다.
> ③ 섀시 잠금 장치는 안전한지를 확실히 검사한다.
> ④ 다른 라인(Line)의 컨테이너 상차가 어려울 경우 배차계로 통보한다.

41 트랙 트레일러를 운행하여 화주의 공장에 도착하였을 때 유의사항을 서술한 것으로 적합한 것은?
① 공장 내에서는 도로법의 운행 속도를 준수하여야 한다.
② 각 공장 작업자의 모든 지시 사항을 반드시 배차계에 연락한 후 따라야 한다.
③ 작업 상황을 배차계로 통보해야 한다.
④ 사소한 문제가 발생되면 직접 담당자와 문제를 해결한다.

> **해설** 화주 공장에 도착하였을 때 유의사항
> ① 공장 내의 운행속도를 준수한다.
> ② 사소한 문제라도 발생하면 직접 담당자와 문제를 해결하려고 하지 말고 반드시 배차계에 연락해야 한다.
> ③ 복장 불량(슬리퍼, 런닝 차림 등), 폭언 등은 절대 금지한다.
> ④ 상, 하차할 때 시동은 반드시 끈다.
> ⑤ 각 공장 작업자의 모든 지시사항을 반드시 따른다.
> ⑥ 작업 상황을 배차계로 통보해야 한다.

42 화물을 인수하는 요령을 서술한 것 중 부적합한 것은?
① 일반지역의 경우 착불로 거래시 운임을 징수할 수 없는 경우가 있으므로 소비자의 양해를 얻어 반드시 운임을 선불로 처리한다.
② 운송인의 책임은 물품을 인수하고 운송장을 교부한 시점부터 발생한다.
③ 항공을 이용한 운송의 경우 공항 유치 물품(가전제품, 전자제품)은 집하 시 고객에게 이해를 구한 다음 집하를 거절함으로써 고객과의 마찰을 방지한다.
④ 도서지역의 경우 차량이 직접 들어갈 수 없는 지역이 많아 착불로 거래 시 운임을 징수할 수 없으므로 소비자의 양해를 얻어 운임 및 도선료는 선불로 처리한다.

> **해설** 화물의 인수 요령
> ① 도서지역의 경우 차량이 직접 들어갈 수 없는 지역이 많아 착불로 거래 시 운임을 징수할 수 없으므로 소비자의 양해를 얻어 운임 및 도선료는 선불로 처리한다.
> ② 항공을 이용한 운송의 경우 항공기 탑재 불가물품(총포류, 화약류, 기타 공항에서 정한 물품)과 공항유치 물품(가전제품, 전자제품)은 집하 시 고객에게 이해를 구한 다음 집하를 거절함으로써 고객과의 마찰을 방지한다. 만약 항공료가 착불일 경우 기타 란에 항공료 착불이라고 기재하고 합계란은 공란으로 비워 둔다.
> ③ 운송인의 책임은 물품을 인수하고 운송장을 교부한 시점부터 발생한다.
> ④ 운송장에 대한 비용이 항상 발생하므로 운송장을 작성하기 전에 물품의 성질, 규격, 포장상태, 운임, 파손 면책 등 부대사항을 고객에게 통보하고 상호 동의가 되었을 때 운송장을 작성, 발급하게 하여 불필요한 운송장 낭비를 막는다.

43 다음 중 화물의 인계 요령을 서술한 것으로 틀린 것은?
① 지점에 도착된 물품에 대해서는 당일 배송을 원칙으로 한다.
② 산간 오지 및 당일 배송이 불가능한 경우 소비자의 양해 없이 조치하도록 한다.
③ 각 영업소로 분류된 물품은 수하인에게 물품의 도착 사실을 알리고 배송 가능한 시간을 약속한다.
④ 인수된 물품 중 부패성 물품과 긴급을 요하는 물품에 대해서는 우선적으로 배송을 하여 손해배상 요구가 발생하지 않도록 한다.

> **해설** 화물의 인계 요령
> ① 지점에 도착된 물품에 대해서는 당일 배송을 원칙으로 한다. 단, 산간 오지 및 당일배송이 불가능한 경우 소비자의 양해를 구한 뒤 조치하도록 한다.
> ② 수하인에게 물품을 인계할 때 인계 물품의 이상 유무를 확인하여 이상이 있을 경우 즉시 지점에 통보하여 조치하도록 한다.
> ③ 각 영업소로 분류된 물품은 수하인에게 물품의 도착 사실을 알리고 배송 가능한 시간을 약속한다.
> ④ 인수된 물품 중 부패성 물품과 긴급을 요하는 물품에 대해서는 우선적으로 배송을 하여 손해배상 요구가 발생하지 않도록 한다.

44 다음 중 화물의 인계 요령을 서술한 것으로 적합한 것은?
① 배송 중 사소한 문제로 수하인과 마찰이 발생할 경우 일단 운송자의 입장에서만 생각하고 조심스러운 언어로 마찰이 최소화할 수 있도록 한다.
② 물품포장에 경미한 이상이 있을 경우에는 남의 탓으로 돌려 고객들의 불만을 가중시키지 않도록 한다.
③ 영업소(취급소)는 택배물 배송 시 물품뿐만 아니라 고객의 마음까지 배달한다는 자세로 성심껏 배송을 하여야 한다.
④ 택배는 집에서 집으로 운송하는 서비스이므로 수하인에게 집을 못 찾으니 어디로 나오라 하여 인계한다.

> **해설** 화물의 인계 요령
> ① 영업소(취급소)는 택배물 배송할 때 물품뿐만 아니라 고객의 마음까지 배달한다는 자세로 성심껏 배송하여야 한다.
> ② 배송 중 사소한 문제로 수하인과 마찰이 발생할 경우 일단 소비자의 입장에서 생각하고 조심스러운 언어로 마찰이 최소화할 수 있도록 한다.
> ③ 물품포장에 경미한 이상이 있을 경우에는 고객에게 사과하고 대화로 해결할 수 있도록 하며, 절대로 남의 탓으로 돌려 고객들의 불만을 가중시키지 않도록 한다.
> ④ 특히 택배는 집에서 집으로 운송하는 서비스이므로 수하인에게 집을 못 찾으니 어디로 나오라고 하던가, 집이 높아 못 올라간다는 말을 하지 않는다.

45 다음 중 화물의 인계 요령을 서술한 것으로 적합한 것은?
① 귀중품 및 고가품의 경우 부득이 본인에게 전달이 어려울 경우 옆집에 부탁하여 전달될 수 있도록 조치하여야 한다.
② 배송 중 수하인이 직접 찾으러 오는 경우 반드시 본인을 확인할 필요가 없고 물품을 전달하고 인수 확인란에 직접 수하인의 서명을 받아 인계한다.
③ 물품의 배송 중 근거리 배송이라 차에서 떠날 때 잠금장치를 하지 않아도 된다.
④ 당일 배송하지 못한 물품에 대하여는 익일 영업시간까지 물품이 안전하게 보관될 수 있는 장소에 물품을 보관하여야 한다.

> **해설** 화물의 인계 요령
> ① 귀중품 및 고가품의 경우는 분실의 위험이 높고 분실되었을 때 피해 보상액이 크므로 수하인에게 직접 전달하도록 하며, 부득이 본인에게 전달이 어려울 경우 정확하게 전달될 수 있도록 조치하여야 한다.
> ② 배송 중 수하인이 직접 찾으러 오는 경우 물품 전달할 때 반드시 본인 확인을 한 후 물품을 전달하고 인수 확인란에 직접 서명을 받아 그로 인한 피해가 발생하지 않도록 유의한다.
> ③ 물품의 배송 중 발생할 수 있는 도난에 대비하여 근거리 배송이라도 차에서 떠날 때는 반드시 잠금장치를 하여 사고를 미연에 방지하도록 한다.
> ④ 당일 배송하지 못한 물품에 대하여는 익일 영업시간까지 물품이 안전하게 보관될 수 있는 장소에 물품을 보관하여야 한다.

46 다음 중 자동차관리법상 화물자동차의 종류에 해당되지 않는 것은?
① 특수 작업형 ② 덤프형
③ 밴형 ④ 일반형

정답 40.① 41.③ 42.① 43.② 44.③ 45.④ 46.①

해설 화물자동차의 종류
① 일반형 : 보통의 화물운송용인 것
② 덤프형 : 적재함을 원동기의 힘으로 적재물을 중력에 의하여 쉽게 미끄러뜨리는 구조의 화물운송인 것
③ 밴형 : 지붕의 구조와 덮개가 있는 화물운송인 것
④ 이특수 용도형 : 특정한 용도를 위하여 특수한 구조로 하거나 기구를 장치한 것으로서 위 어느 형에도 속하지 아니하는 화물운송인 것

47 한국공업규격에 의해 분류한 원동기부와 덮개가 운전실의 앞쪽에 나와 있는 트럭을 무엇이라고 하는가?
① 픽업
② 보닛 트럭
③ 밴
④ 캡 오버 트럭

해설 보닛트럭(cab-behind-engine truck)은 원동기부와 덮개가 운전실의 앞쪽에 나와 있는 트럭이다.

48 다음 중 한국공업규격에 의한 화물자동차의 종류에 속하지 않는 것은?
① 본네트 트럭
② 픽업
③ 탱크차
④ 승합차

해설 한국공업규격에 의한 화물자동차의 종류에는 본네트 트럭, 캡 오버 트럭, 밴(van), 픽업, 특별차, 냉장차, 탱크차, 덤프차, 믹서차, 레커차, 트럭 크레인, 크레인 붙이 트럭, 풀(full) 트레일러용 트랙터, 세미 트레일러용 트랙터, 폴(pole) 트레일러용 트랙터 등이 있다.

49 다음 중 자동차관리법상 특수자동차에 해당되는 것은?
① 특수자동차는 다른 자동차를 견인하거나 구난 작업 또는 특수한 작업을 수행하기에 적합하게 제작된 자동차로 승용자동차
② 특수자동차는 다른 자동차를 견인하거나 구난 작업 또는 특수한 작업을 수행하기에 적합하게 제작된 자동차로 승합자동차
③ 특수자동차는 다른 자동차를 견인하거나 구난 작업 또는 특수한 작업을 수행하기에 적합하게 제작된 자동차로 승용자동차·승합자동차 또는 화물자동차가 아닌 자동차
④ 특수자동차는 다른 자동차를 견인하거나 구난 작업 또는 특수한 작업을 수행하기에 적합하게 제작된 자동차로 화물자동차

해설 특수자동차는 다른 자동차를 견인하거나 구난 작업 또는 특수한 작업을 수행하기에 적합하게 제작된 자동차로 승용자동차·승합자동차 또는 화물자동차가 아닌 자동차

50 다음 중 원동기의 전부 또는 대부분이 운전실 아래쪽에 있는 트럭을 한국공업규격에 의해 분류한 것으로 적합한 것은?
① 픽업
② 캡 오버 트럭
③ 밴
④ 본네트 트럭

해설 캡 오버 트럭(cab-over-engine truck)은 원동기의 전부 또는 대부분이 운전실의 아래쪽에 있는 트럭을 말한다.

51 다음 중 상자형의 화물실을 갖추고 있는 트럭을 한국공업규격에 의해 분류한 것으로 적합한 것은?
① 본네트 트럭
② 픽업
③ 밴
④ 캡 오버 트럭

해설 밴(van)은 상자형 화물실을 갖추고 있는 트럭이다. 지붕이 없는 것(open-top)도 포함한다.

52 다음 중 화물실의 지붕이 없고 옆판이 운전대 외 일체로 되어 있는 소형트럭을 한국공업규격에 의해 분류한 것으로 적합한 것은?
① 본네트 트럭
② 캡 오버 트럭
③ 밴
④ 픽업

53 다음 중 수송 물품을 냉각제를 이용하여 냉각하는 설비를 갖추고 있는 특별 용도의 차량을 한국공업규격에 의해 분류한 것으로 적합한 것은?
① 냉장차
② 탱크차
③ 덤프차
④ 믹서차

해설 냉장차(insulated vehicle)는 수송 물품을 냉각제를 이용하여 냉각(동)하는 설비를 갖추고 있는 특별 용도차이다.

54 다음 중 크레인 등을 갖추고 고장 차의 앞 또는 뒤를 매달아 올려서 수송하는 특별 장비차를 한국공업규격에 의해 분류한 것으로 적합한 것은?
① 래커차
② 트럭 크레인
③ 풀 트레일러용 트랙터
④ 세미 트레일러용 트랙터

해설 래커차(wrecker truck, break clown lorry)는 크레인 등을 갖추고 고장 차의 앞 또는 뒤를 매달아 올려서 수송하는 특별 장비차이다.

55 다음 중 크레인을 갖추고 작업하는 특별 장비차를 한국공업규격에 의해 분류한 것으로 적합한 것은?
① 세미 트레일러용 트랙터
② 트럭 크레인
③ 풀 트레일러용 트랙터
④ 래커차

해설 트럭 크레인(truck crane)은 크레인을 갖추고 작업을 하는 특별 장비차로 통상 래커는 제외된다.

56 다음 중 총하중을 트레일러만으로 지탱되도록 설계되어 선단에 견인구를 갖춘 트레일러를 무엇이라 하는가?
① 풀 트레일러
② 돌리
③ 세미 트레일러
④ 폴 트레일러

해설 풀 트레일러(full trailer)는 총하중을 트레일러만으로 지탱되도록 설계되어 선단에 견인구 즉, 트랙터를 갖춘 트레일러이다. 돌리와 조합된 세미 트레일러는 풀 트레일러로 해석된다.

57 다음 중 트레일러의 종류가 아닌 것은?
① 풀 트레일러
② 세미 트레일러
③ 돌리
④ 레커 트럭

해설 트레일러란 동력을 갖추지 않고 모터 비이클에 의하여 견인되고, 사람 및(또는) 물품을 수송하는 목적을 위하여 설계되어 도로상을 주행하는 차량을 말한다. 즉, 자동차를 동력부분(견인차 또는 트랙터)과 적하부분(피견인차)으로 나누었을 때 적하부분을 지칭하며, 일반적으로 세미 트레일러, 풀 트레일러, 폴 트레일러의 3가지로 구분된다. 여기에 돌리(dolly)를 추가하여 4가지로 구분하기도 한다.

58 다음 중 기둥, 통나무 등 장척의 적하물 자체가 트랙터와 트레일러의 연결부분을 구성하는 구조의 트레일러를 무엇이라 하는가?
① 레커 트럭
② 세미 트레일러
③ 폴 트레일러
④ 돌리

해설 폴 트레일러(pole trailer)는 기둥, 통나무 등 장척의 적하물 자체가 트랙터와 트레일러의 연결부분을 구성하는 구조의 트레일러로서, 거리는 적하물의 길이에 따라 조정할 수 있다.

59 다음 중 총하중의 일부분이 견인하는 자동차에 의해서 지탱되도록 설계된 트레일러를 무엇이라 하는가?
① 레커 트럭
② 폴 트레일러
③ 돌리
④ 세미 트레일러

해설 세미 트레일러(semi-trailer)는 세미 트레일러용 트랙터에 연결하여 총하중의 일부분이 견인하는 자동차에 의해서 지탱되도록 설계된 트레일러이다.

정답 47.② 48.④ 49.③ 50.② 51.③ 52.④ 53.① 54.① 55.② 56.① 57.④ 58.③ 59.④

60 세미 트레일러와 조합해서 풀 트레일러로 하기 위한 견인구를 갖춘 대차를 무엇이라 하는가?
① 풀 트레일러(full trailer)   ② 세미 트레일러(semi-trailer)
③ 돌리(dolly)   ④ 폴 트레일러(pole trailer)

해설 세미 트레일러와 조합해서 풀 트레일러로 하기 위한 견인구를 갖춘 대차를 돌리(dolly)라 부른다.

61 다음 중 전장의 상면 프레임이 상면의 화대를 가진 구조로서 일반화물이나 강제 등의 수송에 적합한 트레일러는?
① 평상식 트레일러   ② 밴 트레일러
③ 오픈 탑 트레일러   ④ 특수용도 트레일러

해설 평상식 트레일러(flat bed, platform straight-frame trailer)는 전장의 프레임 상면이 평면의 화대를 가진 구조로서 일반화물이나 강제 등의 수송에 적합하다.

62 다음 중 적재 시 전고가 낮은 화대를 가진 트레일러로서 불도저나 기중기 등 건설기계 운반에 적합한 트레일러는?
① 평상식 트레일러   ② 저상식 트레일러
③ 특수용도 트레일러   ④ 스케레탈 트레일러

해설 저상식 트레일러(low bed trailer)는 적재시 전고가 낮은 화대를 가진 트레일러로서 불도저나 기중기 등 건설기계의 운반에 적합하다.

63 다음 중 컨테이너를 운송하기 위해 제작된 트레일러로서 전·후단에 컨테이너 고정 장치가 부착되어 있는 트레일러는?
① 저상식 트레일러   ② 평상식 트레일러
③ 중저상식 트레일러   ④ 스케레탈 트레일러

해설 스케레탈 트레일러(skeletal trailer)는 컨테이너 운송을 위해 제작된 트레일러로서 전·후단에 컨테이너 고정 장치가 부착되어 있으며, 20피트(feet)용 40피트용 등 여러 종류가 있다.

64 다음 중 일반잡화 및 냉동화물 등의 운반용으로 사용되는 트레일러로 적합한 것은?
① 특수용도 트레일러   ② 오픈 탑 트레일러
③ 밴 트레일러   ④ 스케레탈 트레일러

해설 밴 트레일러(van trailer)는 화대부분에 밴형의 보디가 장치된 트레일러로서 일반잡화 및 냉동화물 등의 운반용으로 사용된다.

65 다음 중 밴형 트레일러의 일종으로 천장에 개구부가 있어 들어가게 만든 고척화물의 운반용으로 이용되는 트레일러는?
① 특수용도 트레일러   ② 오픈 탑 트레일러
③ 밴 트레일러   ④ 스케레탈 트레일러

해설 오픈탑 트레일러(open top trailer)는 밴형 트레일러의 일종으로서 천장에 개구부가 있어 이 들어가게 만든 고척화물 운반용이다.

66 다음 중 연결 차량(combination of vehicles)의 종류에 속하지 않는 것은?
① 단차(rigid vehicle)
② 풀 트레일러 연결 차량(road train)
③ 세미 트레일러 연결 차량(articulated road train)
④ 트리플 트레일러 연결 차량(triple road train)

해설 연결 차량(combination of vehicles)의 종류
① 단차(rigid vehicle)
② 풀 트레일러 연결 차량(road train)
③ 세미 트레일러 연결 차량(articulated road train)
④ 더블 트레일러 연결 차량(double road train)
⑤ 폴 트레일러 연결 차량

67 다음 중 전용 특장차의 종류가 아닌 것은?
① 덤프 트럭   ② 믹서 차량
③ 분립체 수송차   ④ 고체 수송차

해설 전용 특장차의 종류
① 덤프 트럭   ② 믹서 차량
③ 분립체 수송차   ④ 액체 수송차
⑤ 냉동차

68 다음 중 시멘트, 사료, 곡물 등을 자루에 담지 않고 실물 상태로 운반하는 전용 특장차는?
① 덤프 트럭   ② 믹서 차량
③ 분립체 수송차   ④ 고체 수송차

해설 시멘트, 사료, 곡물, 화학제품, 식품 등 분립체를 자루에 담지 않고 실물 상태로 운반하는 차량이다. 일반적으로 벌크차라고 부른다. 하대는 밀폐형 탱크 구조로서 상부에서 적재하며, 스크루식, 공기 압송식, 덤프식 또는 이들을 병용하여 배출한다. 이 차량은 적재물에 따라 시멘트 수송차, 사료 운반차 등으로 부른다.

69 다음 중 물류면에서 보면 포장의 생략, 하역의 기계화라는 관점에서 대단히 합리적인 차량이라고 할 수 있는 전용 특장차는?
① 고체 수송차   ② 분립체 수송차
③ 믹서 차량   ④ 덤프 트럭

해설 분립체 수송차는 시멘트 수송차량이 가장 많고 그 다음이 사료 수송차량인데, 식품에서는 밀가루 수송에 사용되는 비율이 높아지고 있다. 이 차량들은 물류면에서 보면 포장의 생략, 하역의 기계화라는 관점에서 대단히 합리적인 차량이라고 할 수 있다.

70 화물이 인도 기한을 경과한 후 몇 월 이내에 인도되지 아니한 경우 당해 화물은 멸실된 것으로 보는가?
① 1월   ② 3월
③ 6월   ④ 12월

해설 화물이 인도 기한을 경과한 후 3월 이내에 인도되지 아니한 경우 당해 화물은 멸실된 것으로 본다.

71 이사 화물의 인수를 거절할 수 있는 경우가 아닌 것은?
① 현금, 유가증권, 귀금속, 예금통장, 신용카드, 인감 등 고객이 휴대할 수 있는 귀중품
② 위험품, 불결한 물품 등 다른 화물에 손해를 끼칠 염려가 있는 물건
③ 동식물, 미술품, 골동품 등 운송에 특수한 관리를 요하기 때문에 다른 화물과 동시에 운송하기에 적합하지 않은 물건
④ 일반 이사 화물의 종류, 무게, 부피, 운송 거리 등에 따라 운송에 적합하도록 포장할 것을 사업자가 요청하였을 때 고객이 이를 받아들인 물건

해설 이사 화물의 인수를 거절할 수 있는 경우
① 현금, 유가증권, 귀금속, 예금통장, 신용카드, 인감 등 고객이 휴대할 수 있는 귀중품
② 위험품, 불결한 물품 등 다른 화물에 손해를 끼칠 염려가 있는 물건
③ 동식물, 미술품, 골동품 등 운송에 특수한 관리를 요하기 때문에 다른 화물과 동시에 운송하기에 적합하지 않은 물건
④ 일반 이사 화물의 종류, 무게, 부피, 운송 거리등에 따라 운송에 적합하도록 포장할 것을 사업자가 요청하였으나 고객이 이를 거절한 물건

정답 60.③ 61.① 62.② 63.④ 64.③ 65.② 66.④   67.④ 68.③ 69.② 70.② 71.④

PART 3 안전운행에 관한 사항

1. 교통사고의 요인
2. 운전자 요인과 안전운행
3. 자동차 요인과 안전운행
4. 도로 요인과 안전운행
5. 안전운전

CHAPTER
01 안전운행에 관한 사항

1. 교통사고의 요인 2. 운전자 요인과 안전운행 3. 자동차 요인과 안전운행 4. 도로 요인과 안전운행 5. 안전운전

01 교통사고의 요인

1 도로 교통 체계를 구성하는 요소
① 운전자 및 보행자를 비롯한 도로 사용자
② 도로 및 교통신호등 등의 환경
③ 차량

2 교통사고의 3대 요인

(1) 인적요인
신체, 생리, 심리, 적성, 습관, 태도 요인 등을 포함하는 개념으로 운전자 또는 보행자의 신체적 생리적 조건, 위험의 인지와 회피에 대한 판단, 심리적 조건 등에 관한 것과 운전자의 적성과 자질, 운전습관, 내적 태도 등에 관한 것이다.

(2) 차량요인
차량 구조장치, 부속품 또는 적하(積荷) 등이다.

(3) 도로 · 환경요인
① 도로요인은 도로구조, 안전시설 등에 관한 것이다. 여기서 도로구조는 도로의 선형, 노면, 차로 수, 노폭, 구배 등에 관한 것이며 안전시설은 신호기, 노면표시, 방호책 등 도로의 안전시설에 관한 것을 포함하는 개념이다.
② 환경요인은 자연환경, 교통 환경, 사회 환경, 구조 환경 등의 하부 요인으로 구성된다. 자연환경은 기상, 일광 등 자연조건에 관한 것이며 교통 환경은 차량교통량, 운행차 구성, 보행자 교통량 등 교통상황에 관한 것이다. 구조 환경은 교통여건 변화, 차량 점검 및 정비관리자와 운전자의 책임 한계 등을 말한다.
③ 사회 환경은 일반국민 · 운전자 · 보행자 등의 교통도덕, 정부의 교통정책, 교통단속과 형사처벌 등에 관한 것이다.
※ 교통사고는 3대 요인 중 어느 하나의 요인으로 발생될 수 있으나 대부분의 사고는 둘 이상의 요인이 상호 복합적으로 작용하여 발생되고 있다.

02 운전자 요인과 안전운행

1 시각특성
① 운전자는 운전에 필요한 정보의 대부분을 시각을 통하여 획득한다.
② 속도가 빨라질수록 동체 시력은 떨어진다.
③ 속도가 빨라질수록 시야의 범위가 좁아진다.
④ 속도가 빨라질수록 전방 주시점은 멀어진다.

(1) 정지시력
정지시력이란 아주 밝은 상태에서 1/3인치(0.85cm) 크기의 글자를 20피트(6.10m) 거리에서 읽을 수 있는 사람의 시력을 말하며 20/20으로 나타낸다.

(2) 시력기준
우리나라 도로교통법령에 정한 시력은 교정시력을 포함하여 다음과 같다.
① 제1종 운전면허에 필요한 시력은 "두 눈을 동시에 뜨고 잰 시력이 0.8 이상, 양쪽 눈의 시력이 각각 0.5 이상"이어야 한다.
② 제2종 운전면허에 필요한 시력은 "두 눈을 동시에 뜨고 잰 시력이 0.5 이상 다만, 한쪽 눈을 보지 못하는 사람은 다른 쪽 눈의 시력이 0.6 이상이어야 한다.
③ 붉은색, 녹색, 노란색을 구별할 수 있어야 한다.

(3) 동체시력
① 개념
동체시력이란 움직이는 물체(자동차, 사람 등) 또는 움직이면서(운전하면서) 다른 자동차나 사람 등의 물체를 보는 시력을 말한다.
② 동체시력의 특성
㉮ 동체시력은 물체의 이동속도가 빠를수록 상대적으로 저하된다.
㉯ 동체시력은 연령이 높을수록 더욱 저하된다.
㉰ 동체시력은 장시간 운전에 의한 피로상태에서도 저하된다.

(4) 야간시력
해질 무렵이 가장 운전하기 힘든 시간이라고 한다. 전조등을 비추어도 주변의 밝기와 비슷하기 때문에 의외로 다른 자동차나 보행자를 보기가 어렵다. 그리고 야간에는 어둠으로 인해 대상물을 명확하게 보기 어렵다.

(5) 암순응, 명순응, 현혹
① 암순응 : 일광 또는 조명이 밝은 조건에서 어두운 조건으로 변할 때 사람의 눈이 그 상황에 적응하여 시력을 회복하는 것을 말한다.
② 명순응 : 일광 또는 조명이 어두운 조건에서 밝은 조건으로 변할 때 사람의 눈이 그 상황에 적응하여 시력을 회복하는 것을 말한다.
③ 현혹 : 야간 주행 중 대향 차량 간의 전조등 불빛이 운전자의 눈에 비추게 되면 일시적으로 시력의 장애를 일으키는 현상을 말한다.

(6) 심시력
전방에 있는 대상물까지의 거리를 목측하는 것을 심경각이라고 하며, 그 기능을 심시력이라고 한다. 심시력의 결함은 입체 공간 측정의 결함으로 인한 교통사고를 초래할 수 있다.

(7) 시야
① **시야와 주변시력**
정지한 상태에서 눈의 초점을 고정시키고 양쪽 눈으로 볼 수 있는 범위를 시야라고 한다. 정상적인 시력을 가진 사람의 시야 범위는 180~200°이다.

② **속도와 시야**
시야의 범위는 자동차 속도에 반비례하여 좁아진다. 정상 시력을 가진 운전자가 시속 40km로 운전 중이라면, 그의 시야 범위는 약 100°, 시속 70km이면 약 65°, 시속 100km이면 약 40°로 좁아진다.

③ **주의의 정도와 시야**
운전 중 불필요한 대상에 주의가 집중되어 있다면, 주의를 집중한 것에 비례하여 시야 범위가 좁아지고 교통사고의 위험은 그만큼 커진다.

(8) 주행 시공간(走行視空間)의 특성
속도가 빨라질수록 주시점은 멀어지고 시야는 좁아진다. 빠른 속도에 대비하여 위험을 그만큼 먼저 파악하고자 사람이 자동적으로 대응하는 과정이며 결과이다.

2 사고의 심리

(1) 사고의 원인과 요인
교통사고의 요인은 간접적 요인·중간적 요인·직접적 요인 등 3가지로 구분된다.

① **간접적 요인**
㉮ 운전자에 대한 홍보 활동 결여 또는 훈련의 결여
㉯ 차량의 운전 전 점검 습관의 결여
㉰ 안전운전을 위하여 필요한 교육태만
㉱ 안전지식 결여
㉲ 무리한 운행계획
㉳ 직장이나 가정에서의 원활하지 못한 인간관계

② **중간적 요인**
㉮ 운전자의 지능 ㉯ 운전자 성격
㉰ 운전자 심신 기능 ㉱ 불량한 운전태도
㉲ 음주·과로

③ **직접적 요인**
㉮ 사고 직전 과속과 같은 법규위반
㉯ 위험인지의 지연
㉰ 운전조작의 잘못, 잘못된 위기 대처

(2) 사고의 심리적 요인
① **교통사고 운전자의 특성**
㉮ 선천적 능력(타고난 심신기능의 특성) 부족
㉯ 후천적 능력(학습에 의해서 습득한 운전에 관계되는 지식과 기능) 부족
㉰ 바람직한 동기와 사회적 태도(각양의 운전 상태에 대하여 인지, 판단, 조작하는 태도) 결여
㉱ 불안정한 생활환경

② **착각**
㉮ 크기의 착각 : 어두운 곳에서는 가로 폭보다 세로 폭을 보다 넓은 것으로 판단한다.
㉯ 원근의 착각 : 작은 것은 멀리 있는 것 같이, 덜 밝은 것은 멀리 있는 것으로 느껴진다.
㉰ 경사의 착각
  • 작은 경사는 실제보다 작게, 큰 경사는 실제보다 크게 보인다.
  • 오름 경사는 실제보다 크게, 내림 경사는 실제보다 적게 보인다.
㉱ 속도의 착각
  • 좁은 시야에서는 빠르게 느껴진다. 비교 대상이 먼 곳에 있을 때는 느리게 느껴진다.
  • 상대 가속도감(반대 방향), 상대 감속도감(동일 방향)을 느낀다.
㉲ 상반의 착각
  • 주행 중 급정거시 반대 방향으로 움직이는 것처럼 보인다.
  • 큰 물건들 가운데 있는 작은 물건은 작은 물건들 가운데 있는 같은 물건보다 작아 보인다.
  • 한쪽 방향의 곡선을 보고 반대 방향의 곡선을 봤을 경우 실제보다 더 구부러져 있는 것처럼 보인다.

3 운전 피로

(1) 피로와 교통사고
① **피로의 진행과정**
㉮ 피로의 정도가 지나치면 과로가 되고 정상적인 운전이 곤란해진다.
㉯ 피로 또는 과로 상태에서는 졸음운전이 발생될 수 있고 이는 교통사고로 이어질 수 있다.
㉰ 연속 운전은 일시적으로 급성 피로를 낳게 한다.
㉱ 매일 시간상 또는 거리상으로 일정 수준 이상의 무리한 운전을 하면 만성피로를 초래한다.

② **운전피로와 교통사고**
대체로 운전 피로는 운전 조작의 잘못, 주의력 집중의 편재, 외부의 정보를 차단하는 졸음 등을 불러와 교통사고의 직접·간접 원인이 된다.

③ **장시간 연속운전**
장시간 연속운전은 심신의 기능을 현저히 저하시킨다. 운행계획에 휴식시간을 삽입하고 생활 관리를 철저히 해야 한다.

④ **수면부족**
적정한 시간의 수면을 취하지 못한 운전자는 교통사고를 유발할 가능성이 높다.

4 보행자

(1) 보행자 사고의 실태
① **보행 중 교통사고**
우리나라 보행 중 교통사고 사망자 구성비는 미국, 프랑스, 일본 등에 비해 매년 높은 것으로 나타나고 있다.

② **보행유형과 사고**
㉮ 차대 사람의 사고가 가장 많은 보행 유형은 어떻게 도로를 횡단하였든 횡단 중(횡단보도 횡단, 횡단보도 부근 횡

단, 육교 부근 횡단, 기타 횡단)의 사고가 가장 많다.

㉯ 다음으로 어떤 형태이든 통행 중의 사고가 많으며, 연령층 별로는 어린이와 노약자가 높은 비중을 차지한다.

(2) 보행자 사고의 요인

① 교통사고를 당했을 당시의 보행자 요인은 교통 상황 정보를 제대로 인지하지 못한 경우가 가장 많고, 다음으로 판단 착오, 동작 착오의 순서로 많다.

② **교통정보 인지 결함의 원인**

㉮ 술에 많이 취해 있었다.

㉯ 등교 또는 출근시간 때문에 급하게 서둘러 걷고 있었다.

㉰ 횡단 중 한쪽 방향에만 주의를 기울였다.

㉱ 동행자와 이야기에 열중했거나 놀이에 열중했다.

㉲ 피곤한 상태여서 주의력이 저하되었다.

㉳ 다른 생각을 하면서 보행하고 있었다.

③ **횡단보도(비횡단보도) 아닌 곳으로 횡단하는 보행자의 심리**

㉮ 횡단거리 줄이기 : 횡단 보도로 건너면 거리가 멀고 시간이 더 걸리기 때문에

㉯ 평소 습관 : 평소 교통질서를 잘 지키지 않는 습관을 그대로 답습

㉰ 자동차가 달려오지만 충분히 건널 수 있다고 판단해서

㉱ 갈 길이 바빠서

㉲ 술에 취해서

5 음주와 운전

(1) 음주운전 교통사고의 특징

① 주차 중인 자동차와 같은 정지 물체 등에 충돌할 가능성이 높다.

② 전신주, 가로 시설물, 가로수 등과 같은 고정 물체와 충돌할 가능성이 높다.

③ 대향차의 전조등에 의한 현혹 현상 발생시 정상운전보다 교통사고 위험이 증가된다.

④ 치사율이 높다.

⑤ 차량 단독사고의 가능성이 높다(차량단독 도로 이탈사고 등).

(2) 음주의 개인차

① **음주량과 체내 알코올 농도의 관계**

㉮ 매일 알코올을 접하는 습관성 음주자는 음주 30분 후에 체내 알코올 농도가 정점에 도달하였지만 그 체내 알코올 농도는 중간적(평균적) 음주자의 절반 수준이었다.

㉯ 중간적 음주자는 음주 후 60분에서 90분 사이에 체내 알코올 농도가 정점에 달하였지만 그 농도는 습관성 음주자의 2배 수준이었다.

② **체내 알코올 농도의 남녀 차이**

여자는 음주 30분 후에, 남자는 60분 후에 체내 알코올 농도가 정점에 도달하였다. 이는 개인차를 고려하더라도, 성별에 따라 체내 알코올 농도가 정점에 도달하는 시간의 차이가 존재하며 여자가 먼저 정점에 도달한다는 사실을 시사한다.

(3) 체내 알코올 농도와 제거 소요시간

음주가 사람에 미치는 영향은 개인차가 있고 음주 후 체내 알코올 농도가 제거되는 시간에도 개인차가 존재하지만 체내 알코올은 충분한 시간이 경과해야만 제거된다.

6 교통 약자

(1) 고령자(노인층) 교통안전

고령자는 교통안전과 관련하여 움직이는 물체에 대한 판별 능력이 저하되고 야간의 어두운 조명이나 대향차가 비추는 밝은 조명에 적응 능력이 상대적으로 부족하다.

고령자는 교통 생활인으로서의 건전한 자질에도 불구하고 이러한 신체적인 취약 조건들로 인하여 어린이, 신체 허약자와 함께 교통사고 피해자의 상당수를 점하고 있다.

(2) 어린이 교통안전

① **어린이 교통사고의 특징**

㉮ 어릴수록 그리고 학년이 낮을수록 교통사고를 많이 당한다.

㉯ 보행 중 교통사고를 당하여 사망하는 비율이 가장 높다.

㉰ 시간대별 어린이 보행 사상자는 오후 4시에서 오후 6시 사이에 가장 많다.

㉱ 보행 중 사상자는 집이나 학교근처 등 어린이통행이 잦은 곳에서 가장 많이 발생되고 있다. 중학생 이하 어린이 교통사고 예방을 위해서는 무엇보다 보행 안전을 확보해야 한다는 사실을 알 수 있다.

② **어린이의 교통 행동 특성**

㉮ 교통 상황에 대한 주의력이 부족하다.

㉯ 판단력이 부족하고 모방 행동이 많다.

㉰ 사고방식이 단순하다.

㉱ 추상적인 말은 잘 이해하지 못하는 경우가 많다.

㉲ 호기심이 많고 모험심이 강하다.

㉳ 눈에 보이지 않는 것은 없다고 생각한다.

어린이들은 구체적인 물체를 보고서야 상황을 판단하는 경향이 있다. 주·정차된 차량으로 인해 다가오는 차량들이 보이지 않을 때 어린이는 마치 차가 없는 것처럼 생각하고 횡단하는 경향이 있다.

㉴ 자신의 감정을 억제하거나 참아내는 능력이 약하다.

어린이들은 기분나는 대로 또는 감정이 변하는 대로 행동하는 등 충동성이 강하게 나타난다.

㉵ 제한된 주의 및 지각능력을 가지고 있다.

어린이들은 여러 사물에 적절히 주의를 배분하지 못하고, 한 가지 사물만 집중하는 경향을 보인다.

03 자동차 요인과 안전운행

1 1. 주요 안전장치

(1) 제동장치

제동장치는 주행하는 자동차를 감속 또는 정지시킴과 동시에 주차 상태를 유지하기 위하여 필요한 장치이다.

① **주차 브레이크**

차를 주차 또는 정차시킬 때 사용하는 제동장치로서 손으로 조작하나 일부 승용자동차의 경우 발로 조작하는 경우도 있으며, 뒷바퀴 좌우가 고정된다.

② 풋 브레이크

주행 중에 발로써 조작하는 주 제동장치로서 브레이크 페달을 밟으면 페달의 바로 앞에 있는 마스터 실린더 내의 피스톤이 작동하여 브레이크액이 압축되고, 압축된 브레이크액은 파이프를 따라 휠 실린더로 전달된다.

휠 실린더의 피스톤에 의해 브레이크 라이닝을 밀어 주어 타이어와 함께 회전하는 드럼을 잡아 멈추게 한다.

③ 엔진 브레이크

가속 페달을 밟았다 놓거나 저단 기어로 바꾸게 되면 엔진 브레이크가 작용하여 속도가 떨어지게 된다. 이것은 마치 구동바퀴에 의해 엔진이 역으로 회전하는 것과 같이 되어 그 회전 저항으로 제동력이 발생한다. 내리막길에서 풋 브레이크만 사용하게 되면 라이닝의 마찰에 의해 제동력이 떨어지므로 엔진 브레이크를 사용하는 것이 안전하다.

④ ABS(ABS : Anti-lock Brake System)

빙판이나 빗길 미끄러운 노면 상이나 통상의 주행에서 제동 시에 바퀴를 로크 시키지 않음으로써 브레이크가 작동하는 동안에도 핸들의 조종이 용이하도록 하는 제동장치이다.

ABS의 사용목적은 방향 안정성(安定性)과 조종성(操縱性) 확보에 있으며, ABS 장착 후 제동시 ① 후륜 잠김 현상을 방지하여 방향 안정성을 확보하고, ② 전륜 잠김 현상을 방지하여 조종성 확보를 통해 장애물 회피, 차로변경 및 선회가 가능하며, ③ 불쾌한 스키드(skid)음을 막고, 타이어 잠김에 따른 편마모를 방지해 타이어의 수명을 연장할 수 있다.

바퀴가 미끄러지지 않는 정상 노면에서는 일반 브레이크 작동과 동일하나 바퀴의 미끄러짐 현상이 나타나면 미끄러지기 직전의 상태로 각 바퀴의 제동력을 ON, OFF시켜 제어한다.

(2) 주행장치

엔진에서 발생한 동력이 최종적으로 바퀴에 전달되어 자동차가 노면 위를 달리게 되는데, 주행 장치에는 휠과 타이어가 속한다.

① 휠(wheel)

휠은 타이어와 함께 차량의 중량을 지지하고 구동력과 제동력을 지면에 전달하는 역할을 한다. 휠은 무게가 가볍고 노면의 충격과 측력에 견딜 수 있는 강성이 있어야 하고 타이어에서 발생하는 열을 흡수하여 대기 중으로 잘 방출시켜야 한다.

② 타이어

타이어는 브레이크 못지 않게 다음과 같은 중요한 역할을 한다.

㉮ 휠의 림에 끼워져서 일체로 회전하며 자동차가 달리거나 멈추는 것을 원활히 한다.
㉯ 자동차의 중량을 떠받쳐 준다.
㉰ 지면으로부터 받는 충격을 흡수해 승차감을 좋게 한다.
㉱ 자동차의 진행 방향을 전환시킨다.

(3) 조향장치

운전석에 있는 핸들(steering wheel)에 의해 앞바퀴의 방향을 틀어서 자동차의 진행 방향을 바꾸는 장치이다. 자동차가 주행할 때는 항상 바른 방향을 유지해야 하고, 핸들 조작이나 외부의 힘에 의해 주행 방향이 잘못되었을 때는 즉시 직전 상태로 되돌아가는 성질이 요구된다.

따라서 주행 중의 안정성이 좋고 핸들 조작이 용이하도록 앞바퀴 정열이 잘되어 있어야 한다. 앞바퀴 정열에는 토인, 캠버, 캐스터 등이 포함된다.

2 물리적 현상

(1) 스탠딩 웨이브 현상(Standing Wave)

타이어가 회전하면 이에 따라 타이어의 원주에서는 변형과 복원을 반복한다. 타이어의 회전속도가 빨라지면 접지 부에서 받은 타이어의 변형(주름)이 다음 접지 시점까지도 복원되지 않고 접지의 뒤쪽에 진동의 물결이 일어난다. 이 현상을 스탠딩 웨이브라 한다.

(2) 수막 현상(Hydroplaning)

자동차가 물이 고인 노면을 고속으로 주행할 때 타이어는 그루브(타이어 홈) 사이에 있는 물을 배수하는 기능이 감소되어 물의 저항에 의해 노면으로부터 떠올라 물위를 미끄러지듯이 되는 현상이 발생하게 되는데 이 현상을 수막현상이라 한다.

수막현상이 발생하는 최저의 물깊이는 자동차의 속도, 타이어의 마모정도, 노면의 거침 등에 따라 다르지만 2.5~10mm 정도이다. 수막현상을 예방하기 위해서는 다음과 같은 주의가 필요하다

① 고속으로 주행하지 않는다.
② 마모된 타이어를 사용하지 않는다.
③ 공기 압력을 조금 높게 한다.
④ 배수 효과가 좋은 타이어를 사용한다.

(3) 페이드(Fade) 현상

비탈길을 내려가거나 할 경우 브레이크를 반복하여 사용하면 마찰열이 라이닝에 축적되어 브레이크의 제동력이 저하되는 경우가 있다. 이 현상을 페이드 현상이라고 하는데 그 이유는 브레이크 라이닝의 온도 상승으로 라이닝 면의 마찰계수가 저하되기 때문인데 페달을 강하게 밟아도 제동이 잘 되지 않는다.

> ※ 워터 페이드(water fade) 현상
> 브레이크 마찰재가 물에 젖어 마찰계수가 작아져 브레이크의 제동력이 저하되는 현상이다. 물이 고인 도로에 자동차를 정차시켰거나 수중 주행을 하였을 때 이 현상이 일어나며 브레이크가 전혀 작용되지 않을 수도 있다. 브레이크 페달을 반복해 밟으면서 천천히 주행하면 열에 의하여 서서히 브레이크가 회복된다.

(4) 베이퍼 로크(Vapor lock) 현상

액체를 사용하는 계통에서 열에 의하여 액체가 증기(베이퍼)로 되어 어떤 부분에 갇혀 계통의 기능이 상실되는 것을 말한다. 유압식 브레이크의 휠 실린더나 브레이크 파이프 속에서 브레이크액이 기화하여 페달을 밟아도 스펀지를 밟는 것 같고 유압이 전달되지 않아 브레이크가 작용하지 않는 현상을 말한다.

(5) 내륜차와 외륜차

핸들을 우측으로 돌렸을 경우 뒷바퀴의 연장선상의 한 점을 중심으로 바퀴가 동심원을 그리게 되는데, 앞바퀴의 안쪽과 뒷바퀴의 안쪽과의 차이를 내륜차(內輪差)라 하고 바깥 바퀴의 차이를 외륜차(外輪差)라고 한다.

대형차일수록 이 차이는 크다. 자동차가 전진할 경우에는 내륜차에 의해, 또 후진할 경우에는 외륜차에 의한 교통사고의 위험이 있다.

3 정지거리와 정지시간

자동차의 정지거리는 공주거리와 제동거리를 합한 거리이다. 이때까지 소요된 시간이 정지 소요 시간(공주시간 + 제동시간)이다.

(1) 공주거리와 공주시간

운전자가 자동차를 정지시켜야 할 상황임을 지각하고 브레이크 페달로 발을 옮겨 브레이크가 작동을 시작하는 순간까지의 시간을 공주시간이라 한다. 이때까지 자동차가 진행한 거리를 공주거리라고 한다.

(2) 제동거리와 제동시간

운전자가 브레이크 페달에 발을 올려 브레이크가 막 작동을 시작하는 순간부터 자동차가 완전히 정지할 때까지의 시간을 제동시간이라 한다. 이때까지 자동차가 진행한 거리를 제동거리라 한다.

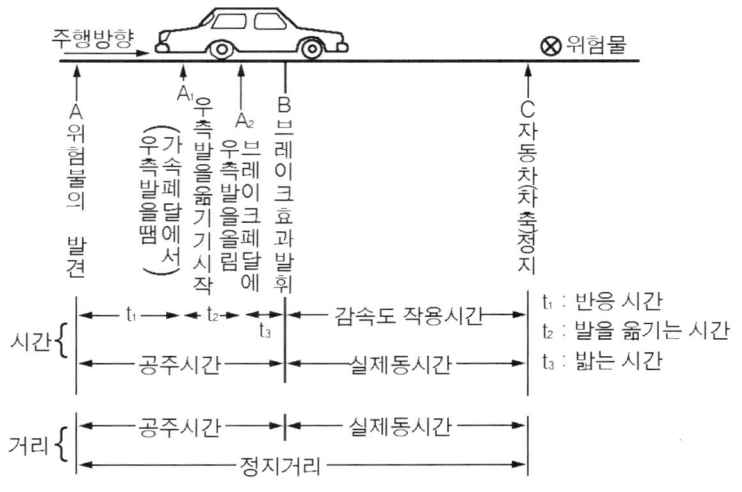

4 자동차 응급조치 방법

(1) 오감으로 판별하는 자동차 이상 징후

감각	점검방법	적용사례
시각	부품이나 장치의 외부 굽음 · 변형 · 녹슴 등	물 · 오일 · 연료의 누설, 자동차의 기울어짐
청각	이상한 음	마찰음, 걸리는 쇳소리, 노킹 소리, 긁히는 소리 등
촉각	느슨함, 흔들림, 발열 상태 등	볼트 너트의 이완, 유격, 브레이크를 작동할 때 차량이 한쪽으로 쏠림, 전기 배선 불량 등
후각	이상 발열 · 냄새	배터리 액의 누출, 연료 누설, 전선 등이 타는 냄새 등

(1) 진동과 소리에 의한 고장부분

① 엔진의 점화 장치 부분   ② 엔진의 이음
③ 팬벨트   ④ 클러치 부분
⑤ 브레이크 부분   ⑥ 조향 장치 부분
⑦ 바퀴 부분   ⑧ 현가장치 부분

(2) 냄새와 열에 의한 고장부분

① 전기 장치 부분
② 브레이크 장치 부분
③ 바퀴 부분

(3) 배출 가스에 의한 고장부분

자동차 후부에 장착된 머플러(소음기) 파이프에서 배출되는 가스의 색을 자세히 살펴보면, 엔진의 건강 상태를 알 수 있다.

① **무색** : 완전 연소시 배출 가스의 색은 정상 상태에서 무색 또는 약간 엷은 청색을 띤다.
② **검은색** : 농후한 혼합 가스가 들어가 불완전 연소되는 경우이다. 초크 고장이나 에어클리너 엘리먼트의 막힘, 연료 장치 고장 등이 원인이다.
③ **백색** : 엔진 안에서 다량의 엔진 오일이 실린더 위로 올라와 연소되는 경우로, 헤드 개스킷 파손, 밸브의 오일 씰 노후 또는 피스톤 링의 마모 등 엔진 보링을 할 시기가 됐음을 알려 준다.

04 도로 요인과 안전운행

도로요인은 도로구조, 안전시설 등에 관한 것이다. 여기서 도로구조는 도로의 선형, 노면, 차로수, 노폭, 구배 등에 관한 것이며 안전시설은 신호기, 노면표시, 방호울타리 등 도로의 안전시설에 관한 것을 포함하는 개념이다.

1 도로의 선형과 교통사고

(1) 평면선형과 교통사고

도로선형과 사고율과의 관계는 우리나라 통계에서는 나타나지 않고 여기에 대한 연구도 없기 때문에 외국의 결과를 예로 들기로 한다.

① 일본의 조사 결과에 따르면, 일반도로에서는 곡선반경이 100m 이내일 때 사고율이 높다. 특히 2차로 도로에서는 그 경향이 강하게 나타난다. 고속도로에서도 마찬가지로 곡선반경 750m를 경계로 하여 그 값이 적어짐에 따라(곡선이 급해짐에 따라) 사고율이 높아지고, 이 경향은 오른쪽 굽은 곡선도로나 왼쪽 굽은 곡선도로 모두 유사하다. 미국(Kipp)과 영국(Granville)의 조사에서도 이와 유사한 결과를 얻은 바가 있다.
② 독일(Bitzel)의 조사 결과에 따르면, 곡선부의 수가 많으면 사고율이 높을 것 같으나 반드시 그런 것은 아니라는 것이다. 예를 들어 긴 직선구간 끝에 있는 곡선부는 짧은 직선구간 다음의 곡선부에 비하여 사고율이 높았다.
③ 곡선부가 오르막 내리막의 종단 경사와 중복되는 곳은 훨씬 더 사고 위험성이 높다. 또한 곡선부는 미끄럼 사고가 발생하기 쉬운 곳이다. 곡선부에서의 사고를 감소시키는 방법은 편경사를 개선하고, 시거를 확보하며, 속도표지와 시선 유도표지를 포함한 주의표지와 노면표시를 잘 설치하는 것이다.
④ 한편 곡선구간과 사고율의 관계에서 한 가지 유의해야 할 사실은 곡선부의 사고율에는 시거, 편경사에 의해서도 크게 좌우된다는 것이다.

(2) 종단선형과 교통사고

① 일본의 예에 의하면 일반적으로 종단경사(오르막, 내리막 경사)가 커짐에 따라 사고율이 높다.
② 종단선형이 자주 바뀌면 종단곡선의 정점에서 시거가 단축되어 사고가 일어나기 쉽다. 일반적으로 양호한 선형조건에서 제한시거가 불규칙적으로 나타나면 평균사고율보다 훨씬 높은 사고율을 보인다.

2 횡단면과 교통사고

(1) 차로수와 교통사고

차로수와 사고율의 관계는 아직 명확하지 않다. 일반적으로 차로수가 많으면 사고가 많으나 이는 그 도로의 교통량이 많고, 교차로가 많으며, 또 도로변의 개발 밀도가 높기 때문일 수도 있기 때문이다.

(2) 차로 폭과 교통사고

일반적으로 횡단면의 차로 폭이 넓을수록 교통사고예방의 효과가 있다. 교통량이 많고 사고율이 높은 구간의 차로 폭을 규정 범위 이내로 넓히면 그 효과는 더욱 크다.

(3) 길 어깨(갓길)와 교통사고

길 어깨가 넓으면 차량의 이동 공간이 넓고, 시계가 넓으며, 고장 차량을 주행 차로 밖으로 이동시킬 수 있기 때문에 안전성이 큰 것은 확실하다. 또 길 어깨가 토사나 자갈 또는 잔디보다는 포장된 노면이 더 안전하며, 포장이 되어 있지 않을 경우에는 건조하고 유지관리가 용이할수록 안전하다.

(4) 중앙분리대와 교통사고

① 중앙분리대의 종류에는 방호울타리형, 연석형, 광폭 중앙분리대가 있다. 방호울타리형 중앙분리대는 중앙분리대 내에 충분한 설치 폭의 확보가 어려운 곳에서 차량의 대향차로로의 이탈을 방지하는 곳에 비중을 두고 설치하는 형이며, 연석형 중앙분리대는 좌회전 차로의 제공이나 향후 차로 확장에 쓰일 공간 확보, 연석의 중앙에 잔디나 수목을 심어 녹지공간 제공, 운전자의 심리적 안정감에 기여하지만 차량과 충돌시 차량을 본래의 주행방향으로 복원해주는 기능이 미약하다. 광폭 중앙분리대는 도로선형의 양방향 차로가 완전히 분리될 수 있는 충분한 공간 확보로 대향차량의 영향을 받지 않을 정도의 넓이를 제공한다.

② 전체 사고건수에 대한 중앙분리대를 횡단하여(중앙분리대를 넘어가) 정면충돌한 사고의 비율과 분리대 폭과의 관계도 밀접하다. 즉 분리대의 폭이 넓을수록 분리대를 넘어가는 횡단사고가 적고 또 전체사고에 대한 정면충돌사고의 비율도 낮다.

③ 중앙분리대로 설치된 방호울타리는 사고를 방지한다기보다는 사고의 유형을 변환시켜주기 때문에 효과적이다(정면충돌사고를 차량단독사고로 변환시킴으로써 위험성이 덜하다). 따라서 방호울타리는 다음과 같은 기능을 가져야 한다.
△횡단을 방지할 수 있어야 하고 △차량을 감속시킬 수 있어야 하며 △차량이 대향차로로 튕겨나가지 않아야 하며 △차량의 손상이 적도록 해야 한다.

④ **일반적인 중앙분리대의 주된 기능**
㉮ 상하 차도의 교통 분리 : 차량의 중앙선 침범에 의한 치명적인 정면충돌 사고 방지, 도로 중심선 축의 교통마찰을 감소시켜 교통용량 증대
㉯ 평면교차로가 있는 도로에서는 폭이 충분할 때 좌회전 차로로 활용할 수 있어 교통처리가 유연
㉰ 광폭 분리대의 경우 사고 및 고장 차량이 정지할 수 있는 여유 공간을 제공 : 분리대에 진입한 차량에 타고 있는 탑승자의 안전 확보(진입차의 분리대 내 정차 또는 조정 능력 회복)
㉱ 보행자에 대한 안전섬이 됨으로써 횡단시 안전
㉲ 필요에 따라 유턴(U-Turn) 방지 : 교통류의 혼잡을 피함으로써 안전성을 높임
㉳ 대향차의 현광 방지 : 야간 주행시 전조등의 불빛을 방지
㉴ 도로표지, 기타 교통관제시설 등을 설치할 수 있는 장소를 제공 등

(5) 교량과 교통사고

교량의 폭, 교량 접근부 등이 교통사고와 밀접한 관계가 있다.
① 교량 접근로의 폭에 비하여 교량의 폭이 좁을수록 사고가 더 많이 발생한다.
② 교량의 접근로 폭과 교량의 폭이 같을 때 사고율이 가장 낮다.
③ 교량의 접근로 폭과 교량의 폭이 서로 다른 경우에도 교통 통제시설, 즉 안전표지, 시선 유도표지, 교량끝단의 노면표시를 효과적으로 설치함으로써 사고율을 현저히 감소시킬 수 있다.

05 안전운전

1 방어운전

(1) 개념의 정리

운전자는 자동차를 운전함에 있어서, 안전운전과 방어운전을 별도의 개념으로 양립시켜 운전할 수 없다. 두 가지 중 어느 것 하나라도 소홀히 하면 곧 바로 교통사고로 연결되어 사람의 귀중한 생명과 재산상의 손실을 초래할 수 있기 때문이다.

① **안전운전**
"안전운전"이란 운전자가 자동차를 그 본래의 목적에 따라 운행함에 있어서 운전자 자신이 위험한 운전을 하거나 교통사고를 유발하지 않도록 주의하여 운전하는 것을 말한다.

② **방어운전**
"방어운전"이란 운전자가 다른 운전자나 보행자가 교통법규를 지키지 않거나 위험한 행동을 하더라도 이에 대처할 수 있는 운전 자세를 갖추어 미리 위험한 상황을 피하여 운전하는 것, 위험한 상황을 만들지 않고 운전하는 것, 위험한 상황에 직면했을 때는 이를 효과적으로 회피할 수 있도록 운전하는 것을 말한다.
㉮ 자기 자신이 사고의 원인을 만들지 않는 운전
㉯ 자기 자신이 사고에 말려들어 가지 않게 하는 운전
㉰ 타인의 사고를 유발시키지 않는 운전

(2) 방어운전의 기본

① 능숙한 운전 기술　　② 정확한 운전 지식
③ 세심한 관찰력　　　④ 예측능력과 판단력
⑤ 양보와 배려의 실천　⑥ 교통상황 정보수집
⑦ 반성의 자세　　　　⑧ 무리한 운행 배제

2 상황별 방어운전

(1) 교차로 안전운전 및 방어운전

① **신호등이 있는 경우** : 신호등이 지시하는 신호에 따라 통행
② **교통경찰관 수신호의 경우** : 교통경찰관의 지시에 따라 통행
③ **신호등 없는 교차로의 경우** : 통행 우선순위에 따라 주의하

며 진행

④ 섣부른 추측 운전은 하지 않는다.

⑤ 언제든 정지할 수 있는 준비 태세를 갖춘다.

⑥ 신호가 바뀌는 순간을 주의한다.

⑦ 황색신호에는 반드시 신호를 지켜 정지선에 멈출 수 있도록 교차로에 접근할 때는 자동차의 속도를 줄여 운행한다. 교차로 내는 물론 교차로 부근에 걸쳐 위험 요인이 산재하므로 교차로에 무리하게 진입해서는 안 된다. 교차로 또는 교차로와 접해 있는 횡단보도 및 그 부근, 유턴구간 및 그 부근 등 사고 다발 지점인 경우가 많기 때문이다.

⑧ 교차로에 무리하게 진입하거나 통과를 시도하지 않는다. 황색신호 진입시 마주 오는 차로의 차량도 황색신호에 출발할 수 있기 때문에 만일 사고가 일어난다면 대형사고가 될 가능성이 높다.

(2) 커브길 주행방법

① 완만한 커브길

㉮ 커브길의 편 구배(경사도)나 도로의 폭을 확인하고 가속 페달에서 발을 떼어 엔진 브레이크가 작동되도록 하여 속도를 줄인다.

㉯ 엔진 브레이크만으로 속도가 충분히 떨어지지 않으면 풋 브레이크를 사용하여 실제 커브를 도는 중에 더 이상 감속할 필요가 없을 정도까지 줄인다.

㉰ 커브가 끝나는 조금 앞부터 핸들을 돌려 차량의 모양을 바르게 한다.

㉱ 가속 페달을 밟아 속도를 서서히 높인다.

② 급커브길

㉮ 커브의 경사도나 도로의 폭을 확인하고 가속 페달에서 발을 떼어 엔진 브레이크가 작동되도록 하여 속도를 줄인다.

㉯ 풋 브레이크를 사용하여 충분히 속도를 줄인다.

㉰ 후사경으로 오른쪽 후방의 안전을 확인한다.

㉱ 저단 기어로 변속한다.

㉲ 커브 내각의 연장선에 차량이 이르렀을 때 핸들을 꺾는다.

㉳ 차가 커브를 돌았을 때 핸들을 되돌리기 시작한다.

㉴ 차의 속도를 서서히 높인다.

③ 차로 폭에 따른 안전운전 방어운전

㉮ **차도 폭이 넓은 경우** : 주관적인 판단을 가급적 자제하고 계기판의 속도계에 표시되는 객관적인 속도를 준수할 수 있도록 노력하여야 한다.

㉯ **차도 폭이 좁은 경우** : 보행자, 노약자, 어린이 등에 주의하여 즉시 정지할 수 있는 안전한 속도로 주행속도를 감속하여 운행한다.

(3) 언덕길

① 내리막길 안전운전 방어운전

㉮ 내리막길을 내려가기 전에는 미리 감속하여 천천히 내려가며 엔진 브레이크로 속도를 조절하는 것이 바람직하다.

㉯ 엔진 브레이크를 사용하면 페이드(fade) 현상을 예방하여 운행 안전도를 더욱 높일 수 있다.

㉰ 도로의 오르막길 경사와 내리막길 경사가 같거나 비슷한 경우라면, 변속기 기어의 단수도 오르막 내리막을 동일하게 사용하는 것이 적절하다.

㉱ 커브 주행시와 마찬가지로 중간에 불필요하게 속도를 줄

인다든지 급제동하는 것은 금물이다.

㉲ 비교적 경사가 가파르지 않은 긴 내리막길을 내려갈 때 시선은 통상 먼 곳을 바라보는 경향이 있기 때문에 가속 페달을 무심코 밟게 되어 자신도 모르게 순간 속도가 높아질 위험이 있으므로 조심해야 한다.

㉳ 내리막길에서 기어를 변속할 때는 다음과 같은 방법으로 한다.

• 변속할 때 클러치 및 변속 레버의 작동은 신속하게 한다.

• 변속시에는 머리를 숙인다던가 하여 다른 곳에 주의를 빼앗기지 말고 눈은 교통상황 주시 상태를 유지한다.

㉴ 왼손은 핸들을 조정하며 오른손과 양발은 신속히 움직인다.

② 오르막길 안전운전 방어운전

① 정차할 때는 앞차가 뒤로 밀려 충돌할 가능성을 염두에 두고 충분한 차간 거리를 유지한다.

② 오르막길의 사각 지대는 정상 부근이다. 마주 오는 차가 바로 앞에 다가올 때까지는 보이지 않으므로 서행하여 위험에 대비한다.

③ 정차 시에는 풋 브레이크와 핸드 브레이크를 동시에 사용한다.

④ 출발 시에는 핸드 브레이크를 사용하는 것이 안전하다.

⑤ 오르막길에서 앞지르기 할 때는 힘과 가속력이 좋은 저단 기어를 사용하는 것이 안전하다.

(3) 언덕길 교행

언덕길에서 올라가는 차량과 내려오는 차량의 교행 시에는 내려오는 차에 통행 우선권이 있다. 올라가는 차량이 양보한다. 이것은 내리막 가속에 의한 사고 위험이 더 높다는 점을 고려한 것이다.

(4) 앞지르기 안전운전 및 방어운전

① 자차가 앞지르기 할 때

㉮ 과속은 금물이다. 앞지르기에 필요한 속도가 그 도로의 최고 속도 범위 이내일 때 앞지르기를 시도한다.

㉯ 앞지르기에 필요한 충분한 거리와 시야가 확보되었을 때 앞지르기를 시도한다.

㉰ 앞차가 앞지르기를 하고 있는 때는 앞지르기를 시도하지 않는다.

㉱ 앞차의 오른쪽으로 앞지르기하지 않는다.

㉲ 점선의 중앙선을 넘어 앞지르기하는 때에는 대향차의 움직임에 주의한다.

② 다른 차가 자차를 앞지르기 할 때

㉮ 자차의 속도를 앞지르기를 시도하는 차의 속도 이하로 적절히 감속한다. 앞지르기를 시도하는 차가 안전하고 신속하게 앞지르기를 완료할 수 있도록 함으로써 자체와의 사고 가능성을 줄일 수 있기 때문이다.

㉯ 앞지르기 금지 장소나 앞지르기를 금지하는 때에도 앞지르기하는 차가 있다는 사실을 항상 염두에 두고 주의 운전한다.

(5) 철길 건널목 안전운전 및 방어운전

① 일시 정지 후, 좌·우의 안전을 확인한다.

② 건널목 통과 시 기어는 변속하지 않는다.

③ 건널목 건너편 여유 공간 확인 후 통과

CHAPTER 02 출제예상문제

>>> 안전운행에 관한 사항

● 교통사고의 요인 ●

01 도로 교통의 계를 구성하는 3요소에 속하지 않는 것은?
① 운전자 및 보행자를 비롯한 도로 사용자
② 차량
③ 도로 및 교통신호등 등의 환경
④ 궤도 및 항공의 환경

해설 도로 교통 체계를 구성하는 요소
① 운전자 및 보행자를 비롯한 도로 사용자
② 도로 및 교통신호등 등의 환경
③ 차량들로 이 요소들이 제 기능을 다하지 못할 때 체계의 이상이 초래되고 그 결과는 교통사고를 비롯한 갖가지 교통문제로 연결된다.

02 교통사고의 3대 요인이 아닌 것은?
① 물리적 요인   ② 인적 요인
③ 차량 요인   ④ 도로·환경 요인

해설 교통사고의 3대 요인
① 인적 요인(운전자, 보행자 등)
② 차량 요인(자동차)
③ 도로·환경 요인(도로구조, 안전시설)

03 교통사고의 직접적 요인이 아닌 것은?
① 사고 직전 법규위반   ② 위험인지 지연
③ 무리한 운행 계획   ④ 운전조작의 잘못

해설 교통사고의 직접적 요인
① 사고 직전 과속과 같은 법규위반
② 위험인지의 지연
③ 운전조작의 잘못, 잘못된 위기대처

04 다음 중 교통사고의 차량 요인에 해당되는 것은?
① 운전자 또는 보행자의 신체적 생리적 조건, 심리적 조건 등의 요인이다.
② 차량구조장치, 부속품 또는 적하(積荷) 등의 요인이다.
③ 도로구조, 안전시설 등의 요인이다.
④ 신호기, 노면표시, 방호울타리 등의 요인이다.

해설 교통사고의 차량요인은 차량구조장치, 부속품 또는 적하(積荷) 등이다.

05 교통사고의 도로요인 중 도로구조의 요인에 해당되는 것은?
① 신호기   ② 차로 수
③ 노면 표시   ④ 방호울타리

해설 교통사고의 도로요인은 도로구조, 안전시설 등에 관한 것이다. 여기서 도로 구조는 도로의 선형, 노면, 차로 수, 노폭, 구배 등에 관한 것이며, 안전시설은 신호기, 노면표시, 방호울타리 등 도로의 안전시설에 관한 것을 포함하는 개념이다.

06 교통사고의 도로요인 중 안전시설의 요인에 해당되지 않는 것은?
① 도로의 구배   ② 노면 표시
③ 방호울타리   ④ 신호기

해설 교통사고의 도로요인 중 안전시설은 신호기, 노면표시, 방호울타리 등 도로의 안전시설에 관한 것을 포함하는 개념이다.

07 다음 중 환경 요인에 포함되지 않는 것은 다음 중 어느 것인가?
① 자연 환경   ② 교통 환경
③ 시설 환경   ④ 구조 환경

해설 환경요인은 자연환경, 교통 환경, 사회 환경, 구조 환경 등의 하부요인으로 구성된다. 자연환경은 기상, 일광 등 자연조건에 관한 것이며, 교통 환경은 차량 교통량, 운행차 구성, 보행자 교통량 등 교통상황에 관한 것이다.

● 운전자 요인과 안전운행 ●

01 운전자의 운전과정의 결함에 의한 교통사고 중 차지하는 비율로 맞게 나열된 것은?
① 조작 > 판단 > 인지   ② 인지 > 판단 > 조작
③ 인지 > 조작 > 판단   ④ 조작 > 인지 > 판단

해설 운전자 요인에 의한 교통사고 중 인지 과정의 결함에 의한 사고가 절반 이상으로 가장 많으며, 이어서 판단 과정의 결함, 조작 과정의 결함의 순서이다.

02 다음 중 정지시력을 올바르게 서술한 것은?
① 자극을 노출하는 시간의 장단에 따라 변화하는 시력을 말한다.
② 아주 밝은 상태에서 0.85cm 크기의 글자를 6.1m의 거리에서 읽을 수 있는 사람의 시력을 말한다.
③ 움직이는 물체를 보는 시력을 말한다.
④ 움직이면서 다른 자동차나 사람 등의 물체를 보는 시력을 말한다.

해설 정지 시력이란 아주 밝은 상태에서 0.85cm(1/3인치) 크기의 글자를 6.10m(20피트) 거리에서 읽을 수 있는 사람의 시력을 말한다.

03 운전과 관련되는 시각의 특성에 대한 설명으로 틀린 것은?
① 운전자는 운전에 필요한 정보의 대부분을 시각을 통하여 획득한다.
② 속도가 빨라질수록 전방주시점은 가까워진다.
③ 속도가 빨라질수록 시력은 떨어진다.
④ 속도가 빨라질수록 시야의 범위가 좁아진다.

해설 운전과 관련되는 시각의 특성
① 운전자는 운전에 필요한 정보의 대부분을 시각을 통하여 획득한다.
② 속도가 빨라질수록 시력은 떨어진다.
③ 속도가 빨라질수록 시야의 범위가 좁아진다.
④ 속도가 빨라질수록 전방주시점은 멀어진다.

정답 01.④ 02.① 03.③ 04.② 05.② 06.① 07.③ / 01.② 02.② 03.②

04 제1종 면허에 필요한 시력은 "두 눈을 동시에 뜨고 잰 시력이 0.8 이상, 양쪽 눈의 시력이 각각 얼마 이상"이어야 하는가?

① 0.3 　　　　　　② 0.4
③ 0.5 　　　　　　④ 1.0

해설 제1종 면허에 필요한 시력은 "두 눈을 동시에 뜨고 잰 시력이 0.8 이상, 양쪽 눈의 시력이 각각 0.5 이상"이어야 한다.

05 야간 운행 중 운전자가 사람이라는 것을 확인하는데 가장 좋은 옷 색깔은?

① 적색 　　　　　　② 엷은 황색
③ 백색 　　　　　　④ 흑색

해설 야간 운행 중 운전자가 무엇인가가 사람이라는 것을 확인하는데 좋은 옷 색깔은 적색, 백색의 순서이며, 흑색이 가장 나쁘다. 흑색의 경우는 신체의 노출 정도에 따라 영향을 받는데 노출 정도가 심할수록 빨리 확인할 수 있다.

06 다음 중 동체 시력의 개념을 서술한 것으로 적합하지 않은 것은?

① 자극을 노출하는 시간의 장단에 따라 변화하는 시력을 말한다.
② 움직이면서 다른 자동차나 사람 등의 물체를 보는 시력을 말한다.
③ 움직이는 물체를 보는 시력을 말한다.
④ 아주 밝은 상태에서 0.85cm 크기의 글자를 6.1m의 거리에서 읽을 수 있는 사람의 시력을 말한다.

해설 동체 시력이란 움직이는 물체(자동차, 사람 등) 또는 움직이면서(운전하면서) 다른 자동차나 사람 등의 물체를 보는 시력을 말한다.

07 다음 중 동체 시력에 대한 대상물의 이동속도를 표시하는 단위는?

① 시속도 　　　　　　② 원주 속도
③ 각속도 　　　　　　④ 노출 속도

해설 동체 시력의 특징
① 자극을 노출하는 시간의 장단에 따라 시력이 변화한다.
② 급속히 움직이는 대상물을 볼 때는 시력이 저하한다.
③ 수평방향보다는 수직방향으로 움직이는 경우가 동체 시력의 저하율이 크다.
④ 동체 시력은 각속도와 거의 직선적인 관계가 있다.
⑤ 각속도가 크게 되면 동체 시력은 그만큼 저하한다.
⑥ 시표의 속도가 빠름에 따라 동체 시력이 저하한다.

08 다음 중 야간의 시력 저하에 대하여 서술한 것으로 옳지 않은 것은?

① 해질 무렵이 가장 운전하기 힘든 시간이다.
② 야간 시력은 일몰 전에 비하여 약 70% 정도 저하된다.
③ 해질 무렵은 전조등을 비추어도 주변의 밝기와 비슷하기 때문에 다른 자동차나 보행자를 보기 어렵다.
④ 야간에는 어둠으로 인해 대상물을 명확하게 보기 어렵다.

해설 야간의 시력저하
① 해질 무렵이 가장 운전하기 힘든 시간이라고 한다.
② 야간 시력은 일몰 전에 비하여 약 50% 정도 저하된다.
③ 해질 무렵은 전조등을 비추어도 주변의 밝기와 비슷하기 때문에 다른 자동차나 보행자를 보기 어렵다.
④ 야간에는 어둠으로 인해 대상물을 명확하게 보기 어렵다.

09 다음 중 통행인의 노상위치와 확인 거리를 서술한 것으로 틀린 것은?

① 주간의 경우 운전자는 중앙선에 있는 통행인을 갓길에 있는 사람보다 쉽게 확인할 수 있다.
② 야간의 경우 운전자는 중앙선상의 통행인을 우측 갓길에 있는 사람보다 확인하기 쉽다.
③ 야간의 경우 운전자는 중앙선상의 통행인을 우측 갓길에 있는 통행인보다 확인하기 어렵다.
④ 주간의 경우 운전자는 갓길에 있는 사람보다 중앙선에 있는 통행인을 쉽게 확인할 수 있다.

해설 통행인의 노상 위치와 확인 거리 : 주간의 경우 운전자는 중앙선에 있는 통행인을 갓길에 있는 사람보다 쉽게 확인할 수 있지만 야간에는 대향 차량 간의 전조등에 의한 현혹 현상으로 중앙 선상의 통행인을 우측 갓길에 있는 통행인보다 확인하기 어렵다.

10 운전자의 시각 특성에 의해 교통사고가 가장 많이 발생하는 시간대는?

① 낮 　　　　　　② 밤중
③ 새벽 　　　　　　④ 해질 무렵

해설 1일 중 가장 운전하기 힘든 시간은 해질 무렵(오후 5~7시)이다.

11 다음 중 도로교통법에서 정한 제2종 면허의 시력 기준을 서술한 것으로 틀린 것은?

① 두 눈을 동시에 뜨고 잰 시력이 0.5 이상이어야 한다.
② 한쪽 눈을 보지 못하는 사람은 다른 쪽 눈의 시력이 0.6 이상이어야 한다.
③ 두 눈을 동시에 뜨고 잰 시력이 0.8 이상이어야 한다.
④ 붉은색, 녹색, 노란색의 색채 식별이 가능하여야 한다.

해설 도로교통법상 제2종 면허의 시력 기준
① 두 눈을 동시에 뜨고 잰 시력이 0.5 이상
② 한쪽 눈을 보지 못하는 사람은 다른 쪽 눈의 시력이 0.6 이상
③ 붉은색, 녹색, 노란색의 색채 식별이 가능하여야 한다.

12 다음 중 대향차량간 전조등의 현혹 현상에 대하여 올바르게 서술한 것은?

① 밝은 장소에서 어두운 장소로 들어간 후 눈이 익숙해져 시력을 회복하는 것을 말한다.
② 정지되어 있는 상태에서 한 물체에 눈을 고정시킨 자세에서 양쪽 눈으로 볼 수 있는 좌우의 범위를 말한다.
③ 어두운 장소에서 밝은 장소로 나온 후 눈이 익숙해져 시력을 회복하는 것을 말한다.
④ 주행 중에 대향차 전조등의 불빛이 운전자의 눈에 비추어 일시적으로 시력의 장해를 일으키는 것을 말한다.

해설 현혹 현상이란 야간 주행 중 대향차량간의 전조등 불빛이 운전자의 눈에 비추게 되어 일시적으로 시력의 장애를 일으키는 현상을 말한다.

13 다음 중 암순응의 뜻에 대하여 설명한 것으로 옳은 것은?

① 정지되어 있는 상태에서 한 물체에 눈을 고정시킨 자세에서 양쪽 눈으로 볼 수 있는 좌우의 범위를 말한다.
② 어두운 장소에서 밝은 장소로 나온 후 눈이 익숙해져 시력을 회복하는 것을 말한다.
③ 밝은 장소에서 어두운 장소로 들어간 후 눈이 익숙해져 시력을 회복하는 것을 말한다.
④ 주행 중에 대향차 전조등의 빛을 운전자의 눈에 비추면 일시적으로 시력의 장해를 일으키는 것을 말한다.

정답 　04.③　05.①　06.④　07.③　08.②　　　　09.②　10.④　11.③　12.④　13.③

해설 암순응이란 일광 또는 조명이 밝은 조건에서 어두운 조건으로 변할 때 사람의 눈이 그 상황에 적응하여 시력을 회복하는 것을 말한다.

14 명순응의 뜻에 대한 설명으로 옳은 것은?
① 어두운 장소에서 밝은 장소로 나온 후 눈이 익숙해져 시력이 회복되는 것을 말한다.
② 밝은 장소에서 어두운 장소로 들어간 후 눈이 익숙해져 시력이 회복되는 것을 말한다.
③ 주행 중 대향차량의 전조등 빛이 운전자의 눈에 비추면 일시적으로 시력의 장애를 일으키는 현상을 말한다.
④ 정지된 상태에서 한 물체에 눈을 고정시킨 자세로 양쪽 눈으로 볼 수 있는 시력의 좌·우 범위를 말한다.

해설 명순응이란 일광 또는 조명이 어두운 조건에서 밝은 조건으로 변할 때 사람의 눈이 그 상황에 적응하여 시력을 회복하는 것을 말한다.

15 다음 중 심시력의 뜻에 대하여 설명한 것으로 옳은 것은?
① 전방에 있는 대상물까지의 거리를 목측하는 것을 말한다.
② 어두운 장소에서 밝은 장소로 나온 후 눈이 익숙해져 시력을 회복하는 것을 말한다.
③ 밝은 장소에서 어두운 장소로 들어간 후 눈이 익숙해져 시력을 회복하는 것을 말한다.
④ 전방에 있는 대상물까지의 거리를 목측하는 기능을 말한다.

해설 전방에 있는 대상물까지의 거리를 목측하는 기능을 심시력이라 하며, 전방에 있는 대상물까지의 거리를 목측하는 것을 심경각이라 한다. 심시력의 결함은 입체 공간 측정의 결함으로 인한 교통사고를 초래할 수 있다.

16 다음 중 시야의 범위에 대한 설명으로 맞는 것은?
① 시야의 범위는 속도와 반비례한다.
② 시야의 범위는 속도에 정비례한다.
③ 시야의 범위는 주위 집중 정도만큼 넓어진다.
④ 색체를 구별할 수 있는 범위는 180~200°이다.

해설 **시야의 범위**
① 정상적인 사람의 시야는 180~200° 정도이다.
② 한쪽 눈의 시야는 좌우 각각 160° 정도이다.
③ 색체를 식별할 수 있는 범위는 약 70°이다.
④ 시야의 범위는 속도와 반비례하여 좁아진다.
⑤ 시야의 범위는 주위의 집중도에 비례하여 좁아진다.

17 다음 중 전방에 있는 대상물까지의 거리를 목측하는 것을 무엇이라 하는가?
① 심시력 ② 심경각
③ 주시각 ④ 시야각

해설 전방에 있는 대상물까지의 거리를 목측하는 것을 심경각이라 한다.

18 다음 중 시야의 뜻에 대하여 설명한 것으로 옳은 것은?
① 주행 중에 대향차 전조등의 빛을 운전자의 눈에 비추면 일시적으로 시력의 장해를 일으키는 것을 말한다.
② 어두운 장소에서 밝은 장소로 나온 후 눈이 익숙해져 시력을 회복하는 것을 말한다.
③ 정지되어 있는 상태에서 한 물체에 눈을 고정시킨 자세에서 양쪽 눈으로 볼 수 있는 좌우의 범위를 말한다.
④ 밝은 장소에서 어두운 장소로 들어간 후 눈이 익숙해져 시력을 회복하는 것을 말한다.

해설 시야란 정지한 상태에서 눈의 초점을 고정시키고 양쪽 눈으로 볼 수 있는 범위를 말한다.

19 정지되어 있는 상태로 한 물체의 초점을 고정시킨 자세에서 양쪽 눈으로 볼 수 있는 좌우의 범위를 시야라고 한다. 정상적인 시력을 가진 사람의 시야는?
① 100~120° ② 120~160°
③ 160~180° ④ 180~200°

해설 정상적인 시력을 가진 사람의 시야 범위는 180~200°이다.

20 다음은 주행시 공간의 특성에 대한 설명이다. 옳지 않은 것은?
① 일반적으로 속도가 빨라지면 전방 주시점은 멀어진다.
② 일반적으로 속도가 빨라지면 시야는 좁아진다.
③ 일반적으로 속도가 빨라지면 전방 주시점이 가까워진다.
④ 고속 운전이 될수록 주시점이 한곳에 집중하게 되어 시야가 좁아진다.

해설 주행시 공간 특성 : 속도가 빨라질수록 주시점은 멀어지고 시야는 좁아진다. 빠른 속도에 대비하여 위험을 그만큼 먼저 파악하고자 사람이 자동적으로 대응하는 과정이며 결과이다.

21 다음 중 주위가 집중되었을 때 인지할 수 있는 시야의 범위는?
① 주위의 집중 정도만큼 넓어진다.
② 주위의 집중 정도만큼 좁아진다.
③ 주위의 집중 정도만큼 움직인다.
④ 주위의 집중 정도만큼 잘 보인다.

해설 시야의 범위는 주위의 집중도에 비례하여 좁아진다.

22 다음 중 시속 40km/h로 자동차를 운전할 때 시야의 범위를 올바르게 표현한 것은?
① 약 80° ② 약 100°
③ 약 120° ④ 약 180°

해설 정상 시력을 가진 운전자가 시속 40km로 운전 중이라면 그의 시야 범위는 약 100°, 시속 75km면 약 65°, 시속 100km면 약 40°로 좁아진다.

23 고속 주행시 시야와 주시점에 대한 설명으로 적합한 것은?
① 시야는 넓고 주시점은 멀다.
② 시야는 좁고 주시점은 멀다.
③ 시야는 좁고 주시점은 가깝다.
④ 시야와 주시점은 다 같이 넓다.

해설 속도가 빨라질수록 주시점은 멀어지고 시야는 좁아진다.

24 다음 중 교통사고의 요인에서 중간적인 요인에 해당되는 것은?
① 안전운전을 위하여 필요한 교육 태만, 안전 지식 결여
② 사고 직전 과속과 같은 법규 위반
③ 운전자에 대한 홍보 활동 결여 또는 훈련의 결여
④ 운전자 심신 기능의 결함

해설 **중간적 요인**
① 운전자 지능의 결함 ② 운전자 성격의 결함
③ 운전자 심신 기능의 결함 ④ 불량한 운전 태도
⑤ 음주과로

25 교통사고의 요인에서 직접적인 요인과 관계가 없는 것은?
① 사고 직전 과속과 같은 법규 위반 ② 신속한 위험인지
③ 운전 조작의 잘못 ④ 잘못된 위기 대처

해설 **직접적 요인**
① 사고 직전 과속과 같은 법규 위반 ② 위험 인지의 지연
③ 운전 조작의 잘못 ④ 잘못된 위기 대처

정답 14.① 15.④ 16.① 17.② 18.③   19.④ 20.③ 21.② 22.② 23.② 24.④ 25.②

26 교통사고를 유발한 운전자의 특성이 아닌 것은?

① 선천적 능력 부족
② 후천적 능력 부족
③ 바람직한 동기와 사회적 태도 결여
④ 안정된 생활환경

해설 교통사고를 유발한 운전자의 특성
① 선천적 능력(타고난 심신 기능의 특성) 부족
② 후천적 능력(학습에 의해서 습득한 운전에 관계되는 지식과 기능) 부족
③ 바람직한 동기와 사회적 태도(각양의 운전 상태에 대하여 인지, 판단, 조작하는 태도) 결여
④ 불안정한 생활환경

27 다음 중 착각에 의한 사고 요인에 해당되지 않는 것은?

① 경사의 착각
② 원근의 착각
③ 목측의 착각
④ 상반의 착각

해설 착각에 의한 사고 요인
① 크기의 착각 ② 원근의 착각 ③ 경사각의 착각
④ 속도의 착각 ⑤ 상반의 착각

28 속도에 대한 착각이다. 다음 중 틀린 것은?

① 좁은 시야에서는 빠르게 느껴진다.
② 비교 대상이 먼 곳에 있을 때는 느리게 느껴진다.
③ 상대 가속도감(반대 방향), 상대 감속도감(동일 방향)을 느낀다.
④ 넓은 시야에서는 빠르게 느껴진다.

해설 속도의 착각
① 좁은 시야에서는 빠르게 느껴진다.
② 비교 대상이 먼 곳에 있을 때는 느리게 느껴진다.
③ 상대 가속도감(반대 방향), 상대 감속도감(동일 방향)을 느낀다.
④ 반대 방향으로 주행하는 경우에는 가속도감이 느껴진다.
⑤ 동일 방향으로 주행하는 경우에는 감속도감이 느껴진다.

29 다음 중 피로에 의한 잠재적 사고의 요인으로 볼 수 없는 것은?

① 운전 조작의 잘못
② 생화학적 변화
③ 외부의 정보를 차단하는 졸음
④ 주의력 집중의 편재

해설 운전피로와 교통사고
① 운전조작의 잘못 ② 주의력 집중의 편재
③ 외부의 정보를 차단하는 졸음

30 다음은 운전자의 피로와 운전 착오에 관한 내용이다. 설명이 잘못된 것은?

① 운전 작업의 착오는 운전 업무 개시 후·종말 시에 많아진다.
② 운전 시간의 경과와 더불어 운전 피로가 증가하여 작업 타이밍의 불균형을 초래한다.
③ 운전 착오는 주로 낮에 많이 발생한다.
④ 운전 피로에 정서적 부조나 신체적 부조가 가중되면 조잡하고 난폭하며, 방만한 운전을 하게 된다.

해설 피로와 착오 운전
① 운전작업의 착오는 운전업무 개시 후·종말 시에 많아진다.
② 운전시간 경과와 더불어 운전피로가 증가하여 작업 타이밍의 불균형을 초래한다.
③ 운전착오는 심야에서 새벽 사이에 많이 발생한다. 각성 수준의 저하, 졸음과 관련된다.
④ 운전 피로에 정서적 부조나 신체적 부조가 가중되면 조잡하고 난폭하며 방만한 운전을 하게 된다.
⑤ 더욱이 피로가 쌓이면 졸음 상태가 되어 차외, 차내의 정보를 효과적으로 입수하지 못한다.
⑥ 운전 착오는 심야에서 새벽 사이에 많이 발생한다. 각성 수준의 저하, 졸음과 관련된다.

31 다음은 운전 중 피로의 진행 과정이다. 설명이 잘못된 것은?

① 피로의 정도가 지나치면 과로가 되고 정상적인 운전이 곤란해진다.
② 피로 또는 과로 상태에서는 졸음운전이 발생될 수 있고 이는 교통사고로 이어질 수 있다.
③ 연속운전은 일시적으로 급성피로를 낳게 한다.
④ 매일 시간상 또는 거리상으로 일정 수준 이상의 무리한 운전을 하면 피로가 풀린다.

해설 피로의 진행과정
① 피로의 정도가 지나치면 과로가 되고 정상적인 운전이 곤란해진다.
② 피로 또는 과로 상태에서는 졸음운전이 발생될 수 있고 이는 교통사고로 이어질 수 있다.
③ 연속운전은 일시적으로 급성피로를 낳게 한다.
④ 매일 시간상 또는 거리상으로 일정 수준 이상의 무리한 운전을 하면 만성피로를 초래한다.

32 차대 사람의 사고가 가장 많은 보행 유형에 따른 사고가 아닌 것은?

① 횡단보도 횡단
② 횡단보도 부근 횡단
③ 육교 부근 횡단
④ 지하도를 이용한 횡단

해설 보행 유형에 따른 사고에는 횡단보도 횡단, 횡단보도 부근 횡단, 육교 부근 횡단, 기타 횡단

33 다음 보행자의 통행 위반별 사고 유형 중 치사율이 가장 높은 것은?

① 차도 보행
② 횡단보도 횡단
③ 비횡단보도 횡단
④ 음주 보행

해설 보행 유형에 따른 사고에서 치사율이 높은 순서
노상작업 → 횡단보도 횡단 → 노상유희 → 비횡단보도 횡단 → 승객과실 → 음주배회 → 차도보행 → 기타 순이다.

34 보행 유형과 사고에서 가장 높은 비중을 차지하는 연령층별은?

① 20대
② 30대
③ 어린이와 노약자
④ 40대

해설 연령층별로는 어린이와 노약자가 높은 비중을 차지한다.

35 교통사고시 보행자의 심리조건에서 가장 사고가 많은 것은?

① 감각 착오
② 판단 착오
③ 동작 착오
④ 인지 못함

해설 교통사고를 당했을 당시 보행자의 요인은 교통상황 정보를 제대로 인지하지 못한 경우가 가장 많고, 다음으로 판단착오, 동작착오의 순서로 많다.

36 운전자의 신체조건은 교통 정보처리에 많은 영향을 준다. 다음 중 신체 조건과 관계가 없는 것은?

① 욕구
② 알코올
③ 질병
④ 피로

해설 감각기관은 시각, 청각, 촉각이고 신체적 조건은 알코올, 질병, 피로이다.

정답 26.④ 27.③ 28.④ 29.② 30.③ 31.④ 32.④ 33.② 34.③ 35.④ 36.①

37 보행자의 인지결함, 판단 착오, 동작 착오 중 교통사고와 가장 큰 관련이 있는 교통정보 인지결함의 원인에 속하지 않는 것은?

① 피곤한 상태여서 주의력이 저하되었다.
② 다른 생각을 하면서 보행하고 있었다.
③ 술에 많이 취해 있었다.
④ 횡단 중 전방과 좌·우 방향을 잘 확인하였다.

해설 교통정보 인지결함의 원인
① 술에 많이 취해 있었다.
② 등교 또는 출근시간 때문에 급하게 서둘러 걷고 있었다.
③ 횡단 중 한쪽 방향에만 주의를 기울였다.
④ 동행자와 이야기에 열중했거나 놀이에 열중했다.
⑤ 피곤한 상태여서 주의력이 저하되었다.
⑥ 다른 생각을 하면서 보행하고 있었다.

38 횡단보도를 두고도 횡단보도가 아닌 곳으로 횡단하는 보행자의 심리상태가 아닌 것은?

① 횡단보도로 건너면 거리가 멀고 시간이 더 걸리기 때문에
② 자동차가 달려오지만 충분히 횡단할 수 있다고 판단해서
③ 평소 교통질서를 잘 지키는 습관을 그대로 답습
④ 술이 취해서

해설 비횡단보도를 횡단하는 보행자 상태
① 횡단보도로 건너면 거리가 멀고 시간이 더 걸리기 때문에
② 평소 교통질서를 잘 지키지 않는 습관을 그대로 답습
③ 자동차가 달려오지만 충분히 건널 수 있다고 판단해서
④ 갈 길이 바쁘거나 술에 취해서

39 보통의 성인남자를 기준으로 체내의 알코올이 제거되는 시간에 대한 설명으로 틀린 것은?

① 알코올 농도 0.5%일 경우 제거 소요시간은 30시간
② 알코올 농도 0.2%일 경우 제거 소요시간은 15시간
③ 알코올 농도 0.05%일 경우 제거 소요시간은 7시간
④ 알코올 농도 0.1%일 경우 제거시간은 10시간

해설 일본에서 보통의 성인 남자를 기준으로 체내 알코올 농도가 제거되는 소요시간을 조사한 결과는 다음과 같다.

알코올 농도	0.05%	0.1%	0.2%	0.5%
알코올 제거 소요시간	7시간	10시간	19시간	30시간

40 음주 운전 교통사고의 특징을 설명한 것으로 틀린 것은?

① 주차 중인 자동차와 같은 정지 물체 등에 충돌한다.
② 전신주, 가로 시설물, 가로수 등과 같은 고정 물체와 충돌한다.
③ 대향차의 전조등에 의한 현혹 현상 발생 시 정상 운전보다 교통사고 위험이 증가된다.
④ 치사율은 낮다.

해설 음주 운전 교통사고의 특징
① 주차 중인 자동차와 같은 정지 물체 등에 충돌한다.
② 전신주, 가로 시설물, 가로수 등과 같은 고정 물체와 충돌한다.
③ 대향차의 전조등에 의한 현혹 현상 발생시 정상 운전보다 교통사고 위험이 증가된다.
④ 치사율이 높다.
⑤ 차량 단독 사고의 가능성이 높다(차량 단독 도로 이탈 사고 등)

41 매일 알코올을 접하는 습관성 음주자의 경우 체내에 알코올 농도가 정점에 도달하는 시간은?

① 30분   ② 60분
③ 90분   ④ 120분

해설 매일 알코올을 접하는 습관성 음주자의 경우 음주 30분 후에 체내 알코올 농도가 정점에 도달하였지만 그 체내 알코올 농도는 중간적(평균적) 음주자의 절반 수준이었다.

42 고령 운전자의 운전태도에 대한 설명으로 올바른 것은?

① 고령자의 운전은 젊은 층에 비하여 과속을 한다.
② 고령자의 운전은 젊은 층에 비하여 신중하다.
③ 고령자의 운전은 젊은 층에 비하여 반사 신경이 민감하다.
④ 고령자의 운전은 돌발사태시 대응력이 충분하다.

해설 고령 운전자의 의식
① 젊은 층에 비하여 상대적으로 신중하다.
② 젊은 층에 비하여 상대적으로 과속을 하지 않는다.
③ 젊은 층에 비하여 상대적으로 반사 신경이 둔하다
④ 젊은 층에 비하여 상대적으로 돌발 사태 시 대응력이 미흡하다.
⑤ 젊은 층에 비하여 상대적으로 재빠른 판단과 동작능력이 뒤진다.

43 고령 운전자의 불안감에 대한 설명이다. 다음 중 틀린 것은?

① 고령 운전자의 급후진, 대형차의 추종 운전은 불안감을 준다.
② 빠른 속도의 주행과 진로 변경 등은 강한 불안감을 준다.
③ 좁은 길에서의 대형차와 교행 시 불안감이 높아지는 경향이 있다.
④ 후방으로부터의 자극에 대한 동작은 연령의 증가에 따라서 크게 상승한다.

해설 고령 운전자의 불안감
① 고령 운전자의 급후진, 대형차의 추종운전은 불안감을 준다.
② 빠른 속도의 주행과 진로 변경 등은 강한 불안감을 준다.
③ 좁은 길에서의 대형차와 교행 시 불안감이 높아지는 경향이 있다.
④ 후방으로부터의 자극에 대한 동작은 연령의 증가에 따라서 크게 지연된다.

44 어린이 교통사고의 특징이 아닌 것은?

① 보행 중 사상자는 집에서 2km 이내의 거리에서 가장 많이 발생되고 있다.
② 시간대별 어린이 사상자는 오후 4시에서 오후 6시 사이에 가장 많다.
③ 보행 중 교통사고를 당하여 사상 당하는 비율이 절반 이상으로 가장 높다.
④ 학년이 높을수록 교통사고를 많이 당한다.

해설 어린이 교통사고의 특징
① 어릴수록 그리고 학년이 낮을수록 교통사고를 많이 당한다.
② 보행 중 교통사고를 당하여 사상 당하는 비율이 절반 이상으로 가장 높다.
③ 시간대별 어린이 사상자는 오후 4시에서 오후 6시 사이에 가장 많다.
④ 보행 중 사상자는 집에서 2km 이내의 거리에서 가장 많이 발생되고 있다.

45 어린이의 일반적인 교통행동 특성을 설명 중 잘못된 것은?

① 교통 상황에 대한 주의력이 부족하다.
② 판단력이 부족하고 모방 행동이 많다.
③ 사고방식이 복잡하다.
④ 추상적인 말은 잘 이해하지 못하는 경우가 있다.

해설 어린이의 교통행동 특성
① 교통 상황에 대한 주의력이 부족하다
② 판단력이 부족하고 모방 행동이 많다
③ 사고방식이 단순하다
④ 추상적인 말은 잘 이해하지 못하는 경우가 많다
⑤ 호기심이 많고 모험심이 강하다

정답 37.④ 38.③ 39.② 40.④ 41.①   42.② 43.④ 44.④ 45.③

자동차 요인과 안전운행

01 제동장치의 역할에 대한 설명이다. 다음 중 설명이 올바른 것은?

① 회전력을 직각 또는 직각에 가까운 각도로 바꾸어 차축에 전달하는 역할을 한다.
② 주행하는 자동차를 감속 또는 정지시키는 역할을 한다.
③ 자동차의 진행 방향을 임의로 바꾸는 역할을 한다.
④ 노면에서 전달되는 진동을 흡수하는 역할을 한다.

해설 제동장치는 주행하는 자동차를 감속 또는 정지시킴과 동시에 주차상태를 유지시키는 역할을 한다.

02 엔진 브레이크에 대한 설명이다. 잘못된 것은?

① 내리막길에서는 풋 브레이크와 엔진 브레이크를 같이 사용하면 위험하다.
② 엔진 브레이크는 구동바퀴에 의해 엔진이 역으로 회전하는 것과 같이 되어 그 회전저항으로 제동력이 발생한다.
③ 고단기어에서 저단기어로 바꾸게 되면 엔진 브레이크가 작용하여 속도가 떨어지게 된다.
④ 가속페달을 밟았다 놓으면 엔진 브레이크가 작동하여 속도가 떨어지게 된다.

해설 엔진 브레이크는 가속페달을 놓거나 저단기어로 바꾸게 되면 엔진 브레이크가 작용하여 속도가 떨어지게 된다. 이것은 마치 구동바퀴에 의해 엔진이 역으로 회전하는 것과 같이 되어 그 회전 저항으로 제동력이 발생하는 것이다.

03 빙판이나 빗길 미끄러운 노면 상이나 통상의 주행에서 제동시에 바퀴를 로크 시키지 않음으로써 핸들의 조정이 용이하고 가능한 최단거리로 정지시킬 수 있도록 하는 제동장치를 무엇이라고 부르는가?

① ABS ② TCS
③ ECS ④ TCU

해설 빙판이나 빗길 미끄러운 노면 상이나 통상의 주행에서 제동시에 바퀴를 로크 시키지 않음으로써 핸들의 조정이 용이하고 가능한 최단거리로 정지시킬 수 있도록 하는 제동장치를 ABS라 한다. 바퀴가 미끄러지지 않는 정상의 노면에서는 일반 브레이크의 작동과 동일하나 바퀴의 미끄러짐 현상이 나타나면 미끄러지기 직전의 상태로 각 바퀴의 제동력을 ON, OFF시켜 제어한다.

04 주행 장치에서 휠의 역할에 대하여 설명한 것으로 틀린 것은?

① 휠은 타이어와 함께 차량의 중량을 지지하는 역할을 한다.
② 휠은 타이어와 함께 구동력을 지면에 전달하는 역할을 한다.
③ 휠은 자동차의 조종 안정성을 향상시키는 역할을 한다.
④ 휠은 타이어와 함께 제동력을 지면에 전달하는 역할을 한다.

해설 휠의 역할과 구비조건
① 휠은 타이어와 함께 차량의 중량을 지지하고 구동력과 제동력을 지면에 전달하는 역할을 한다.
② 휠은 무게가 가볍고 노면의 충격과 측력에 견딜 수 있는 강성이 있어야 한다.
③ 타이어에서 발생하는 열을 흡수하여 대기 중으로 잘 방출시켜야 한다.

05 다음 중 타이어의 역할이 아닌 것은?

① 자동차가 달리거나 멈추는 것을 원활하게 한다.
② 자동차의 중량을 지지해 준다.
③ 진행방향을 전환하거나 조정 안전성을 저해한다.
④ 지면으로부터 받는 충격을 흡수하여 승차감을 좋게 한다.

해설 타이어의 역할
① 휠의 림에 끼워져서 일체로 회전하며, 자동차가 달리거나 멈추는 것을 원

활히 한다.
② 자동차의 중량을 떠받쳐 준다.
③ 지면으로부터 받는 충격을 흡수해 승차감을 좋게 한다.
④ 자동차의 진행 방향을 전환하거나 조종 안정성을 향상시킨다.

06 다음 중 조향장치의 기능과 요구 조건에 대한 설명으로 가장 적합한 것은?

① 자동차가 직진 상태로 주행하는 경우에도 핸들이 돌아가기 때문에 손으로 잡아 바른 방향을 유지하도록 하여야 한다.
② 외부의 힘에 의해 주행 방향이 잘못되었을 때는 즉시 직전 상태로 되돌아가는 성질이 요구된다.
③ 주행 중 안정성이 좋고 핸들 조작이 용이하도록 뒷바퀴 정렬이 잘되어 있어야 한다.
④ 자동차의 진행 방향을 전환하거나 조종 안정성을 향상시켜야 한다.

해설 조향장치의 기능 및 요구조건
① 운전석에 있는 핸들(steering wheel)에 의해 앞바퀴의 방향을 틀어서 자동차의 진행 방향을 바꾸는 장치이다.
② 자동차가 주행할 때는 항상 바른 방향을 유지해야 한다.
③ 핸들 조작이나 외부의 힘에 의해 주행 방향이 잘못되었을 때는 즉시 직전 상태로 되돌아가는 성질이 요구된다.
④ 주행 중 안정성이 좋고 핸들 조작이 용이하도록 앞바퀴 정렬이 잘되어 있어야 한다.

07 자동차는 주행 중 안정성이 좋고 핸들조작이 용이하도록 앞바퀴 정렬을 한다. 다음 중 앞바퀴 정렬에 속하지 않는 것은?

① 토인 ② 캠버
③ 캐스터 ④ 부스터

해설 앞바퀴 정렬 요소에는 토우인, 캠버, 캐스터 등이 있다.
① 토인은 앞바퀴를 위에서 보았을 때 앞쪽이 뒤쪽보다 좁은 상태를 말한다. 이것은 타이어의 마모를 방지하기 위해 있는 것인데 바퀴를 원활하게 회전시켜서 핸들의 조작을 용이하게 한다.
② 캠버는 자동차를 앞에서 보았을 때 위쪽이 아래보다 약간 바깥쪽으로 기울어져 있는데, 이것을 (+) 캠버라고 말한다.
③ 캐스터는 자동차를 옆에서 보았을 때 차축과 연결되는 킹핀의 중심선이 약간 뒤로 기울어져 있는 것을 말한다.

08 앞바퀴 정렬의 요소 중 조향 핸들의 조작을 가볍게 하기 위해서 필요한 요소는?

① 캠버 ② 캐스터
③ 토인 ④ 토아웃

해설 캠버는 자동차를 앞에서 보았을 때, 위쪽이 아래보다 약간 바깥쪽으로 기울어져 있는데, 이것을 (+) 캠버라고 말한다. 이것은 앞바퀴가 하중을 받았을 때 아래로 벌어지는 것을 방지하고 타이어 접지면의 중심과 킹핀의 연장선이 노면과 만나는 점과의 거리인 오프셋을 적게 하여 핸들의 조작을 가볍게 하기 위하여 필요하다.

09 원심력에 대한 설명으로 옳은 것은?

① 물체가 원운동을 하고 있을 때 그 물체가 작용하는 원의 중심에서 벗어나려고 하는 힘으로써 일명 구심력이라고도 한다.
② 물체가 원운동을 할 때 그 물체가 작용하는 원의 중심에서 벗어나려는 힘을 말한다.
③ 자동차를 감속하고 멈추게 하기 위한 힘을 말한다.
④ 자동차가 어떤 속도로 선회할 때 선회 중심의 방향에 작용하는 힘을 말한다.

해설 원심력이란 물체가 원운동을 하고 있을 때 그 물체에 작용하는 원의 중심에서 벗어나려는 힘으로써 구심력과 반대 방향으로 작용하여 균형을 이루게 하는 힘을 말한다.

정답 01.② 02.① 03.① 04.③ 05.③　　06.② 07.④ 08.① 09.②

10 타이어의 회전속도가 빨라지면 접지부에서 받은 타이어의 변형(주름)이 다음 접지 시점까지도 복원되지 않고 접지의 뒤쪽에 진동의 물결이 일어나는 현상을 무엇이라 하는가?
① 수막현상　　　　　② 스탠딩 웨이브 현상
③ 베이퍼 로크 현상　④ 페이드 현상

해설 스탠딩 웨이브란 타이어가 회전하면 이에 따라 타이어의 전 원주에서는 변형과 복원을 반복한다. 타이어의 회전속도가 빨라지면 접지부에서 받은 타이어의 변형(주름)이 다음 접지 시점까지도 복원되지 않고 접지의 뒤쪽에 진동의 물결이 일어나는 현상을 말한다.

11 자동차를 커브길에서 운전할 때 받는 원심력을 줄이는 운전방법에 속하지 않는 것은?
① 커브에 진입하기 전에 속도를 줄여 노면에 대한 타이어의 접지력(grip)이 원심력을 안전하게 극복 할 수 있도록 하여야 한다.
② 커브가 예각을 이룰수록 원심력은 커지므로 안전하게 돌려면 이러한 커브에서 보다 감속하여야 한다.
③ 타이어의 접지력은 노면의 모양과 상태에 의존한다.
④ 노면이 젖어 있거나 얼어 있으면 타이어의 접지력은 증가한다.

해설 원심력을 감소시키는 방법
① 커브에 진입하기 전에 속도를 줄여 노면에 대한 타이어의 접지력(grip)이 원심력을 안전하게 극복 할 수 있도록 하여야 한다.
② 커브가 예각을 이룰수록 원심력은 커지므로 안전하게 돌려면 이러한 커브에서 보다 감속하여야 한다.
③ 타이어의 접지력은 노면의 모양과 상태에 의존한다. 노면이 젖어 있거나 얼어 있으면 타이어의 접지력은 감소하기 때문에 이러한 커브에서의 안전속도는 보다 저속이 된다.

12 다음 중 스탠딩 웨이브 현상을 설명한 것으로 틀린 것은?
① 스탠딩 웨이브 현상이 발생되면 타이어 내부의 공기 온도가 높아지면서 타이어가 파열한다.
② 스탠딩 웨이브 현상은 타이어의 공기압력이 많은 상태에서 저속 주행할 경우 나타나는 현상이다.
③ 스탠딩 웨이브 현상은 타이어의 공기압력이 부족한 상태에서 고속 회전하는 경우 물결 모양으로 나타나는 현상을 말한다.
④ 스탠딩 웨이브 현상은 타이어의 공기압력이 부족한 상태에서 고속으로 회전하는 경우에 나타나는 현상이다.

해설 타이어의 스탠딩 웨이브 현상은 타이어의 공기압력이 부족한 상태에서 고속으로 회전하는 물결 모양으로 나타나는 현상이며, 이를 방지하기 위해서는 고속도로를 주행할 때 타이어의 공기압력을 표준 공기압력보다 10~15% 정도 높이는 것이 좋다.

13 자동차가 물이 고인 노면을 고속으로 주행할 때 물의 저항에 의해 노면으로부터 떠올라 물위를 미끄러지듯이 되는 현상이 발생하는 현상을 무엇이 하는가?
① 스탠딩 웨이브 현상　② 페이드 현상
③ 수막 현상　　　　　④ 베이퍼 로크 현상

해설 자동차가 물이 고인 노면을 고속으로 주행할 때 타이어는 그루부(타이어 홈) 사이에 있는 물을 배수하는 기능이 감소되어 물의 저항에 의해 노면으로부터 떠올라 물위를 미끄러지듯이 되는 현상이 발생하게 되는데 이 현상을 수막현상이라 한다.

14 수막현상을 예방하기 위한 주의 사항이 아닌 것은?
① 고속으로 주행하지 않는다.
② 마모된 타이어를 사용하지 않는다.
③ 공기 압력을 낮게 한다.
④ 배수 효과가 좋은 타이어를 사용한다.

해설 수막현상 예방법
① 고속으로 주행하지 않는다.
② 마모된 타이어를 사용하지 않는다.
③ 공기 압력을 조금 높게 한다.
④ 배수 효과가 좋은 타이어를 사용한다.

15 비탈길을 내려가는 경우 또는 브레이크를 반복하여 사용하는 경우 마찰열이 라이닝에 축적되어 브레이크의 제동력이 저하되는 현상을 무엇이라고 하는가?
① 페이드 현상　　　② 홀드 현상
③ 슬라이딩 현상　　④ 베이퍼 로크 현상

해설 페이드 현상이란 긴 비탈길을 내려가거나 또는 브레이크를 반복하여 사용하면 마찰열이 라이닝에 축적되어 브레이크의 제동력이 저하되는 현상을 말한다.

16 유압식 브레이크의 휠 실린더나 브레이크 파이프 속에서 브레이크액이 기화하여 페달을 밟아도 스펀지를 밟는 것 같고 유압이 전달되지 않아 브레이크가 작용하지 않는 현상을 무엇이라 하는가?
① 베이퍼 로크 현상　　② 페이드 현상
③ 하이드로플레닝 현상　④ 스탠딩 웨이브 현상

해설 유압식 브레이크의 휠 실린더나 브레이크 파이프 속에서 브레이크액이 기화하여 페달을 밟아도 스펀지를 밟는 것 같고 유압이 전달되지 않아 브레이크가 작용하지 않는 현상을 베이퍼 로크라 한다.

17 다음 중 길고 급한 내리막길을 운전할 때 반 브레이크를 사용하면 어떤 현상이 생기는가?
① 파이프는 증기폐쇄, 라이닝은 스팀 로크 현상이 발생된다.
② 라이닝은 페이드, 파이프는 스팀 로크 현상이 발생된다.
③ 라이닝은 페이드, 파이프는 베이퍼 로크 현상이 발생된다.
④ 파이프는 스팀 로크, 라이닝은 베이퍼 로크 현상이 발생된다.

해설 자동차가 길고 급한 내리막길을 운전할 때 반 브레이크를 사용하면 브레이크 드럼과 라이닝은 마찰열이 축적되어 페이드 현상이 발생되고 브레이크 파이프는 마찰열에 의해 브레이크 오일이 기화되어 베이퍼 로크 현상이 발생된다.

18 브레이크 마찰재가 물에 젖어 마찰계수가 작아져 브레이크의 제동력이 저하되는 현상을 무엇이라 하는가?
① 베이퍼 로크 현상　　② 워터 페이드 현상
③ 하이드로플레닝 현상　④ 스탠딩 웨이브 현상

해설 워터 페이드 현상이란 브레이크 마찰재가 물에 젖어 마찰계수가 작아져 브레이크의 제동력이 저하되는 현상이다. 물이 고인 도로에 자동차를 정차시켰거나 수중 주행을 하였을 때 이 현상이 일어나며, 브레이크가 전혀 작용되지 않을 수도 있다. 브레이크 페달을 반복해 밟으면서 천천히 주행하면 열에 의하여 서서히 브레이크가 회복된다.

19 자동차가 정지위치에서 급출발하면 바퀴는 이동하려 하지만 차체는 정지하고 있기 때문에 앞 범퍼 부분이 위로 들리는 현상이 나타나는데 이와 같은 현상을 무엇이라 하는가?
① 노즈 다운　　② 노즈 업
③ 시미현상　　④ 내륜차 현상

해설 ① 노즈 다운 : 자동차를 제동할 때 바퀴는 정지하고 차체는 관성에 의해 이동하려는 성질 때문에 앞 범퍼 부분이 내려가는 현상을 말한다.
② 노즈 업 : 자동차가 출발할 때 구동 바퀴는 이동하려 하지만 차체는 정지하고 있기 때문에 앞 범퍼 부분이 들리는 현상을 말한다.
③ 시미 현상 : 타이어 및 휠이 동적 언밸런스인 경우 주행 중 타이어가 좌우로 흔들리는 현상을 말한다.

20 다음 중 오버 스티어링에 대하여 정의가 올바르게 설명된 것은?

① 코너를 선회하고 있는 자동차에서 처음에는 언더 스티어링이었던 특성이 도중에 오버 스티어링으로 변화되는 것을 말한다.

② 앞바퀴의 사이드슬립 각도가 뒷바퀴의 사이드슬립 각도보다 큰 것을 말한다.

③ 앞바퀴의 사이드슬립 각도가 뒷바퀴의 사이드슬립 각도보다 작은 것을 말한다.

④ 앞바퀴의 사이드슬립 각도와 뒷바퀴의 사이드슬립 각도가 같은 것을 말한다.

해설 오버 스티어링은 앞바퀴의 사이드슬립 각도가 뒷바퀴의 사이드슬립 각도보다 작은 것을 말하며, 언더 스티어링은 앞바퀴의 사이드슬립 각도가 뒷바퀴의 사이드슬립 각도보다 큰 것을 말한다.

21 화물자동차를 주행 중에 옆에서 강한 바람이 불고 있을 때의 운전방법으로 올바른 것은?

① 바람이 부는 반대 방향으로 핸들을 약간 돌린다.

② 감속하면서 핸들을 꼭 잡는다.

③ 바람이 부는 방향으로 핸들을 약간 돌린다.

④ 그대로 진행하면서 핸들을 꼭 잡는다.

해설 옆방향의 바람에 의해 자동차의 옆방향 힘을 상쇄시키고 직진하기 위해서는 조향 핸들을 바람이 부는 방향으로 약간 회전시켜 앞뒤 바퀴에 사이드슬립 각도를 부여하는 언더 스티어링이 되도록 한다.

22 다음 중 언더 스티어링에 대하여 정의가 올바르게 설명된 것은?

① 앞바퀴의 사이드슬립 각도가 뒷바퀴의 사이드슬립 각도보다 작은 것을 말한다.

② 앞바퀴의 사이드슬립 각도가 뒷바퀴의 사이드슬립 각도보다 큰 것을 말한다.

③ 앞바퀴의 사이드슬립 각도와 뒷바퀴의 사이드슬립 각도가 같은 것을 말한다.

④ 코너를 선회하고 있는 자동차에서 처음에는 언더 스티어링이었던 특성이 도중에 오버 스티어링으로 변화되는 것을 말한다.

해설 ① **오버 스티어링** : 앞바퀴의 사이드슬립 각도가 뒷바퀴의 사이드슬립 각도보다 작은 것을 말한다.
② **언더 스티어링** : 앞바퀴의 사이드슬립 각도가 뒷바퀴의 사이드슬립 각도보다 큰 것을 말한다.
③ **뉴트럴 스티어링** : 앞바퀴의 사이드슬립 각도와 뒷바퀴의 사이드슬립 각도가 같은 것을 말한다.
④ **리버스 스티어링** : 코너를 선회하고 있는 자동차에서 처음에는 언더 스티어링 이었던 특성이 도중에 오버 스티어링으로 변화되는 것을 말한다.

23 다음 중 화물자동차가 우회전을 할 때 내륜차에 대하여 올바르게 설명된 것은?

① 자동차의 좌측 앞바퀴와 좌측 뒷바퀴의 회전 반경의 차이를 말한다.

② 자동차의 우측 앞바퀴와 우측 뒷바퀴의 회전 반경의 차이를 말한다.

③ 자동차의 우측 앞바퀴와 좌측 뒷바퀴의 회전 반경의 차이를 말한다.

④ 자동차의 우측 뒷바퀴와 좌측 앞바퀴의 회전 반경의 차이를 말한다.

해설 내륜차란 자동차가 커브를 돌 때 앞바퀴의 안쪽과 뒷바퀴 안쪽의 회전 반경 차이를 말한다. 즉, 화물자동차가 우회전을 하는 경우 안쪽 바퀴는 우측이므로 우측 앞바퀴와 우측 뒷바퀴의 회전 반경의 차이가 내륜차이다.

24 다음 중 화물자동차가 우회전을 할 때 외륜차에 대하여 올바르게 설명한 것은?

① 자동차의 좌측 앞바퀴와 좌측 뒷바퀴의 회전 반경의 차이를 말한다.

② 자동차의 우측 앞바퀴와 우측 뒷바퀴의 회전 반경의 차이를 말한다.

③ 자동차의 우측 앞바퀴와 좌측 뒷바퀴의 회전 반경의 차이를 말한다.

④ 자동차의 우측 뒷바퀴와 좌측 앞바퀴의 회전 반경의 차이를 말한다.

해설 외륜차란 자동차가 커브를 돌 때 앞바퀴의 바깥쪽과 뒷바퀴 바깥쪽의 회전반경 차이를 말한다. 즉, 화물자동차가 우회전을 하는 경우 바깥쪽 바퀴는 좌측이므로 좌측 앞바퀴와 좌측 뒷바퀴의 회전 반경의 차이가 외륜차이다.

25 다음 중 공주시간에 대하여 설명한 것으로 적합한 것은?

① 위험을 느끼고 가속 페달에서 브레이크 페달까지 발을 옮기는 시간을 말한다.

② 위험을 느끼고 가속 페달에서 브레이크로 발을 옮기어 브레이크가 작동을 시작하는 순간까지의 시간을 말한다.

③ 위험을 느끼고 가속 페달에서 브레이크로 발을 옮기어 브레이크가 작동을 시작하는 순간까지 자동차가 진행한 거리를 말한다.

④ 위험을 느끼고 가속 페달에서 브레이크로 발을 옮기어 브레이크가 작동을 시작하는 순간부터 완전히 정지할 때까지의 시간을 말한다.

해설 공주시간이란 운전자가 자동차를 정지시켜야 할 상황임을 지각하고 브레이크로 발을 옮겨 브레이크가 작동을 시작하는 순간까지의 시간을 말한다.

26 다음 중 공주거리에 대하여 설명한 것으로 적합한 것은?

① 위험을 느끼고 가속 페달에서 브레이크로 발을 옮기어 브레이크가 작동을 시작하는 순간부터 완전히 정지할 때까지의 자동차가 이동한 거리를 말한다.

② 위험을 느끼고 가속 페달에서 브레이크 페달까지 발을 옮기는 시간 동안 자동차가 이동한 거리를 말한다.

③ 위험을 느끼고 가속 페달에서 브레이크로 발을 옮기어 브레이크가 작동을 시작하는 순간까지의 자동차가 진행한 거리를 말한다.

④ 위험을 느끼고 가속 페달에서 브레이크로 발을 옮기어 브레이크가 작동을 시작하는 순간까지의 시간을 말한다.

해설 공주거리란 운전자가 자동차를 정지시켜야 할 상황임을 지각하고 브레이크로 발을 옮겨 브레이크가 작동을 시작하는 순간까지의 자동차가 진행한 거리를 말한다.

27 다음 중 제동시간에 대하여 설명한 것으로 적합한 것은?

① 위험을 느끼고 가속 페달에서 브레이크로 발을 올려 브레이크가 작동을 시작하는 순간까지의 시간을 말한다.

② 위험을 느끼고 가속 페달에서 브레이크로 발을 올려 브레이크가 작동을 시작하는 순간부터 자동차가 완전히 정지할 때까지의 자동차가 이동한 거리를 말한다.

③ 위험을 느끼고 가속 페달에서 브레이크로 발을 올려 브레이크가 작동을 시작하는 순간까지의 자동차가 진행한 시간을 말한다.

④ 위험을 느끼고 가속 페달에서 브레이크로 발을 올려 브레이크가 작동을 시작하는 순간부터 자동차가 완전히 정지할 때까지의 시간을 말한다.

해설 제동시간이란 운전자가 브레이크에 발을 올려 브레이크가 막 작동을 시작하는 순간부터 자동차가 완전히 정지할 때까지의 시간을 말한다.

정답 20.③ 21.③ 22.② 23.② 24.① 25.② 26.③ 27.④

28 자동차의 공주거리와 제동거리를 합한 거리를 무엇이라 하는가?
① 제동거리
② 공주거리
③ 정지거리
④ 이동거리

해설 자동차의 정지거리는 공주 거리와 실제동 거리를 합한 거리이다.

29 다음 중 제동거리에 대하여 설명한 것으로 적합한 것은?
① 위험을 느끼고 가속 페달에서 브레이크로 발을 올려 브레이크가 작동을 시작하는 순간까지의 자동차가 진행한 거리를 말한다.
② 위험을 느끼고 가속 페달에서 브레이크로 발을 올려 브레이크가 작동을 시작하는 순간부터 자동차가 완전히 정지할 때까지의 자동차가 이동한 거리를 말한다.
③ 위험을 느끼고 가속 페달에서 브레이크로 발을 올려 브레이크가 작동을 시작하는 순간부터 자동차가 완전히 정지할 때까지의 시간을 말한다.
④ 위험을 느끼고 가속 페달에서 브레이크로 발을 올려 브레이크가 작동을 시작하는 순간까지의 시간을 말한다.

해설 제동거리란 운전자가 브레이크에 발을 올려 브레이크가 막 작동을 시작하는 순간부터 자동차가 완전히 정지할 때까지의 자동차가 진행한 거리를 말한다.

30 운전자가 자동차를 정지시켜야 할 상황임을 자각하고 브레이크 페달로 발을 옮겨 브레이크가 작동을 시작하는 순간까지 진행한 거리를 무엇이라 하는가?
① 정지거리
② 제동거리
③ 공주거리
④ 작동거리

해설 공주거리란 운전자가 자동차를 정지시켜야 할 상황임을 자각하고 브레이크 페달로 발을 옮겨 브레이크가 작동을 시작하는 순간까지 자동차가 진행한 거리이다.

31 자동차의 점검에 있어 필수적인 것으로 오감에 의한 점검의 방법에 해당되지 않는 것은?
① 후각에 의한 점검
② 청각에 의한 점검
③ 촉각에 의한 점검
④ 육감에 의한 점검

해설 오감에 의한 차량 점검의 방법
① 시각(視覺)에 의한 점검
② 청각(聽覺)에 의한 점검
③ 후각(嗅覺)에 의한 점검
④ 촉각(觸覺)에 의한 점검
⑤ 미각(味覺)에 의한 점검

32 자동차 배기가스의 색상으로 이상 유무를 판단할 때 인체의 오감에 의한 점검 중 어느 방법에 해당하는가?
① 시각에 의한 방법
② 청각에 의한 방법
③ 미각에 의한 방법
④ 촉각에 의한 방법

해설 오감에 의한 점검 방법
① **시각** : 부품이나 장치의 외부 굽음, 변형, 녹슴, 누수 및 누유, 색깔
② **청각** : 이상음
③ **촉각** : 느슨함, 흔들림, 발열 상태 등
④ **후각** : 이상 발열, 냄새

33 엔진의 이상음이나 선회시 조향장치의 이상음이 들리면 판단할 때 인체의 오감에 의한 점검 중 어느 방법에 해당하는가?
① 후각에 의한 방법
② 청각에 의한 방법
③ 미각에 의한 방법
④ 촉각에 의한 방법

해설 엔진의 이상음이나 선회시 조향장치의 이상음, 볼트 너트의 이완, 벨트 이완에 의한 이음, 브레이크의 마찰음, 걸리는 쇳소리, 노킹소리, 긁히는 소리 등은 귀로 듣고 판단하는 요소로서 청각에 의해 점검한다.

34 엔진 안에서 다량의 엔진 오일이 실린더 위로 올라와 연소되는 경우로, 헤드 개스킷 파손, 밸브의 오일 씰 노후 또는 피스톤 링의 마모 등 엔진 보링을 할 시기가 됐음을 알려주는 배출가스의 색은?
① 무색
② 검은색
③ 빨간색
④ 백색

해설 백색 : 엔진 안에서 다량의 엔진 오일이 실린더 위로 올라와 연소되는 경우로, 헤드 개스킷 파손, 밸브의 오일 씰 노후 또는 피스톤 링의 마모 등 엔진 보링을 할 시기가 됐음을 알려준다.

35 엔진 오일이 과다하게 소모되는 경우 점검 방법이 아닌 것은?
① 배기 배출가스 육안 확인
② 에어 클리너 오염도 확인(과다 오염)
③ 블로바이 가스 과다 배출 확인
④ 라디에이터에서 냉각수 누출 확인

해설 엔진 오일 과다 소모의 점검 방법
① 배기 배출가스 육안 확인
② 에어 클리너 오염도 확인(과다 오염)
③ 블로바이 가스 과다 배출 확인
④ 에어탱크 및 에어 드라이어에서 오일 누출 확인

36 엔진이 과열될 경우 점검 방법이 아닌 것은?
① 냉각수 및 엔진 오일 확인
② 냉각 팬벨트 및 워터 펌프 작동 방법 확인
③ 라디에이터 외관 상태 및 서모스태트 작동 상태 확인
④ 배기 배출가스 육안 확인

해설 엔진 과열의 점검 방법
① 냉각수 및 엔진 오일 확인
② 냉각 팬벨트 및 워터 펌프 작동 방법 확인
③ 라디에이터 외관 상태 및 서모스태트(수온 조절기) 작동 상태 확인

37 엔진에서 매연이 과다하게 발생할 때의 점검 방법에 속하지 않는 것은?
① 엔진 오일 및 필터 상태 점검
② 에어 클리너의 오염 상태 및 덕트 내부 상태 확인
③ 블로바이 가스 발생 여부 확인
④ 엔진 보링 여부 점검

해설 엔진 매연의 과다 발생 점검 방법
① 엔진 오일 및 필터 상태 점검
② 에어 클리너 오염 상태 및 덕트 내부 상태 확인
③ 블로바이 가스 발생 여부 확인
④ 연료의 질 분석 및 흡·배기 밸브 간극 점검

38 혹한기 주행 중 오르막 경사로에서 급가속할 때 엔진 시동이 꺼지며, 일정시간 경과 후 재시동이 가능한 경우 점검 방법이 아닌 것은?
① 인젝션 펌프 에어빼기 작업
② 브레이크 파이프 및 호스 연결 부분 에어 유입 확인
③ 연료 차단 솔레노이드 밸브 작동 상태 확인
④ 워터 세퍼레이터 내 결빙 확인

해설 혹한기 주행 중 시동 꺼짐의 점검 방법
① 인젝션 펌프 에어 빼기 작업
② 연료 파이프 및 호스 연결 부분 에어 유입 확인
③ 연료 차단 솔레노이드 밸브 작동 상태 확인
④ 워터 세퍼레이터 내 결빙 확인

정답 28.③ 29.② 30.③ 31.④ 32.① 33.② 34.④ 35.④ 36.④ 37.④ 38.②

39 정차 중 엔진 시동이 꺼진 후 재시동이 안 되는 경우 점검 방법에 속하지 않는 것은?

① 브레이크 라이닝 마모 상태 확인
② 연료 파이프 누유 및 에어 유입 확인
③ 연료 탱크 내 이물질 혼입 여부 확인
④ 워터 세퍼레이터 공기 유입 확인

해설 엔진이 재시동되지 않는 경우 점검 방법
① 연료 계통의 공기빼기 작업
② 연료 파이프 누유 및 에어 유입 확인
③ 연료 탱크 내 이물질 혼입 여부 확인
④ 워터 세퍼레이터 공기 유입 확인

40 화물자동차를 운행하던 중 제동시에 차량의 쏠림에 대하여 점검하는 방법으로 맞는 것은?

① 브레이크 에어 및 오일 파이프 점검
② 조향 계통 및 파워 스티어링 펌프 점검 확인
③ 사이드슬립 및 제동력 테스트
④ 앞 브레이크 드럼 및 라이닝 점검 확인

해설 제동시 차량의 쏠림 점검 방법
① 브레이크 에어 및 오일 파이프 점검
② 듀얼 브레이크 점검
③ 공기 빼기 작업
④ 에어 및 오일 파이프라인 이상 점검 확인

41 화물자동차를 운행하던 중 급제동시 차체의 진동이 심하고 브레이크 페달의 떨림에 대하여 점검하는 방법으로 맞는 것은?

① 브레이크 에어 및 오일 파이프 점검
② 듀얼 브레이크 점검
③ 조향 계통 및 파워 스티어링 펌프 점검 확인
④ 에어 및 오일 파이프라인 이상 점검 확인

해설 제동시 차체 진동에 대한 점검 방법
① 조향 계통 및 파워 스티어링 펌프 점검 확인
② 사이드슬립 및 제동력 테스트
③ 앞 브레이크 드럼 및 라이닝 점검 확인

42 농후한 혼합가스가 들어가 불완전 연소되는 경우 배출가스의 색은?

① 무색
② 검은색
③ 빨간색
④ 흰색

해설 검은색 : 농후한 혼합가스가 들어가 불완전 연소되는 경우이다. 에어 클리너 엘리먼트의 막힘, 연료장치의 고장 등이 원인이다.

● **도로 요인과 안전운행** ●

01 도로의 평면선형과 교통사고에 대한 설명이다. 다음 중 설명이 틀린 것은?

① 일반도로에서는 곡선 반경이 100m 이내일 때 사고율이 높다.
② 곡선부의 수가 많으면 사고율이 높을 것 같으나 반드시 그런 것은 아니다.
③ 곡선부가 오르막 내리막의 종단 경사와 중복되는 곳은 훨씬 더 사고의 위험성이 낮다.
④ 곡선구간과 사고율의 관계에서 한 가지 유의해야 할 사실은 곡선부의 사고율에는 시거, 편경사에 의해서도 크게 좌우된다.

해설 도로의 평면선형과 교통사고
① 일반도로에서는 곡선반경이 100m 이내일 때 사고율이 높다.
② 곡선부가 오르막 내리막의 종단경사와 중복되는 곳은 훨씬 더 사고 위험성이 높다.
③ 곡선부의 수가 많으면 사고율이 높을 것 같으나 반드시 그런 것은 아니라는 것이다.
④ 곡선구간과 사고율의 관계에서 한 가지 유의해야 할 사실은 곡선부의 사고율에는 시거, 편경사(편구배)에 의해서도 크게 좌우된다는 것이다.

02 도로의 평면선형과 교통사고에 대한 설명이다. 다음 중 설명이 틀린 것은?

① 고속도로에는 곡선반경이 750m를 경계로 하여 곡선이 완만해짐에 따라 사고율이 높다.
② 긴 직선구간 끝에 있는 곡선부는 짧은 직선구간 다음의 곡선부에 비하여 사고율이 높았다.
③ 곡선부는 미끄럼 사고가 발생하기 쉬운 곳이다.
④ 곡선부에서의 사고를 감소시키는 방법은 편경사를 개선하고 시거를 확보하며, 속도표지와 시선 유도표를 포함한 주의표지와 노면 표시를 잘 설치하는 것이다.

해설 도로의 평면선형과 교통사고
① 고속도로에는 곡선반경이 750m를 경계로 하여 그 값이 적어짐에 따라 (곡선이 급해짐에 따라) 사고율이 높다.
② 긴 직선구간 끝에 있는 곡선부는 짧은 직선구간 다음의 곡선부에 비하여 사고율이 높다.
③ 곡선부는 미끄럼 사고가 발생하기 쉬운 곳이다.
④ 곡선부에서의 사고를 감소시키는 방법은 편경사를 개선하고 시거를 확보하며, 속도표지와 시선 유도표를 포함한 주의표지와 노면표시를 잘 설치하는 것이다.

03 도로의 종단선형과 교통사고에 대한 설명이다. 다음 중 설명이 틀린 것은?

① 일반적으로 오르막 경사가 커짐에 따라 사고율이 높다.
② 일반적으로 내리막 경사가 커짐에 따라 사고율이 높다.
③ 종단선형이 자주 바뀌면 종단곡선의 정점에서 시거가 단축되어 사고가 일어나기 쉽다.
④ 일반적으로 양호한 선형조건에서 제한시거가 불규칙적으로 나타나면 평균 사고율보다 훨씬 낮다.

해설 도로의 종단선형과 교통사고
① 일반적으로 오르막 경사가 커짐에 따라 사고율이 높다.
② 일반적으로 내리막 경사가 커짐에 따라 사고율이 높다.
③ 종단선형이 자주 바뀌면 종단곡선의 정점에서 시거가 단축되어 사고가 일어나기 쉽다.
④ 일반적으로 양호한 선형조건에서 제한시거가 불규칙적으로 나타나면 평균사고율보다 훨씬 높은 사고율을 보인다.

정답 39.① 40.① 41.③ 42.②　　01.③ 02.① 03.④

04 언덕의 커브길에서 곡선의 배합은 어떻게 하는 것이 일반적으로 안전한가?

① 평면곡선과 종단곡선의 길이를 동일하게 한다.
② 외관이 좋도록 배합하면 자동적으로 만족한다.
③ 종단곡선을 평면곡선보다 길게 한다.
④ 평면곡선을 종단곡선보다 길게 한다.

해설 언덕의 커브길에서는 가능한 한 평면곡선의 길이를 종단곡선의 길이보다 길게 하여야 한다. 이는 곡선부를 주행할 때는 원심력에 의해 곡선부의 바깥쪽으로 이탈하거나 전도되는 위험이 발생된다.

05 다음은 차로수가 많으면 교통사고율이 높은 이유에 대한 설명이다. 설명이 적합하지 않은 것은?

① 차로의 폭이 좁기 때문이다.
② 도로의 교통량이 많기 때문이다.
③ 도로의 교차로가 많기 때문이다.
④ 도로변의 개발 밀도가 높기 때문이다.

해설 차로수와 교통사고 : 차로수와 사고율의 관계는 아직 명확하지 않다. 일반적으로 차로수가 많으면 사고가 많으나 이는 그 도로의 교통량이 많고, 교차로가 많으며, 또 도로변의 개발밀도가 높기 때문일 수도 있기 때문이다.

06 일반적으로 중앙분리대로 설치된 방호울타리는 사고의 유형을 어떻게 변환시켜 주는가?

① 차량단독 사고를 측면 접촉사고로 변환
② 정면충돌 사고를 추돌사고로 변환
③ 정면충돌 사고를 차량단독 사고로 변환
④ 정면충돌 사고를 직각 충돌사고로 변환

해설 방호울타리는 사고를 방지한 다기 보다는 사고의 유형을 변환시켜주기 때문에 효과적이다(정면충돌 사고를 차량단독 사고로 변환시킴으로서 위험성이 덜하다).

07 다음 중 길 어깨와 교통사고에 대하여 설명한 것으로 틀린 것은?

① 길 어깨는 토사나 자갈 또는 잔디가 포장된 노면보다는 더 안전하다.
② 길 어깨가 포장이 되어 있지 않은 경우에는 건조하고 유지 관리가 용이할수록 안전하다.
③ 길 어깨가 넓으면 고장 차량을 주행 차로 밖으로 이동시킬 수 있기 때문에 안전하다.
④ 길 어깨가 넓으면 차량의 이동 공간이 넓고 시계가 넓기 때문에 안전하다.

해설 길 어깨와 교통사고 : 길 어깨가 넓으면 차량의 이동 공간이 넓고, 시계가 넓으며, 고장 차량을 주행 차로 밖으로 이동시킬 수 있기 때문에 안전성이 큰 것은 확실하다. 또 길 어깨가 토사나 자갈 또는 잔디보다는 포장된 노면이 더 안전하며, 포장이 되어 있지 않을 경우에는 건조하고 유지 관리가 용이할수록 안전하다.

08 중앙분리대의 주된 기능으로 맞지 않는 것은?

① 상하 차도의 교통 분리   ② 필요에 따라 유턴 방지
③ 추돌사고의 방지   ④ 대향차의 현광 방지

해설 중앙분리대의 주된 기능
① 상하 차도의 교통 분리
② 평면 교차로가 있는 도로에서는 폭이 충분할 때 좌회전 차로로 활용할 수 있어 교통처리가 유연
③ 광폭 분리대의 경우 사고 및 고장 차량이 정지할 수 있는 여유 공간을 제공
④ 보행자에 대한 안전섬이 됨으로써 횡단 시 안전
⑤ 필요에 따라 유턴(U-Turn) 방지
⑥ 대향차의 현광 방지
⑦ 도로표지, 기타 교통 관제시설 등을 설치할 수 있는 장소를 제공 등

09 평면 곡선부에서 자동차가 원심력에 저항할 수 있도록 하기 위하여 설치하는 것을 무엇이라 하는가?

① 시설한계   ② 편경사
③ 종단경사   ④ 정단경사

해설 ① 편경사라 함은 평면 곡선부에서 자동차가 원심력에 저항할 수 있도록 하기 위하여 설치하는 횡단경사이다.
② 종단경사라 함은 도로의 진행방향 중심선의 길이에 대한 높이의 변화비율이다.

10 교량과 교통사고에 대한 설명이다. 틀린 것은?

① 교량 접근로의 폭에 비하여 교량의 폭이 좁을수록 사고가 더 많이 발생한다.
② 교량의 접근로 폭과 교량의 폭이 같을 때 사고율이 가장 낮다.
③ 교량의 접근로 폭과 교량의 폭이 서로 다른 경우에도 교통통제설비, 표지, 시선 유도표, 교량 끝단의 노면표시를 효과적으로 설치함으로써 사고를 감소시킬 수 있다.
④ 교량의 폭, 교량 접근부 등은 교통사고와 아무런 관계가 없다.

해설 교량과 교통사고
① 교량 접근로의 폭에 비하여 교량의 폭이 좁을수록 사고가 더 많이 발생한다.
② 교량의 접근로 폭과 교량의 폭이 같을 때 사고율이 가장 낮다.
③ 교량의 접근로 폭과 교량의 폭이 서로 다른 경우에도 교통통제설비, 즉 표지, 시선 유도표, 교량 끝단의 노면 표시를 효과적으로 설치함으로써 사고율을 현저히 감소시킬 수 있다.
④ 교량의 폭, 교량 접근부 등이 교통사고와 밀접한 관계가 있다.

안전운전

01 운전자가 자동차를 그 본래의 목적에 따라 운행함에 있어서 운전자 자신이 위험한 운전을 하거나 교통사고를 유발하지 않도록 주의하여 운전하는 것을 무엇이라 하는가?

① 자동차 운전   ② 자동차 주행
③ 안전 운전   ④ 방어 운전

해설 안전운전이란 운전자가 자동차를 그 본래의 목적에 따라 운행함에 있어서 운전자 자신이 위험한 운전을 하거나 교통사고를 유발하지 않도록 주의하여 운전하는 것을 말한다.

02 일반적으로 운전자들은 초기에 아주 신중한 운전을 하지만 차츰 시간이 경과함에 따라 무확인 운전 등을 하게 되는 까닭은 무엇이 무시되는 것인가?

① 안전 태도   ② 안전 행동
③ 안전 운전   ④ 안전 성격

해설 안전 태도란 알고는 있지만 그대로 이행하지 않는 것을 말한다.

03 운전자가 다른 운전자나 보행자가 교통법규를 지키지 않거나 위험한 행동을 하더라도 이에 대처할 수 있는 운전자세를 갖추어 미리 위험한 상황을 피하여 운전하는 것을 무엇이라 하는가?

① 대처 운전   ② 방어 운전
③ 안전 운전   ④ 감속 운전

해설 방어운전이란 운전자가 다른 운전자나 보행자가 교통법규를 지키지 않거나 위험한 행동을 하더라도 이에 대처할 수 있는 운전자세를 갖추어 미리 위험한 상황을 피하여 운전하는 것을 말하며, 위험한 상황에 직면했을 때는 이를 효과적으로 회피할 수 있도록 운전하는 것을 말한다.

정답 04.④ 05.① 06.③ 07.① 08.③ 09.② 10.④ / 01.③ 02.① 03.②

04 다음 중 방어운전의 기본에 대하여 설명한 것으로 방어운전의 기본에 속하지 않는 것은?

① 양보와 배려의 실천　　② 교통상황 정보수집
③ 반성의 자세　　　　　④ 무리한 운행

> **해설** 방어운전의 기본
> ① 능숙한 운전 기술　　② 정확한 운전지식
> ③ 정확한 관찰력　　　　④ 예측 능력과 판단력
> ④ 교통이 혼잡할 때는 조심스럽게 교통의 흐름을 따르고, 끼어들기 등을 삼가한다.
> ⑤ 신호기가 설치되어 있지 않은 교차로에서는 좁은 도로로부터 우선순위를 무시하고 진입하는 자동차가 있으므로, 이런 때에는 속도를 줄이고 좌우의 안전을 확인한 다음에 통행한다.

05 방어운전 요령에 대한 설명으로 맞는 것은?

① 다른 차의 옆을 통과할 때는 상대방 차가 진로를 변경하지 않으므로 미리 대비할 필요가 없다.
② 진로를 바꿀 때에는 상대방이 잘 알 수 있도록 여유 있게 신호를 보낸다.
③ 신호기가 설치되어 있지 않은 교차로에서는 주행하던 속도를 그대로 유지하고 좌·우의 안전을 확인한 후 통과한다.
④ 대형차의 뒤를 소형차로 뒤 따라 진행할 때는 신속하게 앞지르기 하여 대형차의 뒤에서 이탈한다.

> **해설** 실전 방어운전 요령
> ① 운전자는 앞차의 전방까지 시야를 멀리 둔다. 장애물이 나타나 앞차가 브레이크를 밟았을 때 즉시 브레이크를 밟을 수 있도록 준비 태세를 갖춘다.
> ② 뒤차의 움직임을 룸미러나 사이드 미러로 끊임없이 확인하면서 방향 지시등이나 비상등으로 자기 차의 진행 방향과 운전 의도를 분명히 알린다.
> ③ 교통신호가 바뀐다고 해서 무작정 출발하지 말고 주위 자동차의 움직임을 관찰한 후 진행한다.
> ④ 보행자가 갑자기 나타날 수 있는 골목길이나 주택가에서는 상황을 예견하고 속도를 줄여 충돌을 피할 시간적 공간적 여유를 확보한다.
> ⑤ 교차로를 통과할 때는 신호를 무시하고 뛰어나오는 차나 사람이 있을 수 있으므로 반드시 안전을 확인한 뒤에 서서히 주행한다.

06 방어운전 요령에 대한 설명으로 틀린 것은?

① 장애물이 나타나 앞차가 브레이크를 밟았을 때 즉시 브레이크를 밟을 수 있도록 준비태세를 갖춘다.
② 기상변화에 대비해 체인이나 스노타이어 등을 미리 준비한다.
③ 교통이 혼잡할 때는 끼어들기 등으로 빨리 혼잡지역을 빠져 나간다.
④ 눈이나 비가 올 때는 가시거리 단축, 수막현상 등 위험요소를 염두에 두고 운전한다.

07 다음 중 교차로에 대하여 설명한 것으로 적합하지 않은 것은?

① 교차로 및 교차로 부근은 횡단보도 및 횡단보도 부근과 더불어 교통사고가 가장 적게 발생하는 지점이다.
② 교차로는 자동차, 사람, 이륜차 등의 엇갈림(교차)이 발생하는 장소이다.
③ 교차로에서의 교통사고를 예방하고 교통의 원활한 소통을 도모하는 방법은 신호기를 설치하거나 교차로 자체를 입체화하는 것이다.
④ 교차로의 신호기는 교통 흐름을 시간적으로 분리하는 기능을 하며 입체교차로는 교통 흐름을 공간적으로 분리하는 기능을 한다.

> **해설** 교차로의 개요
> ① 교차로는 자동차, 사람, 이륜차 등의 엇갈림(교차)이 발생하는 장소이다.
> ② 교차로 및 교차로 부근은 횡단보도 및 횡단보도 부근과 더불어 교통사고가 가장 많이 발생하는 지점이다.
> ③ 교차로에서의 차대 차 또는 차대 사람 등의 엇갈림(교차)으로 인한 교통사고를 예방하고 교통의 원활한 소통을 도모하는 방법은 신호기를 설치하거

나 교차로 자체를 입체화(입체교차로 설치)하는 것이다.
④ 교차로의 신호기는 교통 흐름을 시간적으로 분리하는 기능을 하며 입체교차로는 교통 흐름을 공간적으로 분리하는 기능을 한다.

08 다음 중 교차로에서의 안전운전 및 방어운전의 방법을 설명한 것으로 틀린 것은?

① 신호가 바뀌는 순간을 주의한다.
② 언제든 정지할 수 있는 준비태세를 갖춘다.
③ 추측 운전을 하도록 한다.
④ 신호등 없는 교차로의 경우에는 통행 우선순위에 따라 주의하며 진행한다.

> **해설** 교차로에서의 안전운전 및 방어운전의 방법
> ① 신호가 바뀌는 순간을 주의한다.
> ② 언제든 정지할 수 있는 준비태세를 갖춘다.
> ③ 섣부른 추측 운전은 하지 않는다.
> ④ 신호등 없는 교차로의 경우에는 통행 우선순위에 따라 주의하며 진행한다.

09 다음 중 교차로 황색 신호의 목적에 대하여 설명한 것으로 올바른 것은?

① 자동차를 교차로 직전에서 일시 정지시켜 교차로 상에서 상호 충돌하는 것을 예방하여 교통사고를 방지하기 위함이다.
② 자동차를 정지선이나 횡단보도 직전에서 일시 정지시켜 교차로 상에서 충돌하는 것을 예방하여 교통사고를 방지하기 위함이다.
③ 황색 전 신호 차량과 후 신호 차량이 교차로 상에서 상호 충돌하는 것을 예방하여 교통사고를 방지하기 위함이다.
④ 교차로 직전에서 정지하지 않는 차량을 단속하기 위함이다.

> **해설** 교차로 황색 신호의 목적 : 황색 신호는 전(前) 신호와 후(後) 신호 사이에 부여되는 신호로, 전 신호 차량과 후 신호 차량이 교차로 상에서 상충(상호충돌)하는 것을 예방하여 교통사고를 방지하고자 하는 목적에서 운영되는 신호이다.

10 좌회전을 하기 위하여 교차로에 진입하였을 때 황색 등화로 바뀌면 어떻게 하여야 하는가?

① 그 자리에 정지한다.
② 정지하여 정지선으로 후진한다.
③ 좌회전을 중단하고 돌아와야 한다.
④ 신속히 좌회전하여 교차로 밖으로 진행한다.

> **해설** 교차로 황색 신호의 시간은 이미 교차로에 진입한 차량은 신속히 빠져나가야 하는 시간이며, 아직 교차로가 진입하지 못한 차량은 진입해서는 안 되는 시간이다.

11 급커브길 주행 요령에 대한 설명으로 틀린 것은?

① 풋 브레이크를 사용하여 충분히 속도를 줄인다.
② 후사경으로 오른쪽 후방의 안전을 확인한다.
③ 고단기어로 변속한다.
④ 커브 내각의 연장선에 이르렀을 때 핸들을 꺾는다.

> **해설** 급커브길 주행 요령
> ① 커브의 경사도나 도로의 폭을 확인하고 가속 페달에서 발을 떼어 엔진 브레이크가 작동되도록 하여 속도를 줄인다.
> ② 풋 브레이크를 사용하여 충분히 속도를 줄인다.
> ③ 후사경으로 오른쪽 후방의 안전을 확인한다.
> ④ 저단 기어로 변속한다.
> ⑤ 커브 내각의 연장선에 차량이 이르렀을 때 핸들을 꺾는다.
> ⑥ 차가 커브를 돌았을 때 핸들을 되돌리기 시작한다.
> ⑦ 차의 속도를 서서히 높인다.

정답　04.④　05.②　06.③　07.①　　　　08.③　09.③　10.④　11.③

12 다음 중 커브길에서 교통사고의 위험을 설명한 것으로 적합하지 않은 것은?

① 도로 외 이탈의 위험이 뒤따른다.
② 중앙선을 침범하여 대향차와 충돌할 위험이 있다.
③ 시야 불량으로 인한 사고의 위험이 있다.
④ 시야 확보가 쉬워 사고의 위험성이 적다.

해설 커브길 교통사고
① 도로 외 이탈의 위험이 뒤따른다.
② 중앙선을 침범하여 대향차와 충돌할 위험이 있다.
③ 시야 불량으로 인한 사고의 위험이 있다.

13 커브길 주행 시의 안전운전 및 방어운전에 대한 설명으로 적합하지 않은 것은?

① 커브 길에서 앞지르기는 대부분 안전표지로 금지하고 있으나 안전표지가 없는 곳에서는 앞지르기를 해도 안전하다.
② 항상 반대 차로에서 차가 오고 있다는 것을 염두에 두고 차로를 준수하여 운전한다.
③ 중앙선을 침범하거나 중앙으로 치우쳐 운전하지 않는다.
④ 커브 길에서는 미끄러지거나 전복될 위험이 있으므로 부득이한 경우가 아니면 급핸들 조작이나 급제동을 하지 않는다.

해설 커브길 안전운전 및 방어운전 요령
① 커브길에서는 미끄러지거나 전복될 위험이 있으므로 부득이 하지 않으면 급핸들 조작이나 급제동은 하지 않는다.
② 중앙선을 침범하거나 도로의 중앙으로 치우쳐 운전하지 않는다.
③ 항상 반대 차로에 차가 오고 있을 것을 염두에 두고 차로를 준수하며 운전한다.
④ 커브길에서 앞지르기는 대부분 안전표지로 금지하고 있으나 금지표지가 없더라도 절대로 하지 않는다.

14 다음 중 차로 폭의 개념에 대하여 설명한 것으로 적합하지 않은 것은?

① 차로 폭이란 어느 도로의 차선과 차선 사이의 최단 거리를 말한다.
② 차로 폭은 관련기준에 따라 도로의 설계속도, 지형조건 등을 고려하여 3.0~3.5를 기준으로 한다.
③ 교량 위, 터널 내, 회전 차로 등과 같이 부득이 한 경우 2.75m로 할 수 있다.
④ 시내 및 고속도로 등에서는 도로 폭이 비교적 좁고 골목길이나 이면도로 등에서는 도로 폭이 비교적 넓다.

해설 차로 폭의 개념
① 차로 폭이란 어느 도로의 차선과 차선 사이의 최단거리를 말한다.
② 차로 폭은 관련기준에 따라 도로의 설계속도, 지형조건 등을 고려하여 달리할 수 있으나 대개 3.0~3.5m를 기준으로 한다.
③ 교량 위, 터널 내, 유턴 차로(회전 차로) 등에서 부득이한 경우 2.75m로 할 수 있다.
④ 시내 및 고속도로 등에서는 도로 폭이 비교적 넓다.
⑤ 골목길이나 이면도로 등에서는 도로 폭이 비교적 좁다.

15 다음 중 위험물 운송 운행을 종료한 때의 점검 사항이 아닌 것은?

① 밸브 등의 이완이 되어 있을 것
② 경계표지 및 휴대품 등의 손상이 없을 것
③ 부속품 등의 볼트 연결 상태가 양호할 것
④ 높이 검지봉 및 부속 배관 등이 적절히 부착되어 있을 것

해설 위험물 운송운행 종료시 점검
① 밸브 등의 이완이 없을 것
② 경계표지 및 휴대품 등의 손상이 없을 것
③ 부속품 등의 볼트 연결 상태가 양호할 것
④ 높이 검지봉 및 부속배관 등이 적절히 부착되어 있을 것

16 내리막 길 안전운전 및 방어운전의 요령에 대한 설명으로 적합하지 않은 것은?

① 내리막길을 내려가기 전에는 미리 감속하여 천천히 내려가며 엔진 브레이크로 속도를 조절하는 것이 바람직하다.
② 엔진 브레이크를 사용하면 페이드 현상을 예방하여 운행 안전도를 더욱 높일 수 있다.
③ 경사가 가파르지 않은 긴 내리막길을 내려갈 때 시선은 먼 곳을 바라보는 경향이 있기 때문에 무심코 가속페달을 밟게 되어 자신도 모르게 속도가 높아질 위험이 있으므로 조심해야 한다.
④ 내리막길에서 연료를 절약하기 위하여 기어를 중립에 놓고 내려가도 안전하다.

해설 내리막길 안전운전 및 방어운전의 요령
① 내리막길을 내려가기 전에는 미리 감속하여 천천히 내려가며 엔진 브레이크로 속도를 조절하는 것이 바람직하다.
② 엔진 브레이크를 사용하면 페이드(fade) 현상을 예방하여 운행 안전도를 더욱 높일 수 있다.
③ 도로의 오르막길 경사와 내리막길 경사가 같거나 비슷한 경우라면, 변속기 기어의 단수도 오르막 내리막을 동일하게 사용하는 것이 적절하다.
④ 커브 주행시와 마찬가지로 중간에 불필요하게 속도를 줄인다든지 급제동하는 것은 금물이다.
⑤ 비교적 경사가 가파르지 않은 긴 내리막길을 내려갈 때 시선은 통상 먼 곳을 바라보는 경향이 있기 때문에 가속 페달을 무심코 밟게 되어 자신도 모르게 순간 속도가 높아질 위험이 있으므로 조심해야 한다.

17 다음 중 내리막길에서 기어를 변속할 때의 요령을 설명한 것으로 적합하지 않은 것은?

① 변속시에는 다른 곳에 주의를 빼앗기지 말고 눈은 변속상황의 주시상태를 유지한다.
② 변속할 때 클러치 페달을 밟고 떼는 속도와 변속 레버의 작동은 신속하게 한다.
③ 변속시에는 다른 곳에 주의를 빼앗기지 말고 눈은 교통상황 주시상태를 유지한다.
④ 왼손은 핸들을 조정하며 오른손과 양발은 신속히 움직인다.

해설 내리막길에서 기어 변속요령
① 변속할 때 클러치 페달을 밟고 떼는 속도와 변속 레버의 작동은 신속하게 한다.
② 변속시에는 머리를 숙인다던가 하여 다른 곳에 주의를 빼앗기지 말고 눈은 교통상황 주시 상태를 유지한다.
③ 왼손은 핸들을 조정하며 오른손과 양발은 신속히 움직인다.

18 다음 중 앞지르기의 개념 및 사고의 위험에 대하여 설명한 것으로 틀리는 것은?

① 앞지르기란 뒤차가 앞차의 우측면을 지나 앞차의 앞으로 진행하는 것을 의미한다.
② 앞지르기는 앞차보다 빠른 속도로 가속하여 상당한 거리를 진행해야 하므로 앞지르기할 때의 가속도에 따른 위험이 수반된다.
③ 앞지르기는 필연적으로 진로 변경을 수반한다.
④ 진로 변경은 동일한 차로로 진로 변경 없이 진행하는 경우에 비하여 사고의 위험이 높다.

해설 앞지르기의 개념 및 사고의 위험
① 앞지르기란 뒤차가 앞차의 좌측면을 지나 앞차의 앞으로 진행하는 것을 의미한다.
② 앞지르기는 앞차보다 빠른 속도로 가속하여 상당한 거리를 진행해야 하므로 앞지르기할 때의 가속도에 따른 위험이 수반된다.
③ 앞지르기는 필연적으로 진로 변경을 수반한다.
④ 진로 변경은 동일한 차로로 진로 변경 없이 진행하는 경우에 비하여 사고의 위험이 높다.

정답 12.④ 13.① 14.④ 15.① 16.④ 17.① 18.①

19 다음 중 철길 건널목의 개념과 종류에 대하여 설명한 것으로 적합하지 않은 것은?

① 철길 건널목은 철도와 도로법에서 정한 도로가 평면 교차하는 곳을 의미한다.

② 2종 건널목 : 건널목 교통안전 표지만 설치하는 건널목을 말한다.

③ 1종 건널목은 차단기, 경보기 및 건널목 교통안전 표지를 설치하고 차단기를 주·야간 계속하여 작동시키거나 또는 건널목 안내원이 근무하는 건널목을 말한다.

④ 3종 건널목 : 건널목 교통안전 표지만 설치하는 건널목을 말한다.

> **해설** 철길 건널목의 개념과 종류
> ① 철길 건널목은 철도와 도로법에서 정한 도로가 평면 교차하는 곳을 의미한다.
> ② 1종 건널목 : 차단기, 경보기 및 건널목 교통안전 표지를 설치하고 차단기를 주·야간 계속하여 작동시키거나 또는 건널목 안내원이 근무하는 건널목
> ③ 2종 건널목 : 경보기와 건널목 교통안전 표지만 설치하는 건널목
> ④ 3종 건널목 : 건널목 교통안전 표지만 설치하는 건널목을 말한다.

20 철길 건널목 내에서 차량의 고장시 대처 요령으로 잘못된 것은?

① 현장을 그대로 보존하고 경찰공무원에게 고장 신고를 한 후 기다린다.

② 즉시 동승자를 대피시킨다.

③ 철도 공무원에게 알리고 차를 건널목 밖으로 이동시키도록 조치한다.

④ 시동이 걸리지 않을 때는 기어를 1단 위치에 넣은 후 클러치 페달을 밟지 않은 상태에서 엔진 키를 돌리면 시동 모터의 회전으로 바퀴를 움직여 철길을 빠져 나온다.

> **해설** 철길 건널목 내에서 차량의 고장시 대처 요령
> ① 즉시 동승자를 대피시킨다.
> ② 철도 공무원에게 알리고 차를 건널목 밖으로 이동시키도록 조치한다.
> ③ 시동이 걸리지 않을 때는 당황하지 말고 기어를 1단 위치에 넣은 후 클러치 페달을 밟지 않은 상태에서 엔진 키를 돌리면 시동 모터의 회전으로 바퀴를 움직여 철길을 빠져 나와야 한다.

21 운행전 차량에 고정된 탱크 및 부속품 등의 점검사항이 아닌 것은?

① 탱크 본체가 차량에 부착되어 있는 부분에 이완이나 어긋남이 없을 것

② 밸브 등의 개폐 상태를 표시하는 표지가 정확히 부착되어 있을 것

③ 본체 이음매, 조작부 및 배관 등에 가스 누설 부분이 없을 것

④ 충전호스의 접속구의 캡은 분실하여도 상관없다.

> **해설** 운행전 차량에 고정된 탱크의 점검
> ① 탱크 본체가 차량에 부착되어 있는 부분에 이완이나 어긋남이 없을 것
> ② 밸브류가 확실히 폐지되어 있을 것, 또한 밸브 등의 개폐상태를 표시하는 표지가 정확히 부착되어 있을 것
> ③ 밸브류, 액면계, 압력계 등이 정상적으로 작동하고 그 본체 이음매, 조작부 및 배관 등에 가스누설 부분이 없을 것
> ④ 충전 호스의 접속구에 캡이 부착되어 있을 것
> ⑤ 접지 탭, 접지클립, 접지코드 등의 정비가 양호할 것

22 차량에 고정된 탱크를 운반할 경우에는 다음 사항에 주의를 하여야 한다. 설명이 바르지 못한 것은?

① 적재할 가스의 특성, 차량의 구조 및 부속품의 종류와 성능, 정비 점검의 요령, 운행 및 주차시의 안전 조치와 재해 발생 시에 취해야 할 조치를 잘 알아둘 것.

② 운행 시에는 도로교통법을 준수하고, 운행 경로는 이동통로 표에 따라서 번화가 또는 사람이 많은 곳을 피하여 운행할 것.

③ 화기에 주의하고 운행 중은 물론 정차 시에도 허용된 장소 이외에서는 절대로 담배를 피우거나 그 밖의 화기를 사용하지 않을 것.

④ 차를 수리할 때는 밀폐된 장소에서 실시하여 안전을 기할 것.

> **해설** 차량에 고정된 탱크를 운반 시 주의사항
> ① 적재할 가스의 특성, 차량의 구조 및 부속품의 종류와 성능, 정비점검의 요령, 운행 및 주차시의 안전조치와 재해 발생 시에 취해야 할 조치를 잘 알아둘 것
> ② 운행 시에는 도로교통법을 준수하고, 운행 경로는 이동통로 표에 따라서 번화가 또는 사람이 많은 곳을 피하여 운행할 것
> ③ 특히, 화기에 주의하고 운행 중은 물론 정차 시에도 허용된 장소 이외에서는 절대로 담배를 피우거나 그 밖의 화기를 사용하지 않을 것
> ④ 차를 수리할 때는 통풍이 양호한 장소에서 실시할 것
> ⑤ 화기를 사용하는 수리는 가스를 완전히 빼고 질소나 불활성 가스 등으로 치환한 후 작업을 하여야 하며, 운행 중의 사고 또는 수리를 할 경우를 고려하여 미리 수리 공장을 지정하여 평소에 고장 등을 고려한 대비책을 세울 것.

23 충전 용기 등을 적재한 차량의 주·정차시 기준에 속하지 않는 것은?

① 충전 용기 등을 적재한 차량의 주·정차 장소의 선정은 지형을 충분히 고려하여 가능한 한 평탄하고 교통량이 적은 안전한 장소를 택할 것

② 시장 등 차량의 통행이 현저히 곤란한 장소 등에 주·정차시킬 것

③ 충전 용기 등을 적재한 차량은 제1종 보호시설에서 15m 이상 떨어지고, 주위의 교통 상황, 주위의 화기 등이 없는 안전한 장소에 주·정차할 것

④ 차량의 고장 등으로 인하여 정차하는 경우는 적색 표지판 등을 설치하여 다른 차와의 충돌을 피하기 위한 조치를 할 것

정답 19.② 20.① 21.④   22.④ 23.②

74

운송서비스에 관한 사항

1. 직업 운전자의 기본자세
2. 물류의 이해
3. 화물운송서비스의 이해
4. 화물운송서비스와 문제점

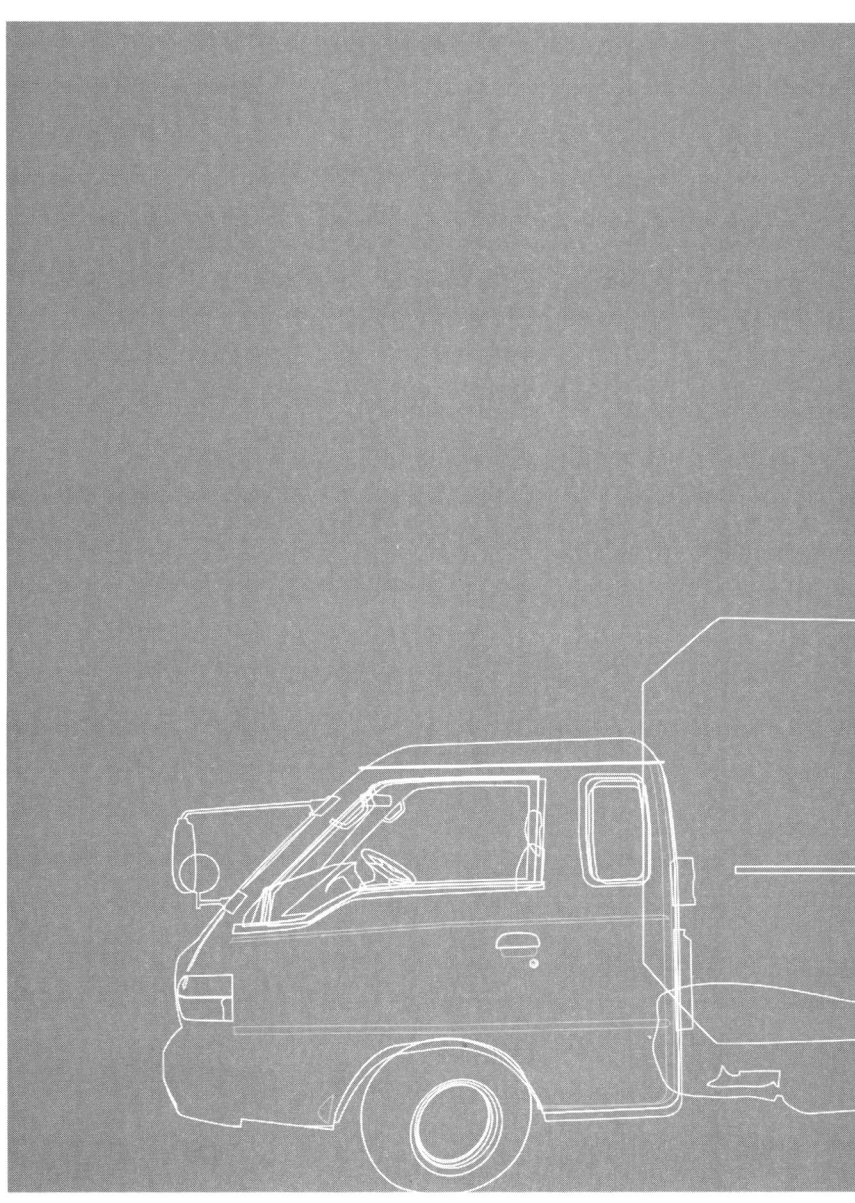

CHAPTER 01 운송서비스에 관한 사항

1. 직업 운전자의 기본자세   2. 물류의 이해   3. 화물운송서비스의 이해   4. 화물운송서비스와 문제점

01 직업 운전자의 기본자세

1 기본예절

① 상대방을 알아준다.
　㉮ 사람을 기억한다는 것은 인간관계의 기본 조건이다.
　㉯ 상대가 누구인지 알아야 어떠한 관계든지 이루어질 수 있다.
　㉰ 기억을 함으로써 관심을 갖게 되어 관계는 더욱 가까워진다.
② 자신의 것만 챙기는 이기주의는 바람직한 인간관계 형성의 저해 요소이다.
③ 약간의 어려움을 감수하는 것은 좋은 인간관계 유지를 위한 투자이다.
④ 예의란 인간관계에서 지켜야 할 도리이다.
⑤ 연장자는 사회의 선배로서 존중하고, 공과 사를 구분하여 예우한다.
⑥ 상스러운 말을 하지 않는다.
⑦ 상대에게 관심을 갖는 것은 상대로 하여금 내게 호감을 갖게 한다.
⑧ 관심을 가짐으로 인간관계는 더욱 성숙된다.
⑨ 상대방의 입장을 이해하고 존중한다.
⑩ 상대방의 여건, 능력, 개인차를 인정하여 배려한다.
⑪ 상대의 결점을 지적할 때에는 진지한 충고와 격려로 한다.
⑫ 상대의 존중은 돈 한 푼 들이지 않고 상대를 접대하는 효과가 있다.
⑬ 모든 인간관계는 성실을 바탕으로 한다.
⑭ 항상 변함없는 진실한 마음으로 상대를 대한다.
⑮ 성실성은 상대에게 신뢰를 주어 관계가 깊어지게 된다.
⑯ 상대방과의 신뢰 관계는 이익을 창출하는 것이 아니라 상대방에게 도움이 되어야 형성된다.

2 고객만족 행동예절

(1) 인사

인사는 서비스의 첫 동작이며, 마지막 동작이다. 인사는 서로 만나거나 헤어질 때 말・태도 등으로 존경, 사랑, 우정을 표현하는 행동 양식이다.
　① 인사의 중요성
　　㉮ 인사는 평범하고도 대단히 쉬운 행위이지만 습관화되지 않으면 실천에 옮기기 어렵다.
　　㉯ 인사는 애사심, 존경심, 우애, 자신의 교양과 인격의 표현이다.
　　㉰ 인사는 서비스의 주요 기법이다.
　　㉱ 인사는 고객과 만나는 첫걸음이다.
　　㉲ 인사는 고객에 대한 마음가짐의 표현이다.
　　㉳ 인사는 고객에 대한 서비스 정신의 표시이다.
　② 인사의 마음가짐
　　㉮ 정성과 감사의 마음으로　㉯ 예절바르고 정중하게
　　㉰ 밝고 상냥한 미소로
　　㉱ 경쾌하고 겸손한 인사말과 함께

(2) 호감 받는 표정 관리

　① 표정의 중요성
　　㉮ 표정은 첫인상을 크게 좌우한다.
　　㉯ 첫인상은 대면 직후 결정되는 경우가 많다.
　　㉰ 첫인상이 좋아야 그 이후의 대면이 호감 있게 이루어질 수 있다.
　　㉱ 밝은 표정은 좋은 인간관계의 기본이다.
　　㉲ 밝은 표정과 미소는 자신을 위하는 것이라 생각한다.
　② 시선
　　㉮ 자연스럽고 부드러운 시선으로 상대를 본다.
　　㉯ 눈동자는 항상 중앙에 위치하도록 한다.
　　㉰ 가급적 고객의 눈높이와 맞춘다.

　　※ 고객이 싫어하는 시선 : 위로 치켜뜨는 눈, 곁눈질, 한곳만 응시하는 눈, 위・아래로 훑어보는 눈

　③ 좋은 표정 체크사항(check-point)
　　㉮ 밝고 상쾌한 표정인가?　㉯ 얼굴 전체가 웃는 표정인가?
　　㉰ 돌아서며 표정이 굳어지지 않는가?
　　㉱ 입은 가볍게 다문다.　㉲ 입의 양 꼬리가 올라가게 한다.
　④ 고객 응대 마음가짐 10가지
　　㉮ 사명감을 가진다.　㉯ 고객의 입장에서 생각한다.
　　㉰ 원만하게 대한다.　㉱ 항상 긍정적으로 생각한다.
　　㉲ 고객이 호감을 갖도록 한다.
　　㉳ 공사를 구분하고 공평하게 대한다.
　　㉴ 투철한 서비스 정신을 가진다.
　　㉵ 예의를 지켜 겸손하게 대한다.
　　㉶ 자신감을 갖는다.
　　㉷ 부단히 반성하고 개선한다.

(3) 언어예절(대화 시 유의사항)

① 불평불만을 함부로 떠들지 않는다.
② 독선적, 독단적, 경솔한 언행을 삼간다.
③ 욕설, 독설, 험담을 삼간다.
④ 매사 침묵으로 일관하지 않는다.
⑤ 남을 중상 모략하는 언동을 하지 않는다.
⑥ 불가피한 경우를 제외하고 논쟁을 피한다.
⑦ 쉽게 흥분하거나 감정에 치우치지 않는다.
⑧ 농담은 조심스럽게 한다(부하직원이라 할지라도).
⑨ 매사 함부로 단정하지 않고 말한다.
⑩ 일부분을 보고 전체를 속단하여 말하지 않는다.
⑪ 도전적 언사는 가급적 자제한다(하급자는 상급자에게 예의 바른 행동).
⑫ 상대방의 약점을 지적하는 것을 피한다.
⑬ 남이 이야기하는 도중에 분별없이 차단하지 않는다.

⑭ 엉뚱한 곳을 보고 말을 듣고 말하는 버릇은 고친다(이야기에 관심이 없거나 자기를 무시하는 것으로 간주).

(4) 운전예절

① **교통질서**
  ㉮ 교통질서의 중요성 인식   ㉯ 질서 의식의 함양

② **운전자의 사명과 자세**
  ㉮ 운전자의 사명
   • 남의 생명도 내 생명처럼 존중
   • 운전자는 '공인'이라는 자각이 필요
  ㉯ 운전자가 가져야 할 기본적 자세
   • 교통법규의 이해와 준수
   • 여유 있고 양보하는 마음으로 운전
   • 주의력 집중   • 심신 상태의 안정
   • 추측 운전의 삼가   • 운전기술의 과신은 금물
   • 저공해 등 환경보호, 소음공해 최소화 등

③ **올바른 운전예절**
  ㉮ 예절바른 운전습관
   • 명랑한 교통질서 유지   • 교통사고의 예방
   • 교통문화를 정착시키는 선두주자
  ㉯ 지켜야 할 운전예절
   • **과신은 금물**: 안전운전은 자신의 운전기술을 과신하지 않고 교통법규의 준수와 예절바른 운전이 이행될 때 비로소 가능하다.
   • **횡단보도에서의 예절**: 보행자가 먼저 통행하도록 하고 보행자 보호를 위해 횡단보도 내에 자동차가 들어가지 않도록 정지선을 반드시 지킨다.
   • **전조등 사용법**: 교차로나 좁은 길에서 마주 오는 자동차가 있을 경우 양보해 주고 전조등은 끄거나 하향으로 하여 상대방 운전자의 눈이 부시지 않도록 한다.
   • **고장 차량의 유도**: 도로상에서 고장 차량을 발견하였을 경우 즉시 서로 도와 도로의 가장자리 등 안전한 장소로 유도하거나 안전조치를 한다.
   • **올바른 방향전환 및 차로 변경**: 방향지시등을 켜고 차선변경 등을 할 경우에는 눈인사를 하면서 양보해 주는 여유를 가지며, 도움이나 양보를 받았을 때 정중하게 손을 들어 답례한다.
   • **여유 있는 교차로 통과 등**: 교차로에 교통량이 많거나 교통정체가 있을 경우 자동차의 흐름에 따라 여유를 가지고 서행하며 안전하게 통과한다.

(5) 용모, 복장

① **기본원칙**
  ㉮ 깨끗하게   ㉯ 단정하게
  ㉰ 품위 있게   ㉱ 규정에 맞게
  ㉲ 통일감 있게   ㉳ 계절에 맞게
  ㉴ 편한 신발을 신되 샌들이나 슬리퍼는 삼간다.

② **단정한 용모·복장의 중요성**
  ㉮ 첫인상   ㉯ 고객과의 신뢰 형성
  ㉰ 활기찬 직장 분위기 조성 ㉱ 일의 성과
  ㉲ 기분전환 등

(6) 운전자의 기본적 주의사항

① **운행 전 준비**
  ㉮ 용모 및 복장 확인(단정하게)
  ㉯ 항상 친절하여야 하며, 고객 및 화주에게 불쾌한 언행금지
  ㉰ 화물의 외부덮개 및 결박 상태를 철저히 확인한 후 운행
  ㉱ 차량 세차 및 운전석 내부를 항상 청결하게 유지
  ㉲ 일상점검을 철저히 하고 이상 발견 시는 정비관리자에게 즉시 보고하여 조치 받은 후 운행
  ㉳ 배차 및 지시, 전달 사항을 확인하고 적재물의 특성을 확인하여 특별한 안전조치가 요구되는 화물에 대하여는 사전 안전장비 장치 및 휴대 후 운행

② **운행상 주의**
  ㉮ 주·정차 후 운행을 개시하고자 할 때에는 자동차 주변의 노상취객 등을 확인 후 안전하게 운행.
  ㉯ 내리막길에서는 풋 브레이크 장시간 사용을 삼가하고, 엔진 브레이크 등을 적절히 사용하여 안전운행
  ㉰ 보행자, 이륜자동차, 자전거 등과 교행, 병진, 추월 운행시 서행하며 안전거리를 유지하면서 저속으로 운행
  ㉱ 후진 시에는 유도 요원을 배치, 신호에 따라 안전하게 후진
  ㉲ 노면의 적설, 빙판 시 즉시 체인을 장착한 후 안전운행
  ㉳ 후속 차량이 추월하고자 할 때에는 감속 등으로 양보운전

③ **교통사고 발생시 조치**
  ㉮ 교통사고가 발생한 경우 현장에서의 인명구호 및 관할경찰서에 신고 등의 의무를 성실히 수행
  ㉯ 어떠한 사고라도 임의 처리는 불가하며 사고발생 경위를 육하원칙에 의거 거짓 없이 정확하게 회사에 즉시 보고
  ㉰ 사고로 인한 행정, 형사처분(처벌) 접수 시 임의처리 불가하며 회사의 지시에 따라 처리
  ㉱ 형사 합의 등과 같이 운전자 개인의 자격으로 합의 보상 이외 회사의 어떠한 경우라도 회사손실과 직결되는 보상업무는 일반적으로 수행 불가
  ㉲ 회사소속 자동차 사고를 유·무선으로 통보 받거나 발견 즉시 최인근 점소에 기착 또는 유·무선으로 육하원칙에 의거 즉시 보고

④ **신상변동 등의 보고**
  ㉮ 결근, 지각, 조퇴가 필요하거나 운전면허증 기재사항 변경, 질병 등 신상 변동 시 회사에 즉시보고
  ㉯ 운전면허 일시정지, 취소 등의 면허행정 처분 시 즉시 회사에 보고하여야 하며 어떠한 경우라도 운전금지

02 물류의 이해

1 물류의 기초 개념

(1) 물류의 개념

물류(物流, 로지스틱스 ; Logistics)란 공급자로부터 생산자, 유통업자를 거쳐 최종 소비자로 이르는 재화의 흐름을 의미한다. 물류관리란 이러한 재화의 효율적인 "흐름"을 계획, 실행, 통제할 목적으로 행해지는 제반 활동을 의미한다. 최근 물류는 단순히 장소적 이동을 의미하는 운송(physical distribution)의 개념에서 발전하여 자재조달이나 폐기, 회수 등까지 총괄하는 경향이다.

(2) 물류의 역할

① **국민경제적 관점** : 기업의 유통효율 향상으로 물류비를 절감하여 소비자물가와 도매물가의 상승을 억제하고 정시 배

송의 실현을 통한 수요자 서비스 향상에 이바지하며, 자재와 자원의 낭비를 방지하여 자원의 효율적인 이용에 기여하고, 사회간접자본의 증강과 각종 설비투자의 필요성을 증대시켜 국민경제개발을 위한 투자기회를 부여한다.

② **사회경제적 관점** : 생산, 소비, 금융, 정보 등 우리 인간이 주체가 되어 수행하는 경제활동의 일부분으로 운송, 통신, 상업 활동을 주체로 하며 이들을 지원하는 제반활동을 포함한다.

③ **개별 기업적 관점** : 최소의 비용으로 소비자를 만족시켜서 서비스 질의 향상을 촉진시켜 매출신장을 도모 그리고 고객 욕구만족을 위한 물류서비스가 판매경쟁에 있어 중요하며, 제품의 제조, 판매를 위한 원재료의 구입과 판매와 관련된 업무를 총괄 관리하는 시스템 운영이다.

(3) 물류의 기능

① 운송기능　　　② 포장기능
③ 보관기능　　　④ 하역기능
⑤ 정보기능　　　⑥ 유통가공기능

(4) 물류관리의 의의

① **기업외적 물류관리** : 고도의 물류서비스를 소비자에게 제공하여 기업경영의 경쟁력을 강화

② 물류의 신속, 안전, 정확, 정시, 편리, 경제성을 고려한 고객 지향적인 물류서비스를 제공

③ **기업 내적 물류관리** : 물류관리의 효율화를 통한 물류비 절감

④ 기업경영에 있어 대 고객서비스 제고와 물류비 절감을 동시에 달성하기 위한 물류전략을 구사하기 위해서는 종합물류관리체제로서 고객이 원하는 적절한 품질의 상품 적량을, 적시에, 적절한 장소에, 좋은 인상과 적절한 가격으로 공급해 주어야 함.

2 제3자 물류

(1) 제3자 물류의 이해

① 제3자 물류업은 화주기업이 고객서비스 향상, 물류비 절감 등 물류 활동을 효율화할 수 있도록 공급망(Supply Chain) 상의 기능 전체 혹은 일부를 대행하는 업종으로 정의되고 있다.

② 화주기업이 직접 물류 활동을 처리하는 자가 물류를 제1자 물류, 물류 자회사에 의해 처리하는 경우를 제2자 물류. 그리고 이들 물류와 구분하는 차원에서 화주기업이 자기의 모든 물류 활동을 외부에 위탁하는 경우(단순 물류 아웃소싱 포함)를 제3자 물류로 칭한다.

> ※ 제3자 물류의 발전과정은 자사 물류(1자) →물류 자회사(2자) →제3자 물류라는 단순한 절차로 발전하는 경우가 많으나 실제 이행과정은 이보다 복잡한 구조를 보인다.
> ㉮ 서비스의 깊이 측면에서 볼 때 물류 활동의 운영 및 실행 → 관리 및 통제 → 계획 및 전략으로 발전하는 과정을 거치고
> ㉯ 서비스의 폭 측면에서는 기능별 서비스 → 기능 간 연계 및 통합서비스의 발전 과정을 거치는 것이 보편적이며 이를 위해서는 공급망 관리기법이 필수적이다.

> ※ 국내의 제3자 물류 수준은 물류 아웃소싱 단계에 있으며, 물류 아웃소싱과 제3자 물류의 차이점은 물류 아웃소싱은 화주로부터 일부 개별서비스를 발주 받아 운송서비스를 제공하는데 반해 제3자 물류는 1년의 장기계약을 통해 회사전체의 통합 물류서비스를 제공한다.

〈 물류 아웃소싱과 제3자 물류의 비교 〉

구분	물류 아웃소싱	제 3자 물류
화주와의 관계	거래기반, 수발주관계	계약기반, 전략적 제휴
관계 내용	일시 또는 수시	장기(1년 이상), 협력
서비스 범위	기능별 개별 서비스	통합 물류서비스
정보공유여부	불필요	반드시 필요
도입결정권한	중간 관리자	최고 경영층
도입 방법	수의 계약	경쟁 계약

(2) 제3자 물류의 도입이유

① 자가 물류 활동에 의한 물류 효율화의 한계
② 물류 자회사에 의한 물류 효율화의 한계
③ 제3자 물류, 물류산업 고도화를 위한 돌파구
④ 세계적인 조류로서 제3자 물류의 비중 확대

3 제4자 물류

(1) 제4자 물류의 개념

① 제4자 물류(4PL, Fourth-Party Logistics)는 앤더슨컨설팅사에서 처음 사용한 용어로서 이외에도 LLP(Lead Logistics Provider)로도 사용되고 있다. 제4자 물류의 개념은 다양한 조직들의 효과적인 연결을 목적으로 하는 통합체(single contact point)로서 공급망의 모든 활동과 계획 관리를 전담하는 것이다.

② 본질적으로 제4자 물류 공급자는 광범위한 공급망의 조직을 관리하고 기술, 능력, 정보기술, 자료 등을 관리하는 공급망 통합자이다.

③ 제4자 물류란 제3자 물류의 기능에 컨설팅 업무를 추가 수행하는 것으로 제4자 물류의 개념은 '컨설팅 기능까지 수행할 수 있는 제3자 물류'로 정의 내릴 수도 있다.

④ 제4자 물류(4PL)의 핵심은 고객에게 제공되는 서비스를 극대화하는 것('Best of Breed')이다. 제4자 물류(4PL)의 발전은 제3자 물류(3PL)의 능력, 전문적인 서비스제공, 비즈니스 프로세스관리, 고객에게 서비스기능의 통합과 운영의 자율성을 배가시키고 있다.

> ※ 제4자 물류(4PL)의 두 가지 중요한 특징
> ㉮ 제4자 물류(4PL)의 범위가 넓은 공급망의 역할을 담당
> ㉯ 전체적인 공급망에 영향을 주는 능력을 통하여 가치를 증식

(2) 공급망 관리(SCM)에 있어서의 제4자 물류(4PL)의 4단계

① 1단계: 재창조(Reinvention)　② 2단계: 전환(Transformation)
③ 3단계: 이행(Implementation)④ 4단계: 실행(Execution)

4 물류 시스템의 이해

(1) 물류 시스템의 구성

① 운송

㉮ 물품을 장소·공간적으로 이동시키는 것을 말한다.

㉯ 운송 관련 용어의 의미
- 교통 : 현상적인 시각에서의 재화의 이동
- 운송 : 서비스 공급측면에서의 재화의 이동
- 운수 : 행정상 또는 법률상의 운송
- 운반 : 한정된 공간과 범위 내에서의 재화의 이동
- 배송 : 상거래가 성립된 후 상품을 고객이 지정하는 수하인에게 발송 및 배달하는 것으로 물류센터에서 각 점포나 소매점에 상품을 납입하기 위한 수송을 말한다.
- 통운 : 소화물 운송
- 간선수송 : 제조공장과 물류 거점(물류센터 등) 간의 장거

리 수송으로 컨테이너 또는 파렛트(pallet)를 이용, 유닛화(unitization)되어 일정 단위로 취합되어 수송된다.

㈐ 화물 자동차 운송의 특징
- 원활한 기동성과 신속한 수·배송
- 신속하고 정확한 문전 운송
- 다양한 고객요구 수용
- 운송단위가 소량
- 에너지 다소비형의 운송기관 등

② **보관** : 물품을 저장·관리하는 것을 의미하고 시간·가격 조정에 관한 기능을 수행한다. 수요와 공급의 시간적 간격을 조정함으로써 경제활동의 안정과 촉진을 도모한다.

③ **유통가공** : 보관을 위한 가공 및 동일 기능의 형태 전환을 위한 가공 등 유통단계에서 상품에 가공이 더해지는 것을 의미한다.

④ **포장** : 물품의 운송, 보관 등에 있어서 물품의 가치와 상태를 보호하는 것을 말한다. 기능 면에서 품질유지를 위한 포장을 의미하는 공업포장과 소비자의 손에 넘기기 위하여 행해지는 포장으로서 상품가치를 높여, 정보전달을 포함하여 판매촉진의 기능을 목적으로 한 포장을 의미하는 상업포장으로 구분한다.

⑤ **하역** : 운송, 보관, 포장의 전후에 부수하는 물품의 취급으로 교통기관과 물류 시설에 걸쳐 행해진다. 적입, 적출, 분류, 피킹(picking) 등의 작업이 여기에 해당한다. 하역합리화의 대표적인 수단으로는 컨테이너화(containerization)와 파렛트화(palletization)가 있다.

03 화물운송서비스의 이해

1 신물류서비스기법의 이해

(1) 공급망 관리(SCM ; Supply Chain Management)

① 공급망 관리의 개념

공급망 관리란 최종고객의 욕구를 충족시키기 위하여 원료공급자로부터 최종 소비자에 이르기까지 공급망 내의 각 기업 간에 긴밀한 협력을 통해 공급망인 전체의 물자의 흐름을 원활하게 하는 공동 전략을 말한다.

② 물류→로지스틱스(Logistics)→공급망 관리(SCM)로의 발전

구분	물류	Logistics	SCM
시기	1970~1985년	1986~1997년	1998년
목적	물류부문 내 효율화	기업내 물류 효율화	공급망 전체 효율화
대상	수송, 보관, 하역, 포장	생산, 물류, 판매	공급자, 메이커, 도소매, 고객
수단	물류부문 내 시스템 기계화, 자동화	기업 내 정보시스템 POS, VAN, EDI	기업 간 정보시스템 파트너관계, ERP, SCM
주제	효율화 (전문화, 분업화)	물류코스트 + 서비스대행 다품종수량, JIT, MRP	ECR, ERP, 3PL, APS 재고소멸
표방	무인 도전	토탈물류	종합물류

주) APS(Advanced Planing Scheduling) : 고급계획수립시스템

(2) 전사적 품질관리(TQC ; Total Quality Control)

기업경영에 있어서 전사적 품질관리(TQC)란 제품이나 서비스를 만드는 모든 작업자가 품질에 대한 책임을 나누어 갖는다는 개념이다. 즉 불량품을 원천에서 찾아내고 바로잡기 위한 방안이며, 작업자가 품질에 문제가 있는 것을 발견하면 생산라인 전체를 중단시킬 수도 있다.

그러므로 물류의 전사적 품질관리(TQC)는 물류활동에 관련되는 모든 사람들이 물류서비스 품질에 대하여 책임을 나누어 가지고 문제점을 개선하는 것이며, 물류서비스 품질관리 담당자 모두가 물류서비스 품질의 실천자가 된다는 내용이다.

(3) 효율적 고객 대응(ECR ; Efficient Consumer Response)

효율적 고객 대응(ECR) 전략이란 소비자 만족에 초점을 둔 공급망 관리의 효율성을 극대화하기 위한 모델로서, 제품의 생산단계에서부터 도매·소매에 이르기까지 전 과정을 하나의 프로세스로 보아 관련기업들의 긴밀한 협력을 통해 전체로서의 효율 극대화를 추구하는 효율적 고객 대응 기법이다.

(4) 주파수 공동통신(TRS ; trunked radio system)

① 주파수 공동통신(TRS)의 개념

주파수 공동통신(TRS ; Trunked Radio System)이란 중계국에 할당된 여러 개의 채널을 공동으로 사용하는 무전기시스템으로서 이동 자동차나 선박 등 운송수단에 탑재하여 이동간의 정보를 리얼타임(real-time)으로 송수신할 수 있는 통신서비스로서 현재 꿈의 로지스틱스의 실현이라고 부를 정도로 혁신적인 화물추적통신망시스템으로서 주로 물류관리에 많이 이용된다. 주파수 공동통신(TRS)에서는 여러 가지 서비스를 행할 수 있는데, 대표적인 서비스를 들면 음성통화(voice dispatch), 공중망접속통화(PSTN I/L), TRS데이터통신(TRS data communication), 첨단 차량군 관리(advanced fleet management) 등이다.

② 주파수 공동통신(TRS)의 도입 효과

㉮ 업무분야별 효과
- **자동차 운행 측면** : 사전 배차계획 수립과 배차계획 수정이 가능해지며, 자동차의 위치추적기능의 활용으로 도착시간의 정확한 추정이 가능해진다.
- **집배송 측면** : 종전에 배차 후 화주의 기착지 변경이나 취소에 따른 신속 대응이 어렵고 신용카드 조회도 어려웠다.
이에 대해 음성 혹은 데이터통신을 통한 메시지 전달로 수작업과 수·배송 지연사유 등 원인분석이 곤란했던 점을 체크아웃 포인트의 설치나 화물추적기능 활용으로 지연사유 분석이 가능해져 표준운행시간 작성에 도움을 줄 수 있다.
- **자동차 및 운전자관리 측면** : 그 동안 수송 중 고장이나 운전자의 태만 등에 신속대응이 곤란했으나 TRS를 통해 고장 자동차에 대응한 자동차 재배치나 지연사유 분석이 가능해진다.
이외에도 데이터통신에 의한 실시간 처리가 가능해져 관리업무가 축소되며, 대고객에 대한 정확한 도착시간 통보로 JIT(卽納)가 가능해지고 분실화물의 추적과 책임자 파악이 용이하게 된다.

㉯ **기능별 효과** : 자동차의 운행정보 입수와 본부에서 자동차로 정보전달이 용이해지고 자동차에서 접수한 정보의 실시간 처리가 가능해지며, 화주의 수요에 신속히 대응할 수 있다는 점이며 또한 화주의 화물 추적이 용이해진다.

(5) 범 지구 측위 시스템(GPS ; Global Positioning System)

① GPS 통신망의 개념 : 범 지구 측위 시스템(GPS)이란 관성항법(慣性航法)과 더불어 어두운 밤에도 목적지에 유도하는 측위(測衛)통신망으로서 그 유도기술의 핵심이 되는 것은 인공위성을 이용한 범 지구 측위 시스템(GPS)이며 주로 차량위치추적을 통한 물류관리에 이용되는 통신망이다.

② **GPS의 도입 효과** : GPS를 도입하면 각종 자연재해로부터 사전대비를 통해 재해를 회피할 수 있고, 토지조성공사에도 작업자가 건설용지를 돌면서 지반 침하와 침하량을 측정하여 리얼타임으로 신속하게 대응할 수 있다. 또한 대도시의 교통 혼잡시에 자동차에서 행선지 지도와 도로 사정을 파악할 수 있으며, 공중에서 온천탐사도 할 수 있다. 그러나 무엇보다 밤낮으로 운행하는 운송차량추적시스템을 GPS로 완벽하게 관리 및 통제할 수 있다는 점이다.

04 화물운송서비스와 문제점

1 택배 운송 서비스

(1) 고객의 불만 사항

① 약속 시간을 지키지 않는다(특히 집하요청시).
② 전화도 없이 불쑥 나타난다.
③ 임의로 다른 사람에게 맡기고 간다.
④ 너무 바빠서 질문을 해도 도망치듯 가 버린다.
⑤ 불친절하다.
　㉮ 인사를 잘 하지 않는다.　㉯ 용모가 단정치 못하다.
　㉰ 빨리 사인(배달확인)이나 해달라고 윽박지르듯 한다.
⑥ 사람이 있는데도 경비실에 맡기고 간다.
⑦ 화물을 함부로 다룬다.
　㉮ 담장 안으로 던져놓는다.
　㉯ 화물을 발로 밟고 작업한다.
　㉰ 화물을 발로 차면서 들어온다.
　㉱ 적재상태가 뒤죽박죽이다.
　㉲ 화물이 파손되어 배달된다.
⑧ 화물을 무단으로 방치해 놓고 간다.
⑨ 전화로 불러낸다.
⑩ 길거리에서 화물을 건네준다.
⑪ 배달이 지연된다.
⑫ 기타
　㉮ 잔돈이 준비되어 있지 않다.
　㉯ 포장이 되지 않았다고 그냥 간다.
　㉰ 운송장을 고객에게 작성하라고 한다.
　㉱ 전화 응대가 불친절하다(통화중, 여러 사람 연결)
　㉲ 사고배상 지연 등

(2) 고객요구 사항

① 할인 요구　　　　② 포장불비로 화물 포장 요구
③ 착불 요구(확실한 배달을 위해)
④ 냉동화물 우선 배달　⑤ 판매용 화물 오전 배달
⑥ 규격 초과 화물, 박스화 되지 않은 화물 인수 요구

　※ 고객들은 화물의 성질, 포장상태에 따라 각각 다른 형태의 취급 절차와 방법을 사용하는 것으로 생각

(3) 택배종사자의 서비스 자세

① 애로 사항이 있더라도 극복하고 고객만족을 위하여 최선을 다한다.
　㉮ 송하인, 수하인, 화물의 종류, 집하시간, 배달시간 등이 모두 달라 서비스의 표준화가 어렵다(그럼에도 불구하고 수

많은 고객을 만족시켜야 한다).
　㉯ 특히 개인고객의 경우 어려움이 많다(고객 부재, 지나치게 까다로운 고객, 주소불명, 산간오지 · 고지대 등).
② 진정한 택배종사자로서 대접받을 수 있도록 행동한다. 단정한 용모, 반듯한 언행, 대고객 약속 준수 등
③ 상품을 판매하고 있다고 생각한다.
　㉮ 많은 화물이 통신판매나 기타 판매된 상품을 배달하는 경우가 많다.
　㉯ 배달이 불량하면 판매에 영향을 준다.
　㉰ 내가 판매한 상품을 배달하고 있다고 생각하면서 배달

2 운송서비스의 사업용 · 자가용 특징 비교

(1) 트럭 수송의 장단점

① **장점**: 문전에서 문전으로 배송 서비스를 탄력적으로 행할 수 있고 중간 하역이 불필요하며, 포장의 간소화 · 간략화가 가능할 뿐만 아니라 다른 수송기관과 연동하지 않고서도 일관된 서비스를 할 수가 있어 싣고 부리는 횟수가 적어도 된다는 점 등이다.
② **단점**: 수송 단위가 작고 연료비나 인건비(장거리의 경우) 등 수송 단가가 높다는 점 등이다. 또한 진동, 소음 또는 광화학 스모그 등의 공해 문제, 유류의 다량 소비에서 오는 자원 및 에너지절약 문제 등 편익성의 이면에는 해결해야 할 문제도 많이 남겨져 있다.
③ **기타**: 택배운송의 전국 네트워크화의 확립 등에 의해 트럭 수송 분담률은 가일층 커지고, 상대적으로 트럭 의존도가 높아지고 있는 것은 부인할 수 없는 사실이다. 이런 의미에서 도로망의 정비 · 유지, 트럭 터미널, 정보를 비롯한 트럭 수송 관계의 공공투자를 계속적으로 수행하고, 전국 트레일러 네트워크의 확립을 축으로, 수송기관 상호의 인터페이스의 원활화를 급속히 실현하여야 할 것이다.

(2) 사업용(영업용) 트럭운송의 장단점

장 점	단 점
㉮ 수송비가 저렴하다.	㉮ 운임의 안정화가 곤란하다.
㉯ 물동량의 변동에 대응한 안정 수송이 가능하다.	㉯ 관리 기능이 저해된다.
㉰ 수송 능력이 높다.	㉰ 기동성이 부족하다.
㉱ 융통성이 높다.	㉱ 시스템의 일관성이 없다.
㉲ 설비 투자가 필요 없다.	㉲ 인터페이스가 약하다.
㉳ 인적 투자가 필요 없다.	㉳ 마케팅 사고가 희박하다.
㉴ 변동비 처리가 가능하다.	

(3) 자가용 트럭운송의 장단점

장 점	단 점
㉮ 높은 신뢰성이 확보된다.	㉮ 수송량의 변동에 대응하기가 어렵다.
㉯ 상거래에 기여한다.	
㉰ 작업의 기동성이 높다.	㉯ 비용의 고정비화
㉱ 안정적 공급이 가능하다.	㉰ 설비투자가 필요하다.
㉲ 시스템의 일관성이 유지된다.	㉱ 인적투자가 필요하다.
㉳ 리스크가 낮다(위험 부담도가 낮다)	㉲ 수송 능력에 한계가 있다.
㉴ 인적 교육이 가능하다.	㉳ 사용하는 차종, 차령에 한계가 있다.

3 국내 화주기업 물류의 문제점

① 각 업체의 독자적 물류 기능 보유(합리화 장애)
② 제3자 물류(3P/L) 기능의 약화(제안적 · 변형적 형태)
③ 시설간 · 업체간 표준화 미약
④ 제조 · 물류업체간 협조성 미비
⑤ 물류 전문업체의 물류 인프라 활용도 미약

CHAPTER 02 출제예상문제

>>> 운송서비스에 관한 사항

01 직업 운전자의 기본예절 중 틀린 것은?
① 감내할 수 있는 약간의 어려움을 감수하는 것은 좋은 인간관계 유지를 위한 투자이다.
② 상대방의 여건, 능력, 개인차를 인정하지 않는 바탕이 있어야 한다.
③ 상대방에게 관심을 갖는 것은 상대로 하여금 내게 호감을 갖게 한다.
④ 성실성으로 상대는 신뢰를 갖게 되어 관계는 깊어지게 된다.

해설 직업 운전자의 기본예절
① 자신의 것만 챙기는 이기주의는 바람직한 인간관계 형성의 저해 요소이다.
② 감내할 수 있는 약간의 어려움을 감수하는 것은 좋은 인간관계 유지를 위한 투자이다.
③ 예의란 인간관계에서 지켜야 할 도리이다.
④ 연장자는 사회의 선배로서 존중하고, 공・사를 구분하여 예우한다.
⑤ 상대방의 입장을 이해하고 존중하며, 상스러운 말을 하지 않는다.
⑥ 상대에게 관심을 갖는 것은 상대로 하여금 내게 호감을 갖게 한다.
⑦ 관심을 가짐으로 인간관계는 더욱 성숙된다.
⑧ 상대방의 여건, 능력, 개인차를 인정하는 바탕이 있어야 한다.

02 다음 중 고객만족 행동 예절에서 인사에 대하여 설명한 것으로 적합하지 않은 것은?
① 인사는 서비스의 첫 동작이요 마지막 동작이다.
② 존경을 표현하는 행동 양식이다.
③ 충고를 표현하는 행동 양식이다.
④ 우정을 표현하는 행동 양식이다.

해설 행동 예절의 인사
① 인사는 서비스의 첫 동작이요 마지막 동작이다.
② 인사는 서로 만나거나 헤어질 때 말・태도 등으로 존경을 표현하는 행동 양식이다.
③ 인사는 서로 만나거나 헤어질 때 말・태도 등으로 사랑을 표현하는 행동 양식이다.
④ 인사는 서로 만나거나 헤어질 때 말・태도 등으로 우정을 표현하는 행동 양식이다.

03 고객에게 인사할 때의 마음가짐이 아닌 것은?
① 인사는 무표정하게 한다.
② 경쾌하고 겸손한 인사말과 함께 한다.
③ 밝고 상냥한 미소로 한다.
④ 정성과 감사의 마음으로 한다.

해설 인사의 마음가짐
① 정성과 감사의 마음으로 한다. ② 예절 바르고 정중하게 한다.
③ 밝고 상냥한 미소로 한다.
④ 경쾌하고 겸손한 인사말과 함께 한다.

04 인사의 중요성에 대한 설명으로 적합하지 않은 것은?
① 인사는 서비스의 주요기법에 포함되지 않는다.
② 인사는 고객에 대한 마음가짐의 표현이다.
③ 인사는 고객과 만나는 첫 걸음이다.
④ 인사는 애사심, 존경심, 우애, 자신의 교양과 인격의 표현이다.

해설 인사의 중요성
① 인사는 평범하고도 대단히 쉬운 행위이지만 습관화되지 않으면 실천에 옮기기 어렵다.
② 인사는 애사심, 존경심, 우애, 자신의 교양과 인격의 표현이다.
③ 인사는 서비스의 주요 기법이다.
④ 인사는 고객과 만나는 첫걸음이다.
⑤ 인사는 고객에 대한 마음가짐의 표현이다.
⑥ 인사는 고객에 대한 서비스정신의 표시이다.

05 악수에 대한 예절을 설명한 것으로 적합하지 않은 것은?
① 상대방의 눈을 바라보며 웃는 얼굴로 악수한다.
② 손이 더러울 때에는 양해를 구한다.
③ 손은 오른손이나 왼손 중 아무 손이나 상관없다.
④ 상대와 적당한 거리에서 손을 잡는다.

해설 악수에 대한 예절
① 상대와 적당한 거리에서 손을 잡는다.
② 손은 반드시 오른손을 내민다.
③ 손이 더러울 땐 양해를 구한다.
④ 상대의 눈을 바라보며 웃는 얼굴로 악수한다.

06 다음 중 악수에 대한 예절을 설명한 것으로 적합하지 않은 것은?
① 왼손은 자연스럽게 바지 옆선에 붙이거나 오른손 팔꿈치를 받쳐 준다.
② 상대방에 따라 20~35° 정도 굽히는 것도 좋다.
③ 손을 너무 세게 쥐거나 또는 힘없이 잡지 않는다.
④ 계속 손을 잡은 채로 말하지 않는다.

해설 악수에 대한 예절
① 허리는 건방지지 않을 만큼 자연스레 편다(상대방에 따라 10~15° 정도 굽히는 것도 좋다).
② 계속 손을 잡은 채로 말하지 않는다.
③ 손을 너무 세게 쥐거나 또는 힘없이 잡지 않는다.
④ 왼손은 자연스럽게 바지 옆선에 붙이거나 오른손 팔꿈치를 받쳐 준다.

07 호감 받는 표정의 중요성을 설명한 것으로 틀린 것은?
① 첫 인상이 좋아야 그 이후의 대면이 호감 있게 이루어 질 수 있다.
② 표정은 가능한 무표정한 것이 좋다.
③ 표정은 첫인상을 크게 좌우한다.
④ 첫인상은 대면 직후 결정되는 경우가 많다.

해설 표정의 중요성
① 표정은 첫인상을 크게 좌우한다.
② 첫인상은 대면 직후 결정되는 경우가 많다.
③ 첫인상이 좋아야 그 이후의 대면이 호감 있게 이루어질 수 있다.
④ 밝은 표정은 좋은 인간관계의 기본이다.
⑤ 밝은 표정과 미소는 자신을 위하는 것이라 생각한다.

08 다음 중 호감 받는 시선에 대한 설명으로 올바르지 못한 것은?
① 자연스럽고 부드러운 시선으로 상대를 본다.
② 눈동자는 항상 중앙에 위치하도록 한다.
③ 가급적 고객의 눈높이와 맞춘다.
④ 고객을 위・아래로 훑어본다.

정답 01.② 02.③ 03.① 04.① 05.③ 06.② 07.② 08.④

해설 호감 받는 시선
① 자연스럽고 부드러운 시선으로 상대를 본다.
② 눈동자는 항상 중앙에 위치하도록 한다.
③ 가급적 고객의 눈높이와 맞춘다.

09 다음 중 고객을 응대하는 마음가짐이 아닌 것은?
① 고객의 입장에서 생각한다.
② 원만하게 대한다.
③ 항상 부정적으로 생각한다.
④ 고객이 호감을 갖도록 한다.

해설 고객을 응대하는 마음가짐
① 사명감을 가진다. ② 고객의 입장에서 생각한다.
③ 원만하게 대한다. ④ 항상 긍정적으로 생각한다.
⑤ 고객이 호감을 갖도록 한다.

10 다음 중 고객을 응대하는 마음가짐으로서 잘못된 것은?
① 공사를 구분하지 않고 공평하게 대한다.
② 투철한 서비스 정신을 가진다.
③ 예의를 지켜 겸손하게 대한다.
④ 부단히 반성하고 개선하라.

해설 고객을 응대하는 마음가짐
① 공사를 구분하고 공평하게 대한다. ② 투철한 서비스 정신을 가진다.
③ 예의를 지켜 겸손하게 대한다. ④ 자신을 가져라.
⑤ 부단히 반성하고 개선하라.

11 고객과 대화할 때 유의사항으로 적합하지 않은 것은?
① 매사를 함부로 단정하지 않고 말한다.
② 남이 이야기하는 도중에 분별없이 차단하지 않는다.
③ 엉뚱한 곳을 보고 말을 듣고 말하는 버릇은 고친다.
④ 남들 앞에서 상대방의 약점을 지적한다.

해설 언어의 예절
① 불평불만을 함부로 떠들지 않는다.
② 독선적, 독단적, 경솔한 언행을 삼가 한다.
③ 욕설, 독설, 험담을 삼가 한다.
④ 매사 침묵으로 일관하지 않는다.
⑤ 남을 중상모략 하는 언동을 하지 않는다. ⑥ 불가피한 경우를 제외하고 논쟁을 피한다.
⑦ 쉽게 흥분하거나 감정에 치우치지 않는다.
⑧ 농담은 조심스럽게 한다.(부하직원이라 할지라도)
⑨ 매사 함부로 단정하지 않고 말한다.
⑩ 일부분을 보고 전체를 속단하여 말하지 않는다.
⑪ 도전적 언사는 가급적 자제한다.(하급자는 상급자에게 예의바른 행동)
⑫ 상대방의 약점을 지적하는 것을 피한다.
⑬ 남이 이야기하는 도중에 분별없이 차단하지 않는다.
⑭ 엉뚱한 곳을 보고 말을 듣고 말하는 버릇은 고친다.

12 고객과 대화시 유의사항으로 옳지 않은 것은?
① 일부분을 보고 전체를 속단하여 말한다.
② 매사를 함부로 단정하지 않고 말한다.
③ 매사 침묵으로 일관하지 않는다.
④ 불가피함 경우를 제외하고 논쟁을 피한다.

13 다음 중 교통질서 및 운전자의 사명에 대한 설명으로 적합하지 않은 것은?
① 운전자는 '공인'이라는 자각이 필요 없다.
② 교통질서의 중요성을 인식한다.
③ 질서는 반드시 의식적·무의식적으로 지켜질 수 있도록 되어야 한다.
④ 남의 생명도 내 생명처럼 존중한다.

해설 교통질서 및 운전자의 사명
① 교통질서의 중요성 인식 ② 질서 의식을 함양.
③ 남의 생명도 내 생명처럼 존중한다.
④ 운전자는 '공인'이라는 자각이 필요하다.

14 다음 중 운전자가 가져야 할 기본적인 자세가 아닌 것은?
① 교통법규의 이해와 준수하는 것이 중요하다.
② 여유 있고 양보하는 마음으로 운전한다.
③ 주의력을 집중하여 운전한다.
④ 추측 운전을 하여야 한다.

해설 운전자가 가져야 할 기본적인 자세
① 교통법규의 이해와 준수하는 것이 중요하다.
② 여유 있고 양보하는 마음으로 운전한다.
③ 주의력을 집중하여 운전한다.
④ 추측 운전은 삼가야 한다.

15 다음 중 운전자가 가져야 할 기본적인 자세가 아닌 것은?
① 심신 상태가 안정되도록 한다.
② 추측 운전은 삼가야 한다.
③ 운전 기술을 과신하여야 한다.
④ 저공해, 환경보호, 소음공해 최소화 등을 위한 마음으로 운전한다.

해설 운전자가 가져야 할 기본적인 자세
① 심신 상태가 안정되도록 한다. ② 추측 운전은 삼가야 한다.
③ 운전 기술의 과신하지 않아야 한다.
④ 저공해, 환경보호, 소음공해 최소화 등을 위한 마음으로 운전한다.

16 다음 중 운전자가 삼가야 할 운전 행동이 아닌 것은?
① 욕설이나 경쟁심의 운전 행위
② 도로상에서 사고 등으로 차량을 세워 둔 채로 시비, 다툼 등의 행위를 하여 다른 차량의 통행을 방해하는 행위
③ 음악이나 경음기 소리를 크게 하여 다른 운전자를 놀라게 하거나 불안하게 하는 행위
④ 교차로에 정체 현상이 있을 때에는 다 빠져나간 후에 여유를 가지고 서서히 출발하는 행위

해설 운전자가 삼가야 할 운전 행동
① 욕설이나 경쟁심의 운전 행위
② 도로상에서 사고 등으로 차량을 세워 둔 채로 시비, 다툼 등의 행위를 하여 다른 차량의 통행을 방해하는 행위
③ 음악이나 경음기 소리를 크게 하여 다른 운전자를 놀라게 하거나 불안하게 하는 행위
④ 신호등이 바뀌기 전에 빨리 출발하라고 전조등을 켰다 껐다거나 경음기로 재촉하는 행위

17 운전자의 기본적인 주의사항에 포함되지 않는 것은?
① 회사 차 간 불필요한 집단운행 금지
② 자동차 전용도로, 급한 경사 길 등 주·정차 금지
③ 사회적인 물의를 야기하거나 회사의 신뢰를 추락시키지 않는 안전운전 행위 금지
④ 차량은 이동 홍보물로써 청결함이 요구된다.

해설 운전자의 기본적인 주의사항
① 회사 차 간 불필요한 집단운행 금지 다만, 적재물의 특성상 집단운행이 불가피 할 때에는 관리자의 사전 승인을 받아 사고를 예방하기 위한 제반 안전 조치를 취하고 운행
② 자동차 전용도로, 급한 경사 길 등 주·정차 금지
③ 기타 사회적인 물의를 야기하거나 회사의 신뢰를 추락시키는 난폭 운전 등의 운전행위 금지
④ 차량은 이동 홍보물로써 청결함이 요구된다. 차량의 청결은 회사든 개인이든 신뢰도를 제고하고 적재된 물품의 상태까지 신뢰하게 할 수 있는 요인으로 작용한다. 외관 뿐 아니라 운전석 등 내부도 청결하게 하여 쾌적한 운행 환경을 유지한다.

정답 09.③ 10.① 11.④ 12.① 13.① 14.④ 15.③ 16.④ 17.③

18 운전자의 기본적인 주의사항에 포함되지 않는 것은?
① 수입 포탈 목적의 장비운행 금지
② 배차 지시를 받고 운행
③ 정당한 사유 없이 지시된 운행 경로의 임의 변경 운행 금지
④ 승차 지시된 운전자 이외의 타인에게 대리 운전 금지

해설 운전자의 기본적인 주의사항
① 수입 포탈 목적 장비운행 금지
② 배차지시 없이 임의 운행금지
③ 정당한 사유 없이 지시된 운행 경로 임의 변경운행 금지
④ 승차 지시된 운전자 이외의 타인에게 대리운전 금지

19 운전자가 운행 전에 준비 사항이 아닌 것은?
① 항상 친절하여야 하며, 고객 및 화주에게 불쾌한 언행을 금지한다.
② 세차 및 이행, 복포 및 결박상태를 철저히 확인 후 운행한다.
③ 운전석 내부를 항상 청결하게 유지한다.
④ 일상 점검을 철저히 하고 이상 발견 시는 즉시 운전자가 정비를 하도록 한다.

해설 운행 전 준비사항
① 용모 및 복장 확인(단정하게)
② 항상 친절하여야 하며, 고객 및 화주에게 불쾌한 언행금지
③ 세차 및 이행, 복포 및 결박상태를 철저히 확인 운행
④ 운전석 내부를 항상 청결하게 유지
⑤ 일상점검을 철저히 하고 이상 발견 시는 정비관리자에게 즉시 보고하여 조치 받은 후 운행
⑥ 배차사항 및 지시, 전달 사항을 확인하고 적재물의 특성을 확인하여 특별한 안전조치가 요구되는 화물에 대하여는 사전 안전장구 및 장치를 휴대한 후 운행

20 운행 전 일상점검을 하여 이상이 발견된 경우 누구에게 즉시 보고하여야 하는가?
① 정비 관리자
② 정비 책임자
③ 배차계
④ 운수업 사장

해설 일상점검을 철저히 하고 이상이 발견된 경우 정비관리자에게 즉시 보고하여 조치 받은 후 운행하여야 한다.

21 화물자동차를 운행하고 있을 때 주의사항에 포함되지 않는 것은?
① 내리막길에서는 풋 브레이크는 장시간 사용을 삼가고, 엔진 브레이크 등을 적절히 사용하여 안전 운행을 한다.
② 보행자, 이륜차, 자전거 등과 교행, 병진, 추월 운행 시 서행하며, 안전거리를 유지하고 주의 의무를 강화하여 운행한다.
③ 후속 차량이 추월하고자 할 때에는 가속하여 추월하지 못하도록 방해한다.
④ 후진 시에는 유도요 원을 배치, 신호에 따라 안전하게 후진한다.

해설 운행상 주의사항
① 내리막길에서는 풋 브레이크는 장시간 사용을 삼가고, 엔진 브레이크 등을 적절히 사용하여 안전 운행
② 보행자, 이륜차, 자전차 등과 교행, 병진, 추월 운행 시 서행하며, 안전거리를 유지하고 주의 의무를 강화하여 운행
③ 후진 시에는 유도요원을 배치, 신호에 따라 안전하게 후진
④ 후속차량이 추월하고자 할 때에는 감속 등으로 양보운전

22 운전자가 운행 전에 확인하여야 하는 사항이 아닌 것은?
① 전달사항 확인
② 배차사항 및 지시사항 확인
③ 적재물의 탁송인 확인
④ 적재물의 특성 확인

해설 운전자는 운행하기 전에 배차사항 및 지시, 전달사항을 확인하고 적재물의 특성을 확인하여 특별한 안전조치가 요구되는 화물에 대하여는 사전 안전장비 장치 및 휴대한 후 운행하여야 한다.

23 화물유통촉진법에서 재화가 공급자로부터 수요자에게 전달될 때까지 이루어지는 운송·보관·하역·포장과 이에 필요한 정보통신 등의 경제활동이라고 정의한 것을 무엇이라 하는가?
① 유통
② 물류
③ 고객 서비스
④ 소비자

해설 우리나라의 물류 기본법이라 할 수 있는 화물유통촉진법에서는 "물류라 함은 재화가 공급자로부터 수요자에게 전달될 때까지 이루어지는 운송·보관·하역·포장과 이에 필요한 정보통신 등의 경제활동을 말한다."라고 정의하고 있다.

24 화물자동차를 운행하던 중 교통사고가 발생된 경우 조치사항이 아닌 것은?
① 교통사고를 발생시켰을 때에는 현장에서의 인명구호, 관할 경찰서에 신고 등의 의무를 성실히 수행한다.
② 피해자와 빨리 합의부터 보도록 한다.
③ 사고로 인한 행정, 형사처분(처벌) 접수 시 임의 처리는 불가하며 회사의 지시에 따라 처리한다.
④ 회사 소속 차량 사고를 유·무선으로 통보 받거나 발견 즉시 최인근 점소에 기착 또는 유·무선으로 육하원칙에 의거 즉시 보고한다.

해설 교통사고 발생 시 조치사항
① 교통사고를 발생한 경우는 법이 정하는 현장에서의 인명구호, 관할 경찰서에 신고 등의 의무를 성실히 수행.
② 어떠한 사고라도 임의 처리 불가하며, 사고발생 경위를 육하원칙에 의거 거짓 없이 정확하게 회사에 즉시 보고.
③ 사고로 인한 행정, 형사처분(처벌) 접수 시 임의 처리 불가하며, 회사의 지시에 따라 처리
④ 형사합의 등과 같이 운전자 개인의 자격으로 합의 보상 이외 회사의 어떠한 경우라도 회사손실과 직결되는 보상업무는 수행 불가한 것이 일반적
⑤ 회사 소속의 차량 사고를 유·무선으로 통보 받거나 발견 즉시 최인근 점소에 기착 또는 유·무선으로 육하원칙에 의거 즉시 보고

25 다음 중 물류의 기능에 속하지 않는 것은?
① 수송(운송) 기능
② 포장 기능
③ 보관 기능
④ 양보 기능

해설 물류의 기능에는 수송(운송) 기능, 포장 기능, 보관 기능, 하역 기능, 정보 기능 등이 있다.

26 기업경영의 물류 관리 시스템의 구성 요소가 아닌 것은?
① 원재료의 조달과 관리
② 제품의 재고관리
③ 수송과 배송 수단
④ 재고 물품의 신속한 처리

해설 기업경영 물류 관리시스템의 구성요소
① 원재료의 조달과 관리
② 제품의 재고관리
③ 수송과 배송 수단
④ 제품 능력과 입지 적응 능력
⑤ 창고 등의 물류 거점
⑥ 정보관리
⑦ 인간의 기능과 훈련

27 기업경영에서 의사 결정의 유효성을 높이기 위해 경영 내외의 관련 정보를 필요에 따라 즉각적으로 그리고 대량으로 수집, 전달, 처리, 저장, 이용할 수 있도록 편성한 인간과 컴퓨터와의 결합시스템을 무엇이라 하는가?
① 공급망 관리
② 경영 정보시스템
③ 물류의 신속한 수송
④ 전사적 자원관리

해설 경영 정보시스템(MIS)이란 기업 경영에서 의사 결정의 유효성을 높이기 위해 경영 내외의 관련 정보를 필요에 따라 즉각적으로 그리고 대량으로 수집, 전달, 처리, 저장, 이용할 수 있도록 편성한 인간과 컴퓨터와의 결합시스템을 말한다.

정답 18.② 19.④ 20.① 21.③ 22.③ 23.② 24.② 25.④ 26.④ 27.②

28 기업 활동을 위해 사용되는 기업 내의 모든 인적, 물적 자원을 효율적으로 관리하여 궁극적으로 기업의 경쟁력을 강화시켜 주는 역할을 하는 통합 정보시스템을 무엇이라 하는가?

① 전사적 자원관리　　　　② 공급망 관리
③ 경영 정보시스템　　　　④ 인적 자원관리

해설 전사적 자원관리(ERP)란 기업 활동을 위해 사용되는 기업 내의 모든 인적, 물적 자원을 효율적으로 관리하여 궁극적으로 기업의 경쟁력을 강화시켜 주는 역할을 하는 통합 정보시스템을 말한다.

29 다음 중 인터넷 유통에서의 물류 원칙에 속하지 않는 것은?

① 적정 수요 예측　　　　② 배송 기간의 최소화
③ 부품 조달　　　　　　④ 반송과 환불 시스템

해설 인터넷 유통에서의 물류 원칙
　　① 적정 수요 예측　② 배송 기간의 최소화　③ 반송과 환불 시스템

30 물류의 개념을 설명한 내용과 거리가 먼 것은?

① 화주가 직접 물류를 처리한다.
② 공급 사슬의 모든 활동과 계획 관리를 전담한다.
③ 제3자 물류의 기능에 컨설팅 업무를 추가로 수행한다.
④ 광범위한 공급 사슬의 조직을 관리한다.

해설 물류(物流, 로지스틱스 ; Logistics)란 공급자로부터 생산자, 유통 업자를 거쳐 최종소비자에게 이르는 재화의 흐름을 의미한다. 물류관리란 이러한 재화의 효율적인 "흐름"을 계획, 실행, 통제할 목적으로 행해지는 제반활동을 의미한다

31 다음 중 제조업의 가치사슬 주기로 올바르게 나열된 것은?

① 조립·가공 → 판매 유통 → 부품 조달
② 부품 조달 → 조립·가공 → 판매 유통
③ 판매 유통 → 조립·가공 → 부품 조달
④ 판매 유통 → 부품 조달 → 조립·가공

해설 제조업의 가치사슬은 보통 부품 조달 → 조립·가공 → 판매 유통으로 구성되고, 가치 사슬의 주기가 단축되어야 생산성과 운영의 효율성을 증대시킬 수 있다.

32 다음 중 물류관리의 7R의 기본원칙에 포함되지 않는 것은?

① 적절한 품질(Right Quality)　② 좋은 인상(Right Impression)
③ 안전하게(Safety)　　　　　④ 적절한 가격(Right Price)

해설 물류관리의 7R의 기본원칙
　　① 적절한 품질(Right Quality)　　② 적량(Right Quantity량)
　　③ 적시(Right Time)　　　　　　④ 적소(Right Place)
　　⑤ 좋은 인상(Right Impression)　⑥ 적절한 가격(Right Price)
　　⑦ 적절한 상품(Right Commodity)

33 다음 중 물류관리의 3S 1L의 기본원칙에 포함되지 않는 것은?

① 마케팅(Marketing)　　　② 신속히(Speedy)
③ 저렴하게(Low)　　　　　④ 안전하게(Safety)

해설 물류관리의 3S 1L의 기본원칙
　　① 신속히(Speedy)　　　② 안전하게(Safety)
　　③ 확실히(Surely)　　　④ 저렴하게(Low)

34 다음 중 물류관리의 제3의 이익 원천의 기본원칙에 해당되지 않는 것은?

① 매출의 증대　　　　② 원가의 절감
③ 물류 비용 절감　　　④ 적절한 가격

해설 물류관리의 제3의 이익 원천의 기본원칙 : 제3의 이익 원천은 매출증대, 원가절감, 물류비 절감은 이익을 높일 수 있는 방법이다.

35 물품의 수·배송, 보관, 하역 등에 있어서 가치 및 상태를 유지하기 위해 적절한 재료, 용기 등을 이용해서 포장하여 보호하고자 하는 활동은 물류의 어느 기능인가?

① 물류의 운송기능　　　② 물류의 포장기능
③ 물류의 하역기능　　　④ 물류의 정보기능

해설 물류의 포장 기능은 물품의 수·배송, 보관, 하역 등에 있어서 가치 및 상태를 유지하기 위해 적절한 재료, 용기 등을 이용해서 포장하여 보호하고자 하는 활동으로 포장 활동에서 중요한 모듈화는 일관시스템 실시에 중요한 요소이다. 포장은 단위포장(개별포장), 내부포장(속포장), 외부포장(겉포장)으로 구분한다.

36 다음 중 물류관리의 의의에 대한 설명으로 적합하지 않은 것은?

① 고도의 물류서비스를 소비자에게 제공하여 기업경영의 경쟁력을 강화함으로서 이익을 추구하는데 의의가 있다.
② 기업외적 물류관리는 고도의 물류서비스를 소비자에게 제공하여 기업경영의 경쟁력을 강화하는데 의의가 있다.
③ 물류의 신속, 안전, 정확, 정시, 편리, 경제성을 고려한 고객 지향적인 물류서비스를 제공하는데 의의가 있다.
④ 기업내적 물류관리는 물류관리의 효율화를 통한 물류비를 절감하는데 의의가 있다.

해설 물류관리의 의의
　　① 기업외적 물류관리는 고도의 물류서비스를 소비자에게 제공하여 기업경영의 경쟁력을 강화하는데 의의가 있다.
　　② 물류의 신속, 안전, 정확, 정시, 편리, 경제성을 고려한 고객 지향적인 물류서비스를 제공하는데 의의가 있다.
　　③ 기업내적 물류관리는 물류관리의 효율화를 통한 물류비를 절감하는데 의의가 있다.
　　④ 기업경영에 있어 대 고객서비스 제고와 물류비 절감을 동시에 달성하기 위한 물류 전략을 구사하기 위해서는 종합 물류관리 체제로서 고객이 원하는 적절한 품질의 상품 적량을, 적시에, 적절한 장소에, 좋은 인상과 적절한 가격으로 공급해 주어야 한다.

37 물류 계획 수립의 주요 영역이 아닌 것은?

① 설비의 입지　　　　② 수송 의사 결정
③ 물류 비용 결정　　　④ 재고 의사 결정

해설 물류 계획 수립의 주요 영역
　　① 고객 서비스 수준　　② 설비의 입지
　　③ 재고 의사 결정　　　④ 수송 의사 결정

38 다음 중 물류 관리의 목표에 대하여 설명한 것으로 올바른 것은?

① 물류에 있어서 시간과 장소의 효용증대를 위한 활동
② 원가절감에서 프로젝트 목표의 극대화 활동
③ 특정한 수준의 서비스를 최소의 비용으로 고객에게 제공을 위한 활동
④ 물류의 품질관리, 안전위생 관리 등을 통한 동기부여의 관리 활동

해설 물류관리의 목표 : 고객서비스 수준의 결정은 고객 지향적이어야 하며, 경쟁사의 서비스 수준을 비교한 후 그 기업이 달성하고자 하는 특정한 수준의 서비스를 최소의 비용으로 고객에게 제공

39 다음 중 물류 관리의 활동에 대하여 설명한 것으로 틀린 것은?

① 물류에 있어서 시간과 장소의 효용증대를 위한 활동
② 특정한 수준의 서비스를 최소의 비용으로 고객에게 제공을 위한 활동
③ 원가절감에서 프로젝트 목표의 극대화 활동
④ 물류의 품질관리, 안전위생 관리 등을 통한 동기부여의 관리 활동

정답 28.① 29.③ 30.① 31.② 32.③ 33.① 34.④　　35.② 36.① 37.③ 38.③ 39.②

> **해설** 물류관리의 활동
> ① 중앙과 지방의 재고보유 문제를 고려한 창고입지 계획, 대량·고속운송이 필요한 경우 영업운송을 이용, 말단 배송에는 자차를 이용한 운송, 고객주문을 신속하게 처리할 수 있는 보관·하역·포장 활동의 성역화, 기계화, 자동화 등을 통한 물류에 있어서 시간과 장소의 효용증대를 위한 활동
> ② 물류 예산 관리제도, 물류 원가 계산 제도, 물류 기능별 단가(표준원가), 물류 사업부 회계제도 등을 통한 원가절감에서 프로젝트 목표의 극대화
> ③ 물류관리 담당자 교육, 직장간담회, 불만처리위원회, 물류의 품질관리, 무하자 운동, 안전위생관리 등을 통한 동기부여의 관리

40 물류 네트워크의 평가와 감사를 위한 일반적인 지침에 속하지 않는 것은?
① 공급
② 고객 서비스
③ 제품 특성
④ 가격 결정 정책

> **해설** 물류 네트워크의 평가와 감사를 위한 일반적 지침은 수요, 고객 서비스, 제품 특성, 물류 비용, 가격 결정 정책이다.

41 물류 전략 수립의 지침에 속하지 않는 것은?
① 최소비용 개념의 관점에서 물류 전략을 수립
② 가장 좋은 트레이드 오프는 100% 서비스 수준보다 낮은 서비스 수준에서 발생
③ 제공되는 서비스 수준으로부터 얻는 수익에 대해 재고·수송비용(총비용)이 균형을 이루는 점에서 보관 지점의 수를 결정
④ 평균 재고 수준은 재고 유지비와 판매 손실비가 트레이드 오프 관계에 있으므로 이들 두 비용이 균형을 이루는 점에서 결정

> **해설** 물류 전략 수립의 지침
> ① 총비용 개념의 관점에서 물류 전략을 수립
> ② 가장 좋은 트레이드 오프는 100% 서비스 수준보다 낮은 서비스 수준에서 발생
> ③ 제공되는 서비스 수준으로부터 얻는 수익에 대해 재고·수송비용(총비용)이 균형을 이루는 점에서 보관지점의 수를 결정
> ④ 트레이드 오프관계에 있는 모든 비용을 평가하는 것은 바람직하지 않을 수도 있음. 최고경영진이 고려해야 할 비용요소를 결정
> ⑤ 안전재고 수준 결정 및 다품종 생산일정 계획수립

42 전략적 물류관리의 방향에 속하지 않는 것은?
① 코스트(비용) 중심
② 제품 효과 중심
③ 기능별 복합 수행
④ 효율 중심의 개념

> **해설** 전략적 물류관리 방향
> ① 코스트(비용) 중심
> ② 제품 효과 중심
> ③ 기능별 독립 수행
> ④ 부분 최적화 지향
> ⑤ 효율 중심의 개념

43 로지스틱스 물류관리 방향에 포함되지 않는 사항은?
① 가치 창출 중심
② 시장 진출 중심(고객 중심)
③ 기능의 통합화 수행
④ 부분 최적화 지향

> **해설** 로지스틱스 물류관리 방향
> ① 가치 창출 중심
> ② 시장 진출 중심(고객 중심)
> ③ 기능의 통합화 수행
> ④ 전체 최적화 지향
> ⑤ 효(성)과 중심의 개념

44 다음 중 전략적 물류관리의 목표에 해당되지 않는 것은?
① 업무처리속도 향상
② 전체 최적화 지향
③ 업무품질 향상
④ 고객서비스 증대

> **해설** 전략적 물류관리의 목표
> ① 업무처리속도 향상
> ② 업무품질 향상
> ③ 고객서비스 증대
> ④ 물류 원가 절감

45 화주기업이 고객 서비스 향상, 물류비 절감 등 물류활동을 효율화할 수 있도록 공급사실상의 기능 전체 혹은 일부를 대행하는 업종을 무엇이라 하는가?
① 제4자 물류업
② 제3자 물류업
③ 제2자 물류업
④ 제1자 물류업

> **해설** 물류업의 정의
> ① 제1자 물류업 : 화주기업이 직접 물류 활동을 처리하는 자가 업종
> ② 제2자 물류업 : 물류 자회사에 의해 처리하는 업종
> ③ 제3자 물류업 : 화주기업이 고객서비스 향상, 물류비 절감 등 물류 활동을 효율화할 수 있도록 공급망(Supply Chain) 상의 기능 전체 혹은 일부를 대행하는 업종
> ④ 제4자 물류업 : 다양한 조직들의 효과적인 연결을 목적으로 하는 통합체(single contact point)로서 공급망의 모든 활동과 계획 관리를 전담한다.

46 제3자 물류 도입의 이유에 속하지 않는 것은?
① 자가 물류 활동에 의한 물류 효율화의 한계
② 물류 자회사에 의한 물류 효율화의 한계
③ 제3자 물류, 물류산업 고도화를 위한 돌파구
④ 세계적인 조류로서 제3자 물류의 비중 감소

> **해설** 제3자 물류 도입의 이유
> ① 자가 물류 활동에 의한 물류 효율화의 한계
> ② 물류 자회사에 의한 물류 효율화의 한계
> ③ 제3자 물류, 물류산업 고도화를 위한 돌파구
> ④ 세계적인 조류로서 제3자 물류의 비중 확대

47 제3자 물류에 의한 물류혁신 기대효과를 설명한 것으로 틀린 것은?
① 물류산업의 합리화에 의한 고물류 비구조를 혁신
② 고품질 물류서비스의 제공으로 제조업체의 경쟁력 강화 지원
③ 종합물류서비스의 비활성화
④ 공급체인관리 도입, 확산 촉진

> **해설** 제3자 물류에 의한 물류혁신 기대효과
> ① 물류 산업의 합리화에 의한 고물류비 구조를 혁신
> ② 고품질 물류 서비스의 제공으로 제조업체의 경쟁력 강화 지원
> ③ 종합 물류 서비스의 활성화
> ④ 공급망 체인 관리 도입·확산의 촉진

48 다음 중 제4자 물류의 개념에 대하여 설명한 것으로 적합한 것은?
① 화주기업이 직접 물류 활동을 처리한다.
② 다양한 조직들의 효과적인 연결을 목적으로 하는 통합체(single contact point)로서 공급망의 모든 활동과 계획 관리를 전담한다.
③ 화주기업이 고객서비스 향상, 물류비 절감 등 물류 활동을 효율화할 수 있도록 공급망 상의 기능 전체 혹은 일부를 대행한다.
④ 물류 자회사에 의해 처리한다.

> **해설** 제4자 물류의 개념은 다양한 조직들의 효과적인 연결을 목적으로 하는 통합체(single contact point)로서 공급망의 모든 활동과 계획 및 관리를 전담한다.

49 제3자 물류의 기능에 컨설팅 업무를 수행하는 것을 무엇이라 하는가?
① 제4자 물류
② 제4자 물류 공급자
③ 제4자 물류 유통
④ 제4자 물류 관리

> **해설** 제4자 물류란 제3자 물류의 기능에 컨설팅 업무를 추가 수행하는 것으로, 제4자 물류의 개념은 '컨설팅 기능까지 수행할 수 있는 제3자 물류'로 정의 내릴 수도 있다.

정답 40.① 41.① 42.③ 43.④ 44.② 45.② 46.④ 47.③ 48.② 49.①

50 공급망 관리에 있어서 제4자 물류의 4단계를 순서대로 바르게 나타낸 것은?

① 전환 → 실행 → 재창조 → 이행
② 재창조 → 전환 → 이행 → 실행
③ 실행 → 전환 → 이행 → 재창조
④ 전환 → 이행 → 실행 → 재창조

해설 제4자 물류(4PL) 공급망 물류관리(SCM)서비스의 4단계
① 1단계 - 재창조(Reinvention)
② 2단계 - 전환(Transformation)
③ 3단계 - 이행(Implementation)
④ 4단계 - 실행(Execution)

51 상거래가 성립된 후 상품을 고객이 지정하는 수하인에게 발송 및 배달하는 것으로 각 점포나 소매점에 상품을 납입하기 위한 수송을 운송에 관련된 용어로 무엇이라 하는가?

① 운수   ② 운송
③ 배송   ④ 운반

해설 운송에 관련된 용어의 의미
① 운수란 행정상 또는 법률상의 운송을 의미한다.
② 운송이란 서비스 공급 측면에서의 재화의 이동을 의미한다.
③ 배송이란 상거래가 성립된 후 상품을 고객이 지정하는 수하인에게 발송 및 배달하는 것으로 각 점포나 소매점에 상품을 납입하기 위한 수송을 의미한다.
④ 운반이란 한정된 공간과 범위 내에서의 재화의 이동을 의미한다.

52 현상적인 시각에서의 재화의 이동을 운송에 관련된 용어로 무엇이라 하는가?

① 통운   ② 교통
③ 간선 수송   ④ 정보

해설 운송에 관련된 용어의 의미
① 통운이란 소화물의 운송을 의미한다.
② 교통이란 현상적인 시각에서의 재화의 이동을 의미한다.
③ 간선 수송이란 제조 공장과 물류거점(물류센터 등)간의 장거리 수송을 의미한다. 컨테이너 또는 팔레트(pallet)를 이용, 유닛화 되어 일정 단위로 취합되어 수송된다.

53 다음 중 화물자동차 운송의 특징을 설명한 것으로 틀린 것은?

① 신속하고 정확한 간선 수송이다.
② 운송 단위가 선박, 철도에 비하여 소량이다.
③ 원활한 기동성과 수·배송이 신속하다.
④ 다양한 고객의 요구를 수용할 수 있다.

해설 화물자동차 운송의 특징
① 원활한 기동성과 수·배송이 신속하다.
② 신속하고 정확한 문전 운송이 가능하다.
③ 다양한 고객의 요구를 수용할 수 있다.
④ 운송 단위가 선박, 철도에 비해 소량이다.
⑤ 에너지 다 소비형의 운송 기관이다.

54 다음 중 물류의 보관에 대하여 설명한 것으로 틀린 것은?

① 보관은 물품을 저장·관리하는 것을 의미한다.
② 보관은 생산기간의 조정에 관한 기능을 수행한다.
③ 보관은 수요와 공급의 시간적 간격을 조정한다.
④ 보관은 경제활동의 안정과 촉진을 도모한다.

해설 물류의 보관
① 보관은 물품을 저장·관리하는 것을 의미한다.
② 보관은 시간·가격의 조정에 관한 기능을 수행한다.
③ 보관은 수요와 공급의 시간적 간격을 조정한다.
④ 보관은 경제활동의 안정과 촉진을 도모한다.

55 다음 중 물류 시스템의 구성이 아닌 것은?

① 운송   ② 보관
③ 유통 가공   ④ 판매

해설 물류 시스템의 구성 요소에는 운송, 보관, 유통 가공, 포장, 하역, 정보 등이다.

56 물품의 운송, 보관 등에 있어서 물품의 가치와 상태를 보호하는 것을 무엇이라 하는가?

① 물류의 정보   ② 물류의 유통가공
③ 물류의 포장   ④ 물류의 하역

해설 포장이란 물품의 운송, 보관 등에 있어서 물품의 가치와 상태를 보호하는 것을 말한다. 기능면에서 품질의 유지를 위한 포장을 의미하는 공업포장과 소비자의 손에 넘기기 위하여 행해지는 포장으로서 상품 가치를 높여 정보의 전달을 포함하여 판매촉진의 기능을 목적으로 한 포장을 의미하는 상업포장으로 구분한다.

57 다음 중 소비자의 손에 넘기기 위하여 행해지는 포장으로서 상품가치를 높여 정보의 전달을 포함하여 판매촉진의 기능을 목적으로 한 포장을 의미하는 것을 무엇이라 하는가?

① 판매포장   ② 상업포장
③ 공업포장   ④ 운송포장

해설 상업포장이란 소비자의 손에 넘기기 위하여 행해지는 포장으로서 상품 가치를 높여 정보의 전달을 포함하여 판매촉진의 기능을 목적으로 한 포장을 의미한다.

58 물류의 활동에 대응하여 수집되며, 효율적 처리로 조직이나 개인의 물류 활동을 원활하게 하는 것을 무엇이라 하는가?

① 물류의 정보   ② 물류의 운송
③ 물류의 보관   ④ 물류의 포장

해설 물류의 정보
① 물류의 정보는 물류 활동에 대응하여 수집되며 효율적 처리로 조직이나 개인의 물류 활동을 원활하게 한다.
② 최근에는 컴퓨터와 정보통신기술에 의해 물류시스템의 고도화가 이루어져 수주, 재고관리, 주문품 출하, 상품조달(생산), 운송, 피킹 등을 포함한 5가지 요소기능과 관련된 업무흐름의 일괄관리가 실현되고 있다.
③ 정보에는 상품의 수량과 품질, 작업관리에 관한 물류정보와 수·발주와 지불에 관한 상류정보가 있다.

59 물류 시스템의 목적은 최소의 비용으로 최대의 물류서비스를 산출하기 위하여 물류서비스를 3S1L의 원칙으로 행하는 것인데 이것의 구체적인 요소에 포함되지 않는 것은?

① 고객에게 상품을 적절한 납기에 맞추어 정확하게 배달하는 것
② 고객의 주문에 대해 상품의 품절을 가능한 한 많게 하는 것
③ 물류 거점을 적절하게 배치하여 배송 효율을 향상시키고 상품의 적정 재고량을 유지하는 것
④ 운송, 보관, 하역, 포장, 유통가공의 작업을 합리화하는 것

해설 3S1L의 구체적인 요소
① 고객에게 상품을 적절한 납기에 맞추어 정확하게 배달하는 것
② 고객의 주문에 대해 상품의 품절을 가능한 한 적게 하는 것
③ 물류 거점을 적절하게 배치하여 배송 효율을 향상시키고 상품의 적정 재고량을 유지하는 것
④ 운송, 보관, 하역, 포장, 유통 가공의 작업을 합리화하는 것
⑤ 물류 비용의 적절화 및 최소화

60 주문 상황에 대해 적기에 수·배송 체제의 확립과 최적의 수·배송 계획을 수립함으로써 수송비용을 절감하려는 시스템을 무엇이라 하는가?

① 화물 정보시스템   ② 터미널 물류 정보시스템
③ 수·배송 관리 시스템   ④ 화물 통제 관리 시스템

정답 50.② 51.③ 52.② 53.① 54.②   55.④ 56.③ 57.② 58.① 59.② 60.③

해설 수·배송 관리 시스템은 주문 상황에 대해 적기에 수·배송 체제의 확립과 최적의 수·배송 계획을 수립함으로써 수송비용을 절감하려는 체제이다. 따라서 출하계획의 작성, 출하서류의 전달, 화물 및 운임계산의 명확성 등 컴퓨터와 통신기기를 이용하여 기계적으로 처리하게 된다. 수·배송 관리 시스템의 대표적인 것으로는 터미널 화물 정보시스템이 있다.

61 다음 중 비용과 물류서비스 간의 관계에 대하여 설명한 것으로 틀리는 것은?
① 물류서비스를 일정하게 하고 비용절감을 지향하는 관계이다.
② 물류서비스를 향상시키기 위해 물류 비용이 상승하여도 달리 방도가 없다는 서비스 상승, 비용절감의 관계이다.
③ 적극적으로 물류 비용을 고려하는 방법으로 물류 비용 일정, 서비스 수준 향상의 관계이다.
④ 보다 낮은 물류 비용으로 보다 높은 물류서비스를 실현하려는 물류 비용 절감, 물류서비스 향상의 관계이다.

해설 비용과 물류서비스 관계 4대 고려사항
① 물류서비스를 일정하게 하고 비용절감을 지향하는 관계이다.
② 물류서비스를 향상시키기 위해 물류 비용이 상승하여도 달리 방도가 없다는 서비스 상승, 비용 상승의 관계이다.
③ 적극적으로 물류 비용을 고려하는 방법으로 물류 비용 일정, 서비스 수준 향상의 관계이다.
④ 보다 낮은 물류 비용으로 보다 높은 물류서비스를 실현하려는 물류 비용 절감, 물류서비스 향상의 관계이다.

62 화물이 터미널을 경유하여 수송될 때 수반되는 자료 및 정보를 신속하게 수집하여 이를 효율적으로 관리하는 동시에 화주에게 적기에 정보를 제공해주는 시스템은?
① 화물 정보 시스템
② 화물 통제 관리 시스템
③ 터미널 물류 정보시스템
④ 수·배송 관리 시스템

해설 화물 정보 시스템이란 화물이 터미널을 경유하여 수송될 때 수반되는 자료 및 정보를 신속하게 수집하여 이를 효율적으로 관리하는 동시에 화주에게 적기에 정보를 제공해주는 시스템을 의미한다.

63 화물자동차 운송의 효율성 지표가 아닌 것은?
① 가동률
② 실차율
③ 정차율
④ 적재율

해설 화물자동차 운송의 효율성 지표
① **가동률** : 화물자동차가 일정기간(예를 들어, 1개월)에 걸쳐 실제로 가동한 일수
② **실차율** : 주행거리에 대해 실제로 화물을 싣고 운행한 거리의 비율
③ **적재율** : 차량 적재 톤수 대비 적재된 화물의 비율
④ **공차율** : 통행 화물차량 중 빈차의 비율
⑤ **공차 거리율** : 주행거리에 대해 화물을 싣지 않고 운행한 거리의 비율
⑥ 적재율이 높은 상태로 가능한 실차 상태로 가동률을 높이는 것이 트럭운송의 효율성을 최대로 하는 것임.

64 한 터미널에서 다른 터미널까지 수송되어 수화인에게 이송될 때까지의 전 과정에서 발생하는 각종 정보를 전산시스템으로 수집, 관리, 공급, 처리하는 시스템은?
① 수·배송 관리 시스템
② 화물 통제 관리 시스템
③ 터미널 화물 정보시스템
④ 화물 정보시스템

해설 터미널 화물 정보 시스템은 수출계약이 체결된 후 수출품이 트럭 터미널을 경유하여 항만까지 수송되는 경우, 국내 거래 시 한 터미널에서 다른 터미널까지 수송되어 수화인에게 이송될 때까지의 전 과정에서 발생하는 각종 정보를 전산시스템으로 수집, 관리, 공급, 처리하는 종합정보관리체제이다.

65 주파수 공용통신(TRS)의 도입효과로 볼 수 없는 것은?
① 차량 위치추적 기능의 활용으로 도착시간의 정확한 추정이 가능해 진다
② 배차 후 화주의 기착지 변경이나 취소에 따른 신속대응이 어렵다.
③ 고장차량에 대응한 차량 재배치나 지연사유 분석이 가능하다.
④ 데이터 통신에 의한 실시간 처리가 가능해져 관리업무가 축소된다.

해설 종전에 배차 후 화주의 기착지 변경이나 취소에 따른 신속대응이 어렵고 신용카드 조회도 어려웠다. 이에 대해 음성 또는 데이터 통신을 통한 메시지 전달로 수작업과 수·배송 지연사유 등 원인 분석이 곤란했던 점을 체크아웃 포인트의 설치나 화물 추적기능 활용으로 지연사유 분석이 가능해져 표준 운행시간 작성에 도움을 줄 수 있다.

66 관성항법(慣性航法)과 더불어 어두운 밤에도 목적지에 유도하는 측위(測衛) 통신망을 무엇이라 하는가?
① TRS 데이터 통신망
② GPS 통신망
③ 품질관리 통신망
④ 주파수 공동통신망

해설 GPS 통신망이란 관성항법(慣性航法)과 더불어 어두운 밤에도 목적지에 유도하는 측위(測衛) 통신망으로서 그 유도기술의 핵심이 되는 것은 인공위성을 이용한 범 지구 측위 시스템(GPS)이며, 주로 차량의 위치추적을 통한 물류관리에 이용되는 통신망이다.

67 다음 중 물류 고객 서비스에 대한 것으로 거래 전 요소에 해당하는 것은?
① 문서화된 고객 서비스 정책
② 시스템의 정확성
③ 대체 제품
④ 주문 사이클

해설 고객 서비스의 거래 전 요소는 문서화된 고객서비스 정책 및 고객에 대한 제공, 접근가능성, 조직구조, 시스템의 유연성, 매니지먼트 서비스이다.

68 다음 중 물류 고객 서비스에 대한 것으로 거래시 요소에 해당하는 것은?
① 예비품의 이용 가능성
② 발주의 편리성
③ 제품의 일시적 교체
④ 고객의 클레임

해설 고객 서비스의 거래시 요소는 재고품절 수준, 발주 정보, 주문 사이클, 배송 촉진, 환적(還積, transshipment), 시스템의 정확성, 발주의 편리성, 대체 제품, 주문 상황 정보이다.

69 다음 중 물류 고객 서비스에 대한 것으로 거래 후 요소에 해당하는 것은?
① 시스템의 유연성
② 주문 사이클
③ 주문 상황 정보
④ 제품의 일시적 교체

해설 고객 서비스의 거래 후 요소는 설치, 보증, 변경, 수리, 부품, 제품의 추적·보증, 고객의 클레임, 고충·반품처리, 제품의 일시적 교체, 예비품의 이용 가능성이다.

70 택배 운송 서비스의 화물 취급에 대한 고객의 불만 사항에 속하지 않는 것은?
① 화물이 파손되어 배달된다.
② 화물을 발로 차면서 들어온다.
③ 빨리 사인(배달 확인)이나 해달라고 윽박지르듯 한다.
④ 적재 상태가 뒤죽박죽이다.

해설 화물 취급에 대한 고객의 불만사항
① 담장 안으로 던져놓기
② 화물을 발로 밟고 작업한다.
③ 화물을 발로 차면서 들어온다.
④ 적재상태가 뒤죽박죽이다.
⑤ 화물이 파손되어 배달된다.
⑤ 슬리퍼는 혐오감을 준다.
⑥ 항상 웃는 얼굴로 서비스한다.

71 다음 중 택배 화물의 배달 순서와 계획을 설명한 것으로 틀린 것은?

① 관내 상세 지도를 보유한다.
② 배달표에 나타난 주소대로 배달할 것을 표시한다.
③ 우선적으로 배달해야 할 고객의 위치를 표시한다.
④ 배달과 집하는 순서 없이 임의대로 한다.

해설 택배 화물의 배달 순서와 계획
① 관내 상세 지도를 보유한다(비닐코팅).
② 배달표에 나타난 주소대로 배달할 것을 표시한다.
③ 우선적으로 배달해야 할 고객의 위치 표시
④ 배달과 집하 순서표시(루트 표시)
⑤ 순서에 입각하여 배달표 정리

72 다음 중 트럭 수송의 장점에 해당하는 것은?

① 진동 또는 소음 및 광학 스모그 등의 공해 문제가 발생된다.
② 화물의 수송 단위가 적다.
③ 중간 하역이 불필요하고 포장의 간소화·간략화가 가능하다.
④ 연료비나 인건비 등 수송 단가가 높다.

해설 트럭 수송의 장점
① 문전에서 문전으로 배송 서비스를 탄력적으로 행할 수 있다.
② 중간 하역이 불필요하고 포장의 간소화·간략화가 가능하다.
③ 다른 수송 기관과 연동하지 않고서도 일관된 서비스를 할 수가 있어 싣고 부리는 횟수가 적어도 된다.

73 다음 중 트럭 수송의 단점에 해당하는 것은?

① 문전에서 문전으로 배송 서비스를 탄력적으로 행할 수 있다.
② 중간 하역이 불필요하고 포장의 간소화·간략화가 가능하다.
③ 다른 수송 기관과 연동하지 않고서도 일관된 서비스를 할 수가 있어 싣고 부리는 횟수가 적어도 된다.
④ 연료비나 인건비(장거리의 경우) 등 수송 단가가 높다.

해설 트럭 수송의 단점
① 화물의 수송 단위가 작다.
② 연료비나 인건비(장거리의 경우) 등 수송 단가가 높다.
③ 진동 또는 소음 및 광화학 스모그 등의 공해 문제가 발생된다.
④ 가솔린의 다량 소비에서 오는 자원 및 에너지 절약의 문제가 있다.

74 운송서비스의 사업용(영업용) 트럭을 이용하는 경우 단점에 들지 않는 것은?

① 운임의 안정화가 곤란하다.
② 관리 기능이 강화된다.
③ 기동성이 부족하다.
④ 시스템의 일관성이 없다.

해설 운수사업용 트럭 이용 시 단점
① 운임의 안정화가 곤란하다. ② 관리 기능이 저해된다.
③ 기동성이 부족하다. ④ 시스템의 일관성이 없다.
⑤ 인터페이스가 약하다. ⑥ 마케팅 사고가 희박하다.

75 운송서비스의 자가용 트럭을 이용할 경우 단점에 들지 않는 것은?

① 수송량의 변동에 대응하기가 쉽다.
② 비용의 고정비화
③ 설비 투자가 필요하다.
④ 인적 투자가 필요하다.

해설 자가용 트럭 이용 시 단점
① 수송량의 변동에 대응하기가 어렵다.
② 비용의 고정비화
③ 설비 투자가 필요하다.
④ 인적 투자가 필요하다.
⑤ 수송능력에 한계가 있다.
⑥ 사용하는 차종, 차량에 한계가 있다.

76 택배 종사자의 서비스 자세에 포함되지 않는 것은?

① 상품을 판매하고 있다고 생각한다.
② 진정한 택배 종사자로서 대접 받을 수 있도록 행동한다.
③ 운송장은 반드시 고객에게 작성하라고 한다.
④ 애로사항이 있더라도 극복하고 고객만족을 위하여 최선을 다한다.

해설 택배 종사자의 서비스 자세
① 애로사항이 있더라도 극복하고 고객 만족을 위하여 최선을 다한다.
② 진정한 택배 종사자로서 대접받을 수 있도록 행동한다.
③ 상품을 판매하고 있다고 생각한다.

77 택배 종사자의 용모와 복장에 대한 내용이다. 틀린 것은?

① 선글라스를 반드시 착용하도록 한다.
② 슬리퍼는 혐오감을 준다.
③ 고객도 복장과 용모에 따라 대한다.
④ 명찰은 신분 확인증

해설 택배 종사자의 용모와 복장
① 복장과 용모, 언행을 통제한다.
② 고객도 복장과 용모에 따라 대한다.
③ 신분확인을 위해 명찰을 패용한다.
④ 선글라스는 강도, 깡패로 오인할 수 있다.
⑤ 슬리퍼는 혐오감을 준다.
⑥ 항상 웃는 얼굴로 서비스 한다.

정답 71.④ 72.③ 73.④ 74.② 75.① 76.③ 77.①

기출문제

1. 화물운송종사자격시험 기출문제

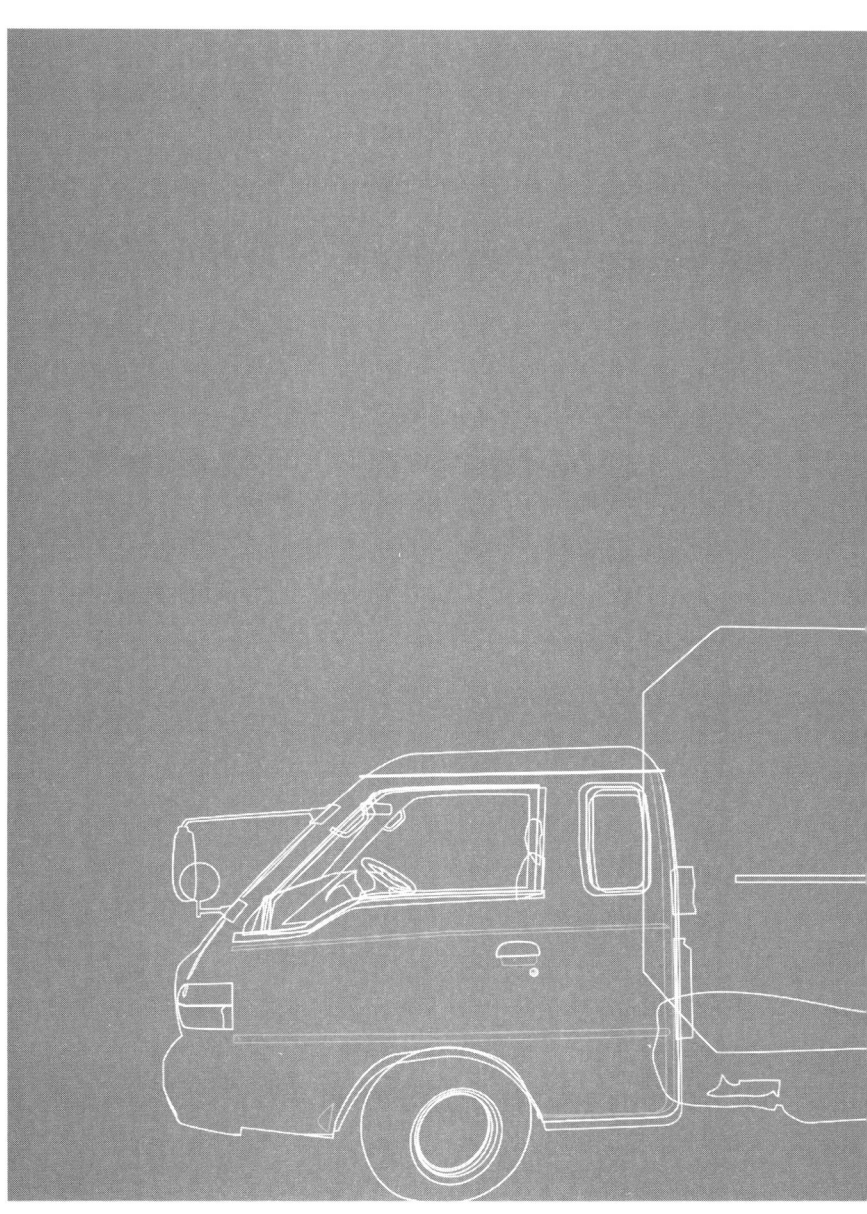

제1회 기출문제

화물운송종사자격시험

01 교통안전 표지의 종류에 해당되지 않는 것은?
① 주의표지
② 지시표지
③ 규제표지
④ 경계표지

해설 교통안전 표지는 주의, 규제, 지시, 보조, 노면표지로 되어있다.

02 편도 2차로 이상의 일반도로에서 제한속도 표지판이 설치되어 있지 않을 경우 최고속도는 얼마인가?
① 60km/h
② 70km/h
③ 80km/h
④ 90km/h

해설 자동차등의 운행속도는 일반도로(고속도로 및 자동차 전용도로 외의 모든 도로를 말한다)에서는 매시 60킬로미터 이내. 다만, 편도 2차로 이상의 도로에서는 매시 80킬로미터 이내이다.

03 최고 속도의 100분의 50을 줄인 속도로 운행하여야 하는 경우가 아닌 것은?
① 폭우, 폭설, 안개 등으로 가시거리가 100m 이내일 때
② 노면이 얼어붙은 때
③ 눈이 20mm 미만 쌓인 때
④ 눈이 20mm 이상 쌓인 때

해설 최고 속도의 50%를 감속하여 운행하여야 할 경우
① 노면이 얼어붙은 때
② 폭우·폭설·안개 등으로 가시거리가 100미터 이내일 때
③ 눈이 20mm 이상 쌓인 때

04 편도 2차로 이상 모든 고속도로에서 적재중량 1.5톤 초과 화물자동차, 특수자동차, 위험물운반자동차, 건설기계의 최고속도는?
① 120km/h
② 90km/h
③ 110km/h
④ 80km/h

해설 편도 2차로 이상 고속도로에서의 화물자동차(적재중량 1.5톤을 초과하는 경우에 한한다.)·특수자동차·위험물운반자동차 및 건설기계의 최고속도는 매시 80킬로미터, 최저속도는 매시 50킬로미터이다.

05 제한속도 60km/h 도로에서 눈이 20mm 미만 내린 때의 감속 운행 속도로 맞는 것은?
① 50km/h
② 48km/h
③ 30km/h
④ 40km/h

해설 눈이 20mm 미만 쌓인 경우에는 최고속도의 20/100을 감속하여야 하므로 60km/h×0.8=48km/h

06 서행의 설명으로 옳은 것은?
① 차가 즉시 정지할 수 있는 느린 속도로 진행하는 것을 말한다.
② 15km/h 이하의 속도로 진행하는 것을 말한다.
③ 차가 완전히 정지된 상태, 즉 0km/h인 상태를 의미한다.
④ 차가 반드시 멈추어야 하되 얼마간의 시간동안 정지 상태를 유지해야 하는 교통 상황적 의미이다.

해설 서행(徐行)이란 운전자가 차를 즉시 정지시킬 수 있는 정도의 느린 속도로 진행하는 것을 말한다.

07 다음 중 서행하여야 하는 경우에 해당되지 않는 것은?
① 교통정리가 행하여지고 있지 않은 교차로
② 편도 3차로의 다리 위
③ 차로가 설치되지 아니한 좁은 도로에서 보행자의 옆을 통과할 때
④ 비탈길의 고갯마루 부근

해설 서행하여야 할 장소
① 교통정리를 하고 있지 아니하는 교차로
② 도로가 구부러진 부근
③ 비탈길의 고갯마루 부근
④ 가파른 비탈길의 내리막
⑤ 시·도경찰청장이 안전표지로 지정한 곳

08 일시정지의 의미에 대한 설명으로 옳은 것은?
① 차가 5km/h 미만의 속도로 진행하는 것을 말한다.
② 차가 즉시 정지할 수 있는 느린 속도로 진행하는 것을 말한다.
③ 차가 일시적으로 바퀴를 완전히 멈추어야 하는 행위 자체를 의미한다.
④ 반드시 차가 멈추어야 하되 얼마간의 시간동안 정지 상태를 유지해야 하는 교통상황의 의미로서 정지상황의 일시적 전개를 말한다.

해설 일시정지의 의미는 반드시 차가 멈추어야 하되, 얼마간의 시간동안 정지 상태를 유지해야 하는 교통상황의 의미로서 정지상황의 일시적 전개를 말한다.

09 일시정지를 하여야 하는 경우에 해당되지 않는 것은?
① 가파른 비탈길의 내리막을 내려갈 때
② 정지선이나 횡단보도가 있는 곳에서 적색등화가 점멸 작동하고 있는 때
③ 앞을 보지 못하는 사람이 흰색지팡이를 가지고 도로를 횡단하고 있을 때
④ 철길건널목을 통과하고자 하는 때

해설 가파른 비탈길의 내리막을 내려갈 때는 서행하여야 한다.

정답 01.④ 02.③ 03.③ 04.④ 05.②
정답 06.① 07.② 08.④ 09.①

10 일단정지의 설명으로 옳은 것은?
① 반드시 차가 일시적으로 바퀴를 완전히 멈추어야 하는 행위자체의 의미로서 운행의 순간적 정지를 말한다.
② 반드시 차가 멈추어야 하되 얼마간의 시간동안 정지 상태를 유지해야 하는 교통상황을 말한다.
③ 반드시 차가 일시적으로 바퀴를 멈추어야 하는 행위자체만을 의미한다.
④ 차가 완전히 정지된 상태를 말한다.

11 교차로 또는 그 부근에서 긴급자동차에 대한 피양 방법으로 옳은 것은?
① 속도를 높여 긴급자동차 보다 빨리 진행한다.
② 교차로 중앙에 일시 정지하여 진로를 양보한다.
③ 속도를 줄이면서 앞지르기 하라는 신호를 한다.
④ 교차로를 피하여 도로의 우측 가장자리에 일시 정지한다.

해설 교차로 또는 그 부근에서 긴급자동차가 접근하였을 때에는 교차로를 피하여 도로의 우측 가장자리에 일시 정지한다.

12 무면허 운전 금지규정 위반 또는 그 밖의 사유로 운전면허가 취소된 후 면허시험에 응시할 수 있는 기간의 설명으로 틀린 것은?
① 무면허 운전금지 규정에 위반하여 자동차 등을 운전한 경우 위반한 날로부터 1년
② 운전면허 효력 정지 기간 중 운전으로 인하여 운전면허가 취소된 경우 위반한 날로부터 1년
③ 음주운전 금지규정에 위반하여 운전 중 2회 이상 교통사고를 일으킨 경우 운전면허가 취소된 날로부터 4년
④ 음주운전 금지 또는 과로, 질병, 약물의 영향으로 정상적 운전을 못할 염려가 있는 때의 운전금지 규정에 위반하여 운전 중 사고를 야기하고 구호조치 및 신고의무를 위반한 경우 위반한 날로부터 4년

해설 음주운전 금지규정에 위반하여 운전 중 2회 이상 교통사고를 일으킨 경우 운전면허가 취소된 날로부터 3년 기간이 지나지 아니하면 운전면허를 받을 수 없다.

13 술에 취한 상태에서의 운전 금지규정의 설명으로 틀린 것은?
① 술에 취한 상태의 기준은 혈중알코올농도 0.03% 이상이다.
② 혈중알코올농도 0.03% 이상 0.08%미만의 상태로 음주 운전한 경우 운전면허 벌점은 100점이다.
③ 혈중알코올농도 0.08% 이상의 상태로 음주 운전한 경우 운전면허는 취소된다.
④ 소주를 마신 후 얼굴에 주기가 나타난 상태로 운전한 경우 주취운전에 해당된다.

14 운전면허 행정처분 기준의 감경사유에 해당되는 것은?
① 모범운전자로서 처분 당시 3년 이상 교통봉사활동에 종사하고 있는 경우
② 혈중알코올농도 0.11% 상태로 주취 운전한 경우
③ 과거 5년 이내에 3회 이상 인적피해 교통사고를 일으킨 전력이 있는 경우
④ 경찰관의 음주측정 요구에 불응한 경우

해설 운전면허 행정처분 기준에서 운전이 가족의 생계를 유지할 중요한 수단이 되거나, 모범운전자로서 처분당시 3년 이상 교통 봉사활동에 종사하고 있는 경우에는 감경사유가 된다.

15 업무상 과실 또는 중대한 과실로 인하여 사람을 사상에 이르게 한 자는 ( ) 이하의 금고 또는 ( )원 이하의 벌금에 처한다. 다음 중 ( )안에 알맞은 것은?
① 10년 이하의 금고 또는 3,000만 원 이하의 벌금에 처한다.
② 5년 이하의 금고 또는 2,000만 원 이하의 벌금에 처한다.
③ 5년 이하의 금고 또는 1,000만 원 이하의 벌금에 처한다.
④ 10년 이하의 금고 또는 2,000만 원 이하의 벌금에 처한다.

해설 업무상 과실 또는 중대한 과실로 인하여 사람을 사상에 이르게 한 자는 5년 이하의 금고 또는 2,000만 원 이하의 벌금에 처한다.

16 교통사고처리특례법의 중대과실 12개항의 주취운전 위반에서 주취의 기준으로 맞는 것은?
① 혈중알코올농도 0.05% 이상
② 혈중알코올농도 0.10% 이상
③ 혈중알코올농도 0.01% 이상
④ 혈중알코올농도 0.03% 이상

해설 운전이 금지되는 술에 취한 상태의 기준은 운전자의 혈중알코올농도가 0.03% 이상인 경우로 한다.

17 교통사고처리특례법상 중대과실 12개항에 해당되지 않는 것은?
① 신호 또는 지시위반 사고
② 중앙선 침범사고
③ 보도 침범사고
④ 과속 20km/h 이하 위반 사고

18 우리나라 교통사고 중 중대과실의 원인인 교통사고에서 발생 빈도가 가장 높은 것은?
① 횡단보도 보행자 보호의무 위반
② 중앙선 침범
③ 앞지르기 금지 또는 방법위반
④ 과속사고

19 횡단보도를 횡단하는 보행자로 볼 수 없는 것은?
① 자전거를 끌고 횡단한다.
② 이륜차를 타고 횡단한다.
③ 이륜차를 끌고 횡단한다.
④ 뛰어서 횡단하는 어린이

20 화물자동차운수사업법 제정 목적에 속하지 않는 것은?
① 개인의 이윤추구
② 공공복리의 증진
③ 화물의 원활한 수송
④ 운수사업의 효율적 관리

해설 화물자동차운수사업법 제정의 목적
① 운수사업의 효율적 관리,
② 화물의 원활한 운송,
③ 공공복리 증진

정답 10.① 11.④ 12.③ 13.④ 14.① 15.② 16.④ 17.④ 18.② 19.② 20.①

21 화물운송종사자 자격이 취소되는 경우에 해당되는 것은?

① 도로교통법상 화물자동차를 운전할 수 있는 운전면허를 취득한 때
② 화물운송종사자 자격증을 타인에게 빌려준 때
③ 화물운송종사자 자격정지 기간이 종료되어 화물운송 업무에 종사한 때
④ 국토교통부장관이 시행하는 화물운송종사자 자격증을 취득한 때

22 이사화물의 일부 멸실 또는 훼손에 대한 사업자의 손해배상 책임은, 고객이 이사화물을 인도받은 날로부터 며칠 이내에 그 일부 멸실 또는 훼손의 사실을 사업자에게 통지하지 아니하면 소멸하는가?

① 10일 이내　　　　　② 20일 이내
③ 30일 이내　　　　　④ 60일 이내

> **해설** 이사화물의 일부 멸실 또는 훼손에 대한 사업자의 손해배상 책임은, 고객이 이사화물을 인도받은 날로부터 30일 이내에 그 일부 멸실 또는 훼손의 사실을 사업자에게 통지하지 아니하면 소멸한다.

23 화물운송사업 종사자 준수사항에 속하지 않는 것은?

① 운행 전 반드시 분해정비를 하여 안전운행을 할 것
② 정당한 이유 없이 화물을 중도에서 내리게 하는 행위
③ 정당한 이유 없이 화물의 운송을 거부하는 행위
④ 부당한 운임 또는 요금을 요구하거나 받는 행위

24 화물자동차 운송사업자가 중대한 교통사고 또는 빈번한 교통사고로 인하여 많은 사상자를 발생하게 한 때 국토교통부장관은 몇 월 이내의 기간을 정하여 화물자동차 운송사업의 전부 또는 일부의 정지를 명하거나 감차 조치를 명할 수 있는가?

① 3개월　　　　　② 6개월
③ 12개월　　　　④ 24개월

25 사업용 화물자동차의 정밀검사 유효기간은?

① 3년　　　　　② 2년
③ 1년　　　　　④ 6월

26 화물 운송장의 역할이 아닌 것은?

① 배달에 대한 증빙자료
② 행선지 분류정보 제공
③ 지출금 관련자료
④ 운송요금 영수증의 역할

> **해설** 운송장의 기능
> ① 계약서 기능　　　　② 화물 인수증 기능
> ③ 운송요금 영수증 기능　④ 정보처리 기본자료
> ⑤ 배달에 대한 증빙(배송에 대한 증거서류 기능)
> ⑥ 수입금 관리자료
> ⑦ 행선지 분류 정보 제공(작업지시서 기능)

27 운송장에 기록되어야 할 내용이 아닌 것은?

① 인수자 날인
② 운임의 지급 방법
③ 송수하인 주소, 성명, 전화번호
④ 수입내용

> **해설** 운송장에 기록되어야 할 내용은 운송장 번호와 바코드, 송하인 주소, 성명 및 전화번호, 수하인 주소 및 전화번호, 주문번호 또는 고객번호, 화물명, 화물의 가격, 화물의 크기(중량, 사이즈), 운임의 지급방법, 운송요금, 발송지(집하점), 도착지(코드), 집하자, 인수자 날인, 특기사항, 면책사항, 화물의 수량이다.

28 운송장에 기록하여야 할 내용으로 알맞은 것은?

① 배송인 주소, 성명, 전화번호
② 주문번호 또는 고객번호
③ 화물 운송자 주소, 성명, 전화번호
④ 화물의 도착 예정일

29 포장이 불안전하거나 파손 가능성이 높은 화물의 경우 어떤 조건을 붙여 수탁하는가?

① 파손 면책　　　　② 부패 면책
③ 배달지연 면책　　④ 배달 불능 면책

> **해설** 면책사항에서 포장이 불완전하거나 파손 가능성이 높은 화물인 때에는 파손 면책을, 수하인의 전화번호가 없는 때에는 배달지연 면책 및 배달 불능면책을, 식품 등 정상적으로 배달해도 부패의 가능성이 있는 화물인 때에는 부패 면책을 조건으로 화물운송을 수탁하는 것이다.

30 송하인이 운송장에 기재하여야 하는 사항으로 맞지 않는 것은?

① 배송인의 주소, 성명, 전화번호
② 물품의 품명, 수량, 가격
③ 특약사항 약관 설명, 확인필 자필서명
④ 파손품 및 냉동 부패성 물품의 경우 면책확인서 자필서명

> **해설** 송하인의 기재사항
> ① 송하인의 주소, 성명(또는 상호) 및 전화번호
> ② 수하인의 주소, 성명, 전화번호(거주지 또는 핸드폰 번호)
> ③ 물품의 품명, 수량, 가격
> ④ 특약사항 약관설명 확인필 자필 서명
> ⑤ 파손품 또는 냉동 부패성 물품의 경우 : 면책 확인서(별도 양식) 자필 서명

31 집하 담당자가 운송장에 기재하여야 하는 사항으로 맞지 않는 것은?

① 집하자 성명, 전화번호
② 배송인의 성명, 전화번호
③ 접수일자, 발송점, 도착점, 배달 예정일
④ 기타 물품의 운송에 필요한 사항

> **해설** 집하 담당자가 기재하는 사항
> ① 접수일자, 발송점, 도착점, 배달 예정일
> ② 운송료
> ③ 집하자 성명 및 전화번호
> ④ 수하인용 송장상의 좌측 하단에 총수량 및 도착점 코드
> ⑤ 물품의 운송에 필요한 사항

정답　21.② 22.③ 23.① 24.② 25.③ 26.③

정답　27.④ 28.② 29.① 30.① 31.②

32 운송장을 기재할 때 유의하여야 할 사항에 대한 설명으로 맞지 않은 것은?
① 고가품에 대하여는 품목과 가격을 정확히 확인하여 기재하고 할증료를 청구하여야 하며 할증료 거절시 특약사항을 설명하고 보상 한도에 대해 서명을 받는다.
② 같은 곳으로 2개 이상 보내는 물품에 대하여는 보조송장을 기재하며 보조송장도 주송장과 같이 정확한 주소와 전화번호를 기재한다.
③ 산간, 오지 섬지역 등 지역 특성을 고려하여 배달 예정일을 정한다.
④ 수하인의 주소 및 전화번호가 맞는지 확인은 하지 않아도 된다.

해설 운송장을 기재할 때 유의사항
① 화물인수 시 적합성 여부를 확인한 다음, 고객이 직접 운송장 정보를 기입하도록 한다.
② 운송장은 꼭꼭 눌러 기재하여 맨 뒷면까지 잘 복사되도록 한다.
③ 수하인의 주소 및 전화번호가 맞는지 재차 확인한다.
④ 도착점 코드가 정확히 기재되었는지 확인한다.(유사지역과 혼동되지 않도록)
⑤ 특약사항에 대하여 고객에게 고지한 후 특약사항 약관설명 확인필에 서명을 받는다.
⑥ 파손, 부패, 변질 등 문제의 소지가 있는 물품의 경우에는 면책 확인서를 받는다.
⑦ 고가품에 대하여는 그 품목과 물품가격을 정확히 확인하여 기재하고, 할증료를 청구하여야 하며, 할증료를 거절하는 경우에는 특약 사항을 설명하고 보상한도에 대해 서명을 받는다.
⑧ 같은 장소로 2개 이상 보내는 물품에 대해서는 보조송장을 기재할 수 있으며, 보조송장도 주송장과 같이 정확한 주소와 전화번호를 기재한다.
⑨ 산간오지, 섬 지역 등은 지역특성을 고려하여 배송 예정일을 정한다.

33 성인남자 단독으로 계속 작업할 때 1인당 화물의 무게 한도는?
① 5~10kg
② 10~15kg
③ 20~25kg
④ 15~20kg

해설 인력 운반중량 권장기준(인력운반 안전작업에 관한 지침)
① 일시작업(시간당 2회 이하) : 성인남자(25~30kg), 성인여자(15~20kg)
② 계속작업(시간당 3회 이상) : 성인남자(10~15kg), 성인여자(5~10kg)

34 운송화물의 적재방법의 설명으로 틀린 것은?
① 차의 동요로 안전이 파괴되기 쉬운 짐은 로프로 반드시 묶는다.
② 둥글고 구르기 쉬운 물건은 상자에 넣고 쌓는다.
③ 부피가 큰 것을 쌓을 때에는 가벼운 것은 밑에 무거운 것은 위에 쌓는다.
④ 볼트와 같이 세밀한 물건은 상자에 넣고 쌓는다.

해설 부피가 큰 것을 쌓을 때는 무거운 것은 밑에 가벼운 것은 위에 쌓는다.

35 화물을 취급하기 전에 준비, 확인 또는 확인할 사항 중 틀린 것은?
① 작업 도구는 당해 작업에 적합한 정상품으로 필요한 수량만큼 준비한다.
② 보호구의 자체 결함은 없는지 또는 사용방법은 알고 있는지 확인한다.
③ 유해, 유독화물은 위험에 대비한 약품 세척용구 등을 준비하지 않아도 된다.
④ 취급할 화물의 품목별, 포장별, 비포장별 등에 따른 취급방법 및 작업 순서를 사전 검토한다.

36 화물을 인수하는 요령을 설명한 것으로 적합한 것은?
① 포장 및 운송장 기재 요령을 숙지하지 않아도 된다.
② 집하 자제 품목 및 집하 금지 품목의 경우는 그 취지를 알릴 필요나 양해를 구할 필요 없이 거절한다.
③ 집하 물품의 도착지와 고객의 배달 요청이 당사의 배송 소요일 수 내에 가능한지 필히 확인하고 배송이 불가능한 물품도 인수한다.
④ 도서지역인 경우 그 지역에 적용되는 부대비용(항공료, 도선료 등)을 수하인에게 징수할 수 있음을 반드시 알려주고 인수한다.

해설 도서지역의 경우 차량이 직접 들어갈 수 없는 지역이 많아 착불로 거래 시 운임을 징수 할 수 없으므로 소비자의 양해를 얻어 운임 및 도선료는 선불로 처리한다.

37 한국공업규격에 의해 분류한 원동기부와 덮개가 운전실의 앞쪽에 나와 있는 트럭을 무엇이라고 하는가?
① 픽업
② 보닛 트럭
③ 밴
④ 캡 오버 트럭

해설 보닛트럭(cab-behind-engine truck)은 원동기부와 덮개가 운전실의 앞쪽에 나와 있는 트럭이다.

38 원동기의 전부 또는 대부분이 운전실 아래쪽에 있는 트럭을 한국공업규격에 의해 분류한 것으로 적합한 것은?
① 보닛 트럭
② 캡 오버 트럭
③ 픽업
④ 밴

해설 캡 오버트럭(cab-over-engine truck)은 원동기의 전부 또는 대부분이 운전실의 아래쪽에 있는 트럭이다.

39 화물실의 지붕이 없고 옆판이 운전대 외 일체로 되어 있는 소형 트럭을 한국공업규격에 의해 분류한 것으로 적합한 것은?
① 픽업
② 캡 오버 트럭
③ 밴
④ 보닛 트럭

해설 픽업(pickup)은 화물실의 지붕이 없고, 옆판이 운전대와 일체로 되어 있는 소형트럭이다.

40 총 하중의 일부분이 견인하는 자동차에 의해서 지탱되도록 설계된 트레일러를 무엇이라 하는가?
① 폴 트레일러
② 돌리
③ 레커트럭
④ 세미 트레일러

해설 세미 트레일러(semi-trailer)는 세미 트레일러용 트랙터에 연결하여 총 하중의 일부분이 견인하는 자동차에 의해서 지탱되도록 설계된 트레일러이다.

41 도로교통의 구성요소에 해당되지 않는 것은?
① 도로
② 차량
③ 사람
④ 궤도

42 교통사고의 3대 요인이 아닌 것은?
① 물리적 요인
② 인적요인
③ 차량요인
④ 도로환경 요인

해설 교통사고의 3대 요인은 인적 요인(운전자, 보행자), 차량 요인(자동차), 도로·환경 요인(도로구조, 안전시설)이다.

정답 32.④ 33.② 34.③ 35.③ 36.④ 37.② 38.② 39.① 40.④ 41.④ 42.①

43 보행자의 인지결함, 판단 착오, 동작 착오 중 교통사고와 가장 큰 관련이 있는 교통정보 인지결함의 원인에 속하지 않는 것은?

① 피곤한 상태여서 주의력이 저하되었다.
② 다른 생각을 하면서 보행하고 있었다.
③ 술에 많이 취해 있었다.
④ 횡단 중 전방과 좌·우 방향을 잘 확인하였다.

해설 교통정보 인지결함의 원인
① 술에 많이 취해 있었다.
② 등교 또는 출근시간 때문에 급하게 서둘러 걷고 있었다.
③ 횡단 중 한쪽 방향에만 주의를 기울였다.
④ 동행자와 이야기에 열중했거나 놀이에 열중했다.
⑤ 피곤한 상태여서 주의력이 저하되었다.
⑥ 다른 생각을 하면서 보행하고 있었다.

44 운전자의 시각 특성에 의해 교통사고가 가장 많이 발생하는 시간대는?

① 낮　　　　　　　② 밤중
③ 새벽　　　　　　④ 해질 무렵

45 명순응의 뜻에 대한 설명으로 옳은 것은?

① 어두운 장소에서 밝은 장소로 나온 후 눈이 익숙해져 시력이 회복되는 것을 말한다.
② 밝은 장소에서 어두운 장소로 들어간 후 눈이 익숙해져 시력이 회복되는 것을 말한다.
③ 주행 중 대향차량의 전조등 빛이 운전자의 눈에 비추면 일시적으로 시력의 장애를 일으키는 현상을 말한다.
④ 정지된 상태에서 한 물체에 눈을 고정시킨 자세로 양쪽 눈으로 볼 수 있는 시력의 좌·우 범위를 말한다.

해설 명순응이란 일광 또는 조명이 어두운 조건에서 밝은 조건으로 변할 때 사람의 눈이 그 상황에 적응하여 시력을 회복하는 것을 말한다.

46 횡단보도를 두고도 횡단보도가 아닌 곳으로 횡단하는 보행자의 심리상태가 아닌 것은?

① 횡단보도로 건너면 거리가 멀고 시간이 더 걸리기 때문에
② 자동차가 달려오지만 충분히 횡단할 수 있다고 판단해서
③ 평소 교통질서를 잘 지키는 습관을 그대로 답습
④ 술이 취해서

해설 비횡단보도를 횡단하는 보행자 상태
① 횡단보도로 건너면 거리가 멀고 시간이 더 걸리기 때문에
② 평소 교통질서를 잘 지키지 않는 습관을 그대로 답습
③ 자동차가 달려오지만 충분히 건널 수 있다고 판단해서
④ 갈 길이 바쁘거나 술에 취해서

47 보통의 성인남자를 기준으로 체내의 알코올이 제거되는 시간에 대한 설명으로 틀린 것은?

① 알코올 농도 0.5%일 경우 제거 소요시간은 30시간
② 알코올 농도 0.2%일 경우 제거 소요시간은 15시간
③ 알코올 농도 0.05%일 경우 제거 소요시간은 7시간
④ 알코올 농도 0.1%일 경우 제거시간은 10시간

해설 일본에서 보통의 성인 남자를 기준으로 체내 알코올 농도가 제거되는 소요시간을 조사한 결과는 다음과 같다.

알코올 농도	0.05%	0.1%	0.2%	0.5%
알코올 제거 소요시간	7시간	10시간	19시간	30시간

48 어린이 교통사고의 특징이 아닌 것은?

① 보행 중 사상자는 집에서 2km 이내의 거리에서 가장 많이 발생되고 있다.
② 시간대별 어린이 사상자는 오후 4시에서 오후 6시 사이에 가장 많다.
③ 보행 중 교통사고를 당하여 사상 당하는 비율이 절반 이상으로 가장 높다.
④ 학년이 높을수록 교통사고를 많이 당한다.

해설 어린이 교통사고의 특징
① 어릴수록 그리고 학년이 낮을수록 교통사고를 많이 당한다.
② 보행 중(차 대 사람) 교통사고를 당하여 사망하는 비율이 가장 높다.
③ 시간대별 어린이 사상자는 오후 4시에서 오후 6시 사이에 가장 많다.
④ 보행 중 사상자는 집이나 학교 근처 등 어린이 통행이 잦은 곳에서 가장 많이 발생되고 있다.

49 엔진브레이크에 대한 설명이다. 잘못된 것은?

① 내리막길에서는 풋 브레이크와 엔진 브레이크를 같이 사용하면 위험하다.
② 엔진 브레이크는 구동바퀴에 의해 엔진이 역으로 회전하는 것과 같이 되어 그 회전저항으로 제동력이 발생한다.
③ 고단기어에서 저단기어로 바꾸게 되면 엔진 브레이크가 작용하여 속도가 떨어지게 된다.
④ 가속페달을 밟았다 놓으면 엔진 브레이크가 작동하여 속도가 떨어지게 된다.

해설 엔진 브레이크는 가속페달을 놓거나 저단기어로 바꾸게 되면 엔진 브레이크가 작용하여 속도가 떨어지게 된다. 이것은 마치 구동바퀴에 의해 엔진이 역으로 회전하는 것과 같이 되어 그 회전 저항으로 제동력이 발생하는 것이다. 내리막길에서 풋 브레이크만 사용하게 되면 라이닝의 마찰에 의해 제동력이 떨어지므로 엔진 브레이크를 사용하는 것이 안전하다

50 원심력에 대한 설명으로 옳은 것은?

① 물체가 원운동을 하고 있을 때 그 물체가 작용하는 원의 중심에서 벗어나려고 하는 힘으로써 일명 구심력이라고도 한다.
② 물체가 원운동을 할 때 그 물체가 작용하는 원의 중심에서 벗어나려는 힘을 말한다.
③ 자동차를 감속하고 멈추게 하기 위한 힘을 말한다.
④ 자동차가 어떤 속도로 선회할 때 선회 중심의 방향에 작용하는 힘을 말한다.

해설 원심력이란 원의 중심으로부터 벗어나려는 힘이며, 원심력은 속도의 제곱에 비례하여 변한다. 또 원심력은 속도가 빠를수록, 커브가 작을수록, 또 중량이 무거울수록 커진다.

51 타이어의 회전속도가 빨라지면 접지부에서 받은 타이어의 변형(주름)이 다음 접지 시점까지도 복원되지 않고 접지의 뒤쪽에 진동의 물결이 일어나는 현상을 무엇이라 하는가?

① 수막현상
② 스탠딩 웨이브 현상
③ 베이퍼 로크 현상
④ 페이드 현상

해설 스탠딩 웨이브 현상이란 타이어가 회전하면 이에 따라 타이어의 전 원주에서는 변형과 복원을 반복한다. 타이어의 회전속도가 빨라지면 접지부에서 받은 타이어의 변형(주름)이 다음 접지 시점까지도 복원되지 않고 접지의 뒤쪽에 진동의 물결이 일어나는 현상을 말한다.

정답 43.④ 44.④ 45.① 46.③ 47.②

정답 48.④ 49.① 50.② 51.②

52 자동차가 물이 고인 노면을 고속으로 주행할 때 물의 저항에 의해 노면으로부터 떠올라 물위를 미끄러지듯이 되는 현상을 무엇이라 하는가?
① 스탠딩 웨이브 현상 ② 페이드 현상
③ 수막현상 ④ 베이퍼 로크 현상

해설 자동차가 물이 고인 노면을 고속으로 주행할 때 타이어는 그루부(타이어 홈) 사이에 있는 물을 배수하는 기능이 감소되어 물의 저항에 의해 노면으로부터 떠올라 물위를 미끄러지듯이 되는 현상이 발생하게 되는데 이 현상을 수막현상이라 한다.

53 비탈길을 내려가는 경우 또는 브레이크를 반복하여 사용하는 경우 마찰열이 라이닝에 축적되어 브레이크의 제동력이 저하되는 현상을 무엇이라 하는가?
① 페이드 현상 ② 홀드 현상
③ 슬라이딩 현상 ④ 베이퍼 로크 현상

해설 페이드 현상이란 긴 비탈길을 내려가거나 또는 브레이크를 반복하여 사용하면 마찰열이 라이닝에 축적되어 브레이크의 제동력이 저하되는 현상을 말한다.

54 자동차의 공주거리와 제동거리를 합한 거리를 무엇이라 하는가?
① 제동거리 ② 공주거리
③ 정지거리 ④ 이동거리

해설 정지거리는 공주거리와 제동거리를 합한 거리이며, 정지시간은 공주시간과 제동시간을 합한 시간이다.

55 자동차의 점검에 있어 필수적인 것으로 오감에 의한 점검방법에 해당되지 않는 것은?
① 후각에 의한 점검 ② 청각에 의한 점검
③ 촉각에 의한 점검 ④ 육감에 의한 점검

해설 오감에 의한 점검 방법
① 시각 : 물·오일·연료의 누설, 자동차의 기울어짐(부품이나 장치의 외부 굽힘·변형·녹슴 등)
② 청각 : 마찰음, 걸리는 쇳소리, 노킹소리, 긁히는 소리 등(이상한 음)
③ 촉각 : 볼트 너트의 이완, 유격, 브레이크 작동할 때 차량이 한쪽으로 쏠림, 전기배선 불량 등(느슨함, 흔들림, 발열 상태 등)
④ 후각 : 배터리 액의 누출, 연료누설, 전선 등이 타는 냄새 등(이상 발열·냄새)

56 자동차의 점검방법 중 오감에 의한 점검방법이 아닌 것은?
① 엔진의 이음 발생 여부 확인
② 타이어 공기압을 게이지로 점검
③ 배기가스의 색깔 점검
④ 계기판의 계기 확인

57 자동차 점검방법 중 후각에 의해 점검할 수 있는 것으로 적합한 것은?
① 연료의 누설, 전선의 타는 냄새, 클러치 디스크나 라이닝의 마찰로 인해 발생되는 타는 냄새
② 가·감속 시 차체의 떨림
③ 배기가스의 색깔
④ 오일이나 냉각수의 누수

58 교량과 교통사고에 대한 설명이다. 틀린 것은?
① 교량 접근로의 폭에 비하여 교량의 폭이 좁을수록 사고가 더 많이 발생한다.
② 교량의 접근로 폭과 교량의 폭이 같을 때 사고율이 가장 낮다.
③ 교량의 접근로 폭과 교량의 폭이 서로 다른 경우에도 교통통제 설비, 표지, 시선 유도표, 교량 끝단의 노면표시를 효과적으로 설치함으로써 사고를 감소시킬 수 있다.
④ 교량의 폭, 교량 접근부 등은 교통사고와 아무런 관계가 없다.

해설 교량의 폭, 교량 접근부 등은 교통사고와 밀접한 관계가 있다.

59 방어운전 요령에 대한 설명으로 틀린 것은?
① 장애물이 나타나 앞차가 브레이크를 밟았을 때 즉시 브레이크를 밟을 수 있도록 준비태세를 갖춘다.
② 기상변화에 대비해 체인이나 스노타이어 등을 미리 준비한다.
③ 교통이 혼잡할 때는 끼어들기 등으로 빨리 혼잡지역을 빠져 나간다.
④ 눈이나 비가 올 때는 가시거리 단축, 수막현상 등 위험요소를 염두에 두고 운전한다.

60 방어운전 요령에 대한 설명으로 맞는 것은?
① 다른 차의 옆을 통과할 때는 상대방 차가 진로를 변경하지 않으므로 미리 대비할 필요가 없다.
② 진로를 바꿀 때에는 상대방이 잘 알 수 있도록 여유 있게 신호를 보낸다.
③ 신호기가 설치되어 있지 않은 교차로에서는 주행하던 속도를 그대로 유지하고 좌·우의 안전을 확인한 후 통과한다.
④ 대형차의 뒤를 소형차로 뒤 따라 진행할 때는 신속하게 앞지르기 하여 대형차의 뒤에서 이탈한다.

61 커브 길에 대한 설명으로 옳지 않은 것은?
① 도로가 왼쪽 또는 오른쪽으로 굽은 곡선부의 도로구간을 말한다.
② 곡선반경이 길수록 완만한 커브길이 된다.
③ 곡선반경이 짧을수록 완만한 커브길이 된다.
④ 곡선부위 곡선반경이 극단적으로 길어져 무한대에 이르면 완전한 직선도로가 된다.

해설 곡선반경이 짧아질수록 급한 커브길이 된다.

62 급커브길 주행 요령에 대한 설명으로 틀린 것은?
① 풋 브레이크를 사용하여 충분히 속도를 줄인다.
② 후사경으로 오른쪽 후방의 안전을 확인한다.
③ 고단기어로 변속한다.
④ 커브 내각의 연장선에 이르렀을 때 핸들을 꺾는다.

해설 급커브 길에서는 저단 기어로 변속한다.

63 커브 길에서 교통사고의 위험을 설명한 것으로 적합하지 않은 것은?

① 시야 불량으로 인한 사고의 위험이 있다.
② 중앙선을 침범하여 대향차와 충돌할 위험이 있다.
③ 도로 외에 이탈 위험이 있다.
④ 시야의 확보가 쉬우므로 사고 위험이 적다.

해설 커브길 교통사고
　　①도로 외 이탈의 위험이 뒤따른다.
　　②중앙선을 침범하여 대향차와 충돌할 위험이 있다.
　　③시야불량으로 인한 사고의 위험이 있다.

64 커브길 주행 시의 안전운전 및 방어운전에 대한 설명으로 적합하지 않은 것은?

① 커브 길에서 앞지르기는 대부분 안전표지로 금지하고 있으나 안전표지가 없는 곳에서는 앞지르기를 해도 안전하다.
② 항상 반대 차로에서 차가 오고 있다는 것을 염두에 두고 차로를 준수하여 운전한다.
③ 중앙선을 침범하거나 중앙으로 치우쳐 운전하지 않는다.
④ 커브 길에서는 미끄러지거나 전복될 위험이 있으므로 부득이한 경우가 아니면 급핸들 조작이나 급제동을 하지 않는다.

해설 커브 길에서 앞지르기는 대부분 안전표지로 금지하고 있으나 금지표지가 없더라도 절대로 하지 않는다.

65 내리막 길 안전운전 및 방어운전의 요령에 대한 설명으로 적합하지 않은 것은?

① 내리막길을 내려가기 전에는 미리 감속하여 천천히 내려가며 엔진 브레이크로 속도를 조절하는 것이 바람직하다.
② 엔진 브레이크를 사용하면 페이드 현상을 예방하여 운행 안전도를 더욱 높일 수 있다.
③ 경사가 가파르지 않은 긴 내리막길을 내려갈 때 시선은 먼 곳을 바라보는 경향이 있기 때문에 무심코 가속페달을 밟게 되어 자신도 모르게 속도가 높아질 위험이 있으므로 조심해야 한다.
④ 내리막길에서 연료를 절약하기 위하여 기어를 중립에 놓고 내려가도 안전하다.

해설 도로의 오르막길 경사와 내리막길 경사가 같거나 비슷한 경우라면, 변속기 기어의 단수도 오르막 내리막을 동일하게 사용하는 것이 적절하다. 이는 앞서 사용 한 기어 단수가 적절하였다는 가정 하에서 적용하는 것이다.

66 직업 운전자의 기본예절 중 틀린 것은?

① 감내할 수 있는 약간의 어려움을 감수하는 것은 좋은 인간관계 유지를 위한 투자이다.
② 상대방의 여건, 능력, 개인차를 인정하지 않는 바탕이 있어야 한다.
③ 상대방에게 관심을 갖는 것은 상대로 하여금 내게 호감을 갖게 한다.
④ 성실성으로 상대는 신뢰를 갖게 되어 관계는 깊어지게 된다.

해설 상대방의 여건, 능력, 개인차를 인정하여 배려한다.

67 고객에게 인사할 때의 마음가짐이 아닌 것은?

① 인사는 무표정하게 한다.
② 경쾌하고 겸손한 인사말과 함께 한다.
③ 밝고 상냥한 미소로 한다.
④ 정성과 감사의 마음으로 한다.

해설 인사의 마음가짐
　　①정성과 감사의 마음으로 한다.
　　②예절 바르고 정중 하게 한다.
　　③밝고 상냥한 미소로 한다.
　　④경쾌하고 겸손한 인사말과 함께 한다.

68 악수에 대한 예절을 설명한 것으로 적합하지 않은 것은?

① 상대방의 눈을 바라보며 웃는 얼굴로 악수한다.
② 손이 더러울 때에는 양해를 구한다.
③ 손은 오른손이나 왼손 중 아무 손이나 상관없다.
④ 상대와 적당한 거리에서 손을 잡는다.

해설 악수에 대한 예절
　　① 상대와 적당한 거리에서 손을 잡는다.
　　② 손은 반드시 오른손을 내민다.
　　③ 손이 더러울 땐 양해를 구한다.
　　④ 상대의 눈을 바라보며 웃는 얼굴로 악수한다.
　　⑤ 허리는 건방지지 않을 만큼 자연스레 편다.(상대방에 따라 10~15° 정도 굽히는 것도 좋다)
　　⑥ 계속 손을 잡은 채로 말하지 않는다.
　　⑦ 손을 너무 세게 쥐거나 또는 힘없이 잡지 않는다.
　　⑧ 왼손은 자연스럽게 바지 옆선에 붙이거나 오른손 팔꿈치를 받쳐준다.

69 인사의 중요성에 대한 설명으로 적합하지 않은 것은?

① 인사는 서비스의 주요기법에 포함되지 않는다.
② 인사는 고객에 대한 마음가짐의 표현이다.
③ 인사는 고객과 만나는 첫 걸음이다.
④ 인사는 애사심, 존경심, 우애, 자신의 교양과 인격의 표현이다.

해설 인사의 중요성
　　① 인사는 평범하고도 대단히 쉬운 행위이지만 습관화되지 않으면 실천에 옮기기 어렵다.
　　② 인사는 애사심, 존경심, 우애, 자신의 교양과 인격의 표현이다.
　　③ 인사는 서비스의 주요 기법이다.
　　④ 인사는 고객과 만나는 첫걸음이다.
　　⑤ 인사는 고객에 대한 마음가짐의 표현이다.
　　⑥ 인사는 고객에 대한 서비스정신의 표시이다.

70 호감 받는 표정의 중요성을 설명한 것으로 틀린 것은?

① 첫 인상이 좋아야 그 이후의 대면이 호감 있게 이루어 질 수 있다.
② 표정은 가능한 무표정한 것이 좋다.
③ 표정은 첫인상을 크게 좌우한다.
④ 첫인상은 대면 직후 결정되는 경우가 많다.

해설 표정의 중요성
　　① 표정은 첫인상을 크게 좌우한다.
　　② 첫인상은 대면 직후 결정되는 경우가 많다.
　　③ 첫인상이 좋아야 그 이후의 대면이 호감 있게 이루어질 수 있다.
　　④ 밝은 표정은 좋은 인간관계의 기본이다.
　　⑤ 밝은 표정과 미소는 자신을 위하는 것이라 생각한다.

71 고객과 대화할 때 유의사항으로 적합하지 않은 것은?

① 매사를 함부로 단정하지 않고 말한다.
② 남이 이야기하는 도중에 분별없이 차단하지 않는다.
③ 엉뚱한 곳을 보고 말을 듣고 말하는 버릇은 고친다.
④ 남들 앞에서 상대방의 약점을 지적한다.

정답 63.④ 64.① 65.④ 66.② 67.①

정답 68.③ 69.① 70.② 71.④

72 운행 전 일상점검을 하여 이상이 발견된 경우 누구에게 즉시 보고하여야 하는가?
① 정비 관리자
② 정비 책임자
③ 배차계
④ 운수업 사장

73 운전자가 운행 전에 확인하여야 하는 사항이 아닌 것은?
① 전달사항 확인
② 배차사항 및 지시사항 확인
③ 적재물의 탁송인 확인
④ 적재물의 특성 확인

> **해설** 운전자는 운행하기 전에 배차사항 및 지시, 전달사항을 확인하고 적재물의 특성을 확인하여 특별한 안전조치가 요구되는 화물에 대하여는 사전 안전장비 장치 및 휴대한 후 운행하여야 한다.

74 물류계획 수립의 주요영역이 아닌 것은?
① 설비의 입지
② 수송의사 결정
③ 물류비용 결정
④ 재고의사 결정

> **해설** 물류 계획 수립의 주요 영역 : 고객 서비스 수준, 설비(보관 및 공급시설)의 입지결정, 재고의사 결정, 수송의사 결정

75 화주기업이 고객 서비스 향상, 물류비 절감 등 물류활동을 효율화할 수 있도록 공급사실상의 기능 전체 혹은 일부를 대행하는 업종을 무엇이라 하는가?
① 제4자 물류업
② 제3자 물류업
③ 제2자 물류업
④ 제1자 물류업

> **해설** 화주기업이 직접 물류활동을 처리하는 자사물류를 제1자 물류, 물류자회사에 의해 처리하는 경우를 제2자 물류, 그리고 이들 물류와 구분하는 차원에서 화주기업이 자기의 모든 물류활동을 외부에 위탁하는 경우(단순 물류 아웃소싱 포함)를 제3자 물류로 부른다.

76 제3자 물류에 의한 물류혁신 기대효과를 설명한 것으로 틀린 것은?
① 물류산업의 합리화에 의한 고물류비 구조를 혁신
② 고품질 물류서비스의 제공으로 제조업체의 경쟁력 강화 지원
③ 종합물류서비스의 비활성화
④ 공급체인관리 도입, 확산 촉진

> **해설** 제3자 물류에 의한 물류혁신 기대효과
> ① 물류 산업의 합리화에 의한 고물류비 구조를 혁신
> ② 고품질 물류 서비스의 제공으로 제조업체의 경쟁력 강화 지원
> ③ 종합 물류 서비스의 활성화
> ④ 공급망 체인 관리 도입·확산의 촉진

77 제3자 물류의 기능에 컨설팅 업무를 수행하는 것을 무엇이라 하는가?
① 제4자 물류
② 제4자 물류 공급자
③ 제4자 물류 유통
④ 제4자 물류 관리

> **해설** 제4자 물류란 제3자 물류의 기능에 컨설팅 업무를 추가 수행하는 것으로, 제4자 물류의 개념은 '컨설팅 기능까지 수행할 수 있는 제3자 물류'로 정의 내릴 수도 있다.

78 택배 종사자의 서비스 자세에 포함되지 않는 것은?
① 상품을 판매하고 있다고 생각한다.
② 진정한 택배 종사자로서 대접 받을 수 있도록 행동한다.
③ 운송장은 반드시 고객에게 작성하라고 한다.
④ 애로사항이 있더라도 극복하고 고객만족을 위하여 최선을 다한다.

> **해설** 택배 종사자의 서비스 자세
> ① 애로사항이 있더라도 극복하고 고객 만족을 위하여 최선을 다한다.
> ② 진정한 택배 종사자로서 대접받을 수 있도록 행동한다.
> ③ 상품을 판매하고 있다고 생각한다.

79 택배 종사자의 용모와 복장에 대한 내용이다. 틀린 것은?
① 선글라스를 반드시 착용하도록 한다.
② 슬리퍼는 혐오감을 준다.
③ 고객도 복장과 용모에 따라 대한다.
④ 명찰은 신분 확인증

> **해설** 택배 종사자의 용모와 복장
> ① 복장과 용모, 언행을 통제한다.
> ② 고객도 복장과 용모에 따라 대한다.
> ③ 신분확인을 위해 명찰을 패용한다.
> ④ 선글라스는 강도, 깡패로 오인할 수 있다.
> ⑤ 슬리퍼는 혐오감을 준다.
> ⑥ 항상 웃는 얼굴로 서비스 한다.

80 국내 화주기업 물류의 문제점이 아닌 것은?
① 물류 전문 업체의 물류 인프라 활용도 미약
② 시설간, 업체간 표준화 미약
③ 제조 물류업체간 협조성 미비
④ 제3자 물류(3P/L) 기능의 강화(제안적, 변형적 형태)

> **해설** 국내 화주기업 물류의 문제점
> ① 각 업체의 독자적 물류기능 보유(합리화 장애),
> ② 제3자 물류(3PL) 기능의 약화(제안적·변형적 형태),
> ③ 시설간·업체간 표준화 미약,
> ④ 제조·물류 업체간 협조성 미비,
> ⑤ 물류 전문 업체의 물류 인프라 활용도 미약

정답 72.① 73.③ 74.③ 75.② 76.③ 77.① 78.③ 79.① 80.④

제2회 기출문제　　화물운송종사자격시험

01 다음 중 1종 대형 운전면허만으로 운전할 수 있는 차는?

① 15인 승합자동차
② 37인승 승합자동차
③ 11.5톤 화물자동차
④ 12인승 긴급자동차

> **해설** 1종 대형면허 만으로 운전할 수 있는 차량
> ① 승차정원 16명 이상의 승합자동차
> ② 총중량 10톤 초과의 특수자동차
> ③ 적재중량 12톤 초과의 화물자동차

02 다음 중 40km/h 속도 위반시 4톤을 초과하는 화물차량에 대한 범칙금으로 맞는 것은?

① 9만 원
② 10만 원
③ 12만 원
④ 13만 원

> **해설** 속도 위반(40km/h 초과 60km/h 이하) 범칙금
> ① 4톤 초과 화물자동차, 특수자동차 : 13만 원
> ② 4톤 이하 화물자동차 : 12만 원

03 다음 용어 중 그 의미가 다른 것은?

① 갓길
② 노견
③ 길 어깨
④ 중앙분리대

04 철도건널목 통과방법으로 맞는 것은?

① 서행
② 일시정지
③ 일단정지
④ 정차

> **해설** 모든 차의 운전자는 철길건널목을 통과하려는 경우에는 건널목 앞에서 일시정지하여 안전한지 확인한 후에 통과하여야 한다. 다만, 신호기 등이 표시하는 신호에 따르는 경우에는 정지하지 아니하고 통과할 수 있다.

05 운전면허 행정처분 기준에 의하여 누산점수 81점 이상인 자가 받는 검사로 맞는 것은?

① 특별검사
② 정기검사
③ 수시검사
④ 일상검사

> **해설** 특별검사를 받아야 하는 사람
> ① 교통사고를 일으켜 사람을 사망하게 한 사람
> ② 교통사고를 일으켜 5주 이상의 치료가 필요한 상해를 입힌 사람
> ③ 과거 1년간 도로교통법 시행규칙에 따른 운전면허행정처분기준에 따라 산출된 누산점수가 81점 이상인 사람

06 다음 중 다른 자동차를 견인하거나 구난작업 또는 특수한 작업을 수행하기에 적합하게 제작된 자동차는?

① 덤프트럭
② 소방용자동차
③ 특수 자동차
④ 상용자동차

> **해설** 화물자동차의 유형별 세부기준
> ① 일반형 : 보통의 화물운송용인 것
> ② 덤프형 : 적재함을 원동기의 힘으로 기울여 적재물을 중력에 의하여 쉽게 미끄러뜨리는 구조의 화물운송용인 것
> ③ 밴형 : 지붕 구조의 덮개가 있는 화물운송용인 것
> ④ 특수 용도형 : 특정한 용도를 위하여 특수한 구조로 하거나, 기구를 장치한 것으로서 위 어느 형에도 속하지 아니하는 화물운송용인 것(예 : 청소차, 살수차, 소방차, 냉장 · 냉동차, 곡물 · 사료운반차 등)

07 다음 중 버스 전용차로 차선의 색으로 맞는 것은?

① 청색
② 백색
③ 황색
④ 적색

> **해설** 노면표시의 기본 색상
> ① 백색은 동일방향의 교통류 분리 및 경계표시
> ② 황색은 반대방향의 교통류 분리 또는 도로이용의 제한 및 지시(중앙선 표시, 노상 장애물 중 도로중앙 장애물 표시, 주차금지 표시, 정차 · 주차금지 표시 및 안전지대표시)
> ③ 청색은 지정방향의 교통류 분리 표시(버스전용차로 표시 및 다인승차량 전용차선 표시)
> ④ 적색은 어린이 보호구역 또는 주거지역 안에 설치하는 속도제한 표시의 테두리선에 사용

08 시장, 군 · 구, 구청장이 버스 전용차로를 설치하고자 할 때 의견을 물어보아야 할 기관으로 맞는 것은?

① 시 · 도 경찰청장
② 관할 경찰서장
③ 광역단체장
④ 도로관리사업소장

> **해설** 시장 등은 원활한 교통을 확보하기 위하여 특히 필요한 경우에는 시 · 도 경찰청장이나 경찰서장과 협의하여 도로에 전용차로(차의 종류나 승차 인원에 따라 지정된 차만 통행할 수 있는 차로를 말한다. 이하 같다)를 설치할 수 있다. 시장 등과 경찰청장은 전용차로를 설치하거나 폐지한 경우에는 그 구간과 기간 및 통행시간 등을 정하여(폐지하는 경우에는 통행시간은 제외한다) 고시하고, 신문 · 방송 등을 통하여 널리 알려야 한다.

09 다음 중 앞지르기 방법으로 옳은 것은?

① 앞차의 우측으로 통행하여야 한다.
② 앞차의 좌측으로 통행하여야 한다.
③ 반대방향의 교통에는 주의하지 않아도 된다.
④ 앞지르기 할 때에는 경음기를 계속 사용하면서 과속으로 신속하게 한다.

> **해설** 모든 차의 운전자는 다른 차를 앞지르려면 앞차의 좌측으로 통행하여야 한다. 앞지르려고 하는 모든 차의 운전자는 반대방향의 교통과 앞차 앞쪽의 교통에도 주의를 충분히 기울여야 하며, 앞차의 속도 · 진로와 그 밖의 도로상황에 따라 방향지시기 · 등화 또는 경음기(警音機)를 사용하는 등 안전한 속도와 방법으로 앞지르기를 하여야 한다.

정답 01.② 02.④ 03.④ 04.② 05.① 06.③　　98　　**정답** 07.① 08.② 09.②

10 다음은 사망사고에 대한 설명이다. 틀린 것은?
① 행정상의 구분은 교통사고 발생 후 72시간 내에 사망한 것을 말한다.
② 통계상의 구분은 사고발생 후 30일 이내에 사망한 것을 말한다.
③ 교통사고 발생 후 72시간이 지난 후 사망한 경우에는 사고 운전자의 형사책임은 피해자가 부상한 경우와 동일하게 처벌된다.
④ 교통사고 발생 후 72시간이 지난 후 사망한 경우라도 사망의 원인이 교통사고에 기인되었다면 사고 운전자는 사망사고에 대한 형사책임이 있다.

11 다음 교통사고 사례 중 중앙선 침범에 적용되는 것은?
① 주행 중 좌측 앞 타이어 펑크로 인하여 중앙선을 침범하여 대향차량과 충돌하였다.
② 앞 차량을 추돌하여 그 충격으로 앞 차량이 중앙선을 침범하여 대향차량과 충돌하였다.
③ 황색 실선의 중앙선이 설치된 구간을 유턴하던 중 대향차량과 충돌하였다.
④ 졸음운전으로 중앙선을 침범하여 반대편에 주차중인 차량을 충돌하였다.

12 다음 중 운전자의 인지 지연반응 시간 중 가장 짧은 반응시간으로 맞는 것은?
① 반사적 반응   ② 단순한 반응
③ 복잡한 반응   ④ 분별적 반응

13 제1종 운전면허의 시력기준(교정시력 포함)으로 맞는 것은?
① 두 눈을 뜨고 잰 시력이 0.5 이상, 양 쪽 눈의 시력이 각각 0.5 이상, 붉은색, 녹색, 노란색의 색채 식별이 가능
② 두 눈을 뜨고 잰 시력이 0.6 이상, 양 쪽 눈의 시력이 각각 0.4 이상, 붉은색, 녹색, 노란색의 색채 식별이 가능
③ 두 눈을 뜨고 잰 시력이 0.7 이상, 양 쪽 눈의 시력이 각각 0.5 이상, 붉은색, 녹색, 노란색의 색채 식별이 가능
④ 두 눈을 뜨고 잰 시력이 0.8 이상, 양 쪽 눈의 시력이 각각 0.5 이상, 붉은색, 녹색, 노란색의 색채 식별이 가능

14 시축(視軸)에서 시각이 약 3도 벗어나면 시력 저하는?
① 80%   ② 70%
③ 60%   ④ 50%

해설 시야 범위 안에 있는 대상물이라 하더라도 시축에서 벗어나는 시각(視角)에 따라 시력이 저하된다. 그 정도는 시축(視軸)에서 시각 약 3° 벗어나면 약 80%, 6° 벗어나면 약 90%, 12° 벗어나면 약 99%가 저하된다.

15 작은 것은 멀리 있는 것 같이, 덜 밝은 것은 멀리 있는 것으로 느껴지는 현상으로 맞는 것은?
① 명암의 착각   ② 원근의 착각
③ 대소의 착각   ④ 비교의 착각

해설 착각
① 크기의 착각 : 어두운 곳에서는 가로 폭보다 세로 폭을 보다 넓은 것으로 판단한다.
② 원근의 착각 : 작은 것은 멀리 있는 것 같이, 덜 밝은 것은 멀리 있는 것으로 느껴진다.

16 다음 중 운전피로에 의한 사고발생의 잠재적 요인으로 볼 수 없는 것은?
① 주의력 집중 편재
② 운전 조작의 잘못
③ 생화학적 반응
④ 외부의 정보를 차단하는 졸음

해설 대체로 운전 피로는 운전조작의 잘못, 주의력 집중의 편재, 외부의 정보를 차단하는 졸음 등을 불러와 교통사고의 직접·간접 원인이 된다.

17 다음 중 고령 운전자의 교통안전 장애 요인에 해당되지 않는 것은?
① 반사 신경의 둔화
② 경험 부족
③ 동작능력 저하
④ 돌발사태의 대응력 미흡

18 다음 중 타이어의 역할이 아닌 것은?
① 자동차가 달리거나 멈추는 것을 원활하게 한다.
② 자동차의 중량을 지지해 준다.
③ 진행방향을 전환하거나 조정 안전성을 저해한다.
④ 지면으로부터 받는 충격을 흡수하여 승차감을 좋게 한다.

19 다음 중 원심력에 대한 설명으로 맞는 것은?
① 원운동을 하고 있는 물체가 그 물체에 작용하는 원의 중심에서 벗어나려는 힘
② 원운동을 하고 있는 물체가 그 물체에 작용하는 원의 중심으로 쏠리려고 하는 힘
③ 자동차를 가속시킬 때 필요한 힘
④ 선회하는 자동차의 타이어 접지면에 횡방향으로 미끄러지려고 하는 힘

해설 원심력이란 원의 중심으로부터 벗어나려는 힘이며, 원심력은 속도의 제곱에 비례하여 변한다. 또 원심력은 속도가 빠를수록, 커브가 작을수록, 또 중량이 무거울수록 커진다.

20 비가 내려 물이 고여 있는 도로 위를 자동차가 고속으로 달리면 타이어와 노면 사이에 수막층이 생겨 마치 차가 스키를 타는 것과 같은 상태가 되며 승용차의 경우 보통 90km/h 이상 달리면 이러한 현상이 발생되지만 타이어 마모상태, 공기압 등에 따라 달라진다. 무엇에 대한 설명인가?
① 수막현상
② 하이드로 플래닝 현상
③ 베이퍼 록 현상
④ 페이드 현상

해설 자동차가 물이 고인 노면을 고속으로 주행할 때 타이어는 그루부(타이어 홈) 사이에 있는 물을 배수하는 기능이 감소되어 물의 저항에 의해 노면으로부터 떠올라 물위를 미끄러지듯이 되는 현상이 발생하게 되는데 이 현상을 수막현상이라 한다.

정답 10.③ 11.③ 12.① 13.④ 14.① 15.② 16.③ 17.② 18.③ 19.① 20.①

21 자동차가 정지위치에서 급출발하면 바퀴는 이동하려 하지만 차체는 정지하고 있기 때문에 앞 범퍼 부분이 위로 들리는 현상이 나타나는데 이와 같은 현상을 무엇이라 하는가?
① 노즈 다운
② 노즈 업
③ 시미현상
④ 내륜차 현상

해설 노즈 업 : 자동차가 출발할 때 구동바퀴는 이동하려 하지만 차체는 정지하고 있기 때문에 앞 범퍼 부분이 들리는 현상이며, 스쿼트(Squat) 현상이라고도 한다.

22 운전자가 위험 상황을 인지하고 가속페달에서 발을 떼어 브레이크 페달로 발을 옮겨 밟아 브레이크가 듣기 시작할 때까지 자동차는 계속 주행한다. 이 시간 동안 자동차가 주행한 거리를 무엇이라 하는가?
① 정지거리
② 제동거리
③ 공주거리
④ 반응거리

해설 공주거리 : 운전자가 자동차를 정지시켜야 할 상황임을 지각하고 브레이크 페달로 발을 옮겨 브레이크가 작동을 시작하는 순간까지 자동차가 진행한 거리

23 자동차의 이상 징후를 판단하는데 활용하는 오감의 작용 중 활용도가 가장 낮은 것은?
① 후각
② 미각
③ 시각
④ 촉각

24 자동차의 엔진 시동이 꺼진 후 재시동이 안 되는 경우 점검방법이 아닌 것은?
① 워터 세퍼레이터 내 결빙 확인
② 인젝션 펌프 에어 빼기
③ 연료 차단 솔레노이드 밸브 작동상태 확인
④ 브레이크 파이프 및 호스 연결부분 에어 유입 확인

해설 재시동이 불가한 경우 점검방법
① 연료 파이프 및 호스 연결부분 에어 유입 확인
② 연료 차단 솔레노이드 밸브 작동상태 확인
③ 워터 세퍼레이터 내 결빙 확인

25 다음 중 이면도로에서 운전방법으로 옳지 않은 것은?
① 차도와 보도가 구분되어 있지 않으므로 보행자의 통행에 주의한다.
② 특히 어린이 노약자 등의 보행에 주의한다.
③ 이면도로는 속도의 규제가 없으므로 교통이 한적할 때는 고속으로 주행해도 된다.
④ 자전거 오토바이 등의 통행에 유의하며 안전한 속도로 서행한다.

26 다음 중 슬로우 인 패스트 아웃(Slow in fast out)의 방법으로 주행해야 하는 곳으로 맞는 것은?
① 고속도로
② 직선로
③ 커브길
④ 오르막 길

해설 커브 길에서의 핸들조작은 슬로우 인, 패스트 아웃 원리에 입각하여 커브 진입직전에 핸들조작이 자유로울 정도로 속도를 감속한다.

27 타이어 트레드 홈의 깊이는 최저 몇 mm 이상 되어야 하는가?
① 1.5mm
② 1.6mm
③ 2.0mm
④ 2.5mm

28 다음 중 화물자동차 1대를 사용하여 화물을 운송하는 사업은?
① 용달 화물자동차 운송사업
② 일반 화물자동차 운송사업
③ 개별 화물자동차 운송사업
④ 개인 화물자동차 운송사업

해설 화물자동차 운송사업의 종류
① 일반 화물자동차 운송사업 : 일정 대수 이상의 화물자동차를 사용하여 화물을 운송하는 사업
② 개별 화물자동차 운송사업 : 화물자동차 1대를 사용하여 화물을 운송하는 사업
③ 용달 화물자동차 운송사업 : 소형 화물자동차를 사용하여 화물을 운송하는 사업

29 화물의 멸실, 훼손 또는 인도의 지연으로 인한 운송사업자의 손해배상 책임에 대하여 적용되는 법으로 맞는 것은?
① 민법
② 형법
③ 화물자동차운수사업법
④ 보험업법

해설 이사화물의 멸실, 훼손 또는 연착이 사업자 또는 그의 사용인 등의 고의 또는 중대한 과실로 인하여 발생한 때 또는 고객이 이사화물의 멸실, 훼손 또는 연착으로 인하여 실제 발생한 손해액을 입증한 경우에는 사업자는 민법 제393조의 규정에 따라 그 손해를 배상한다.

30 다음 중 비사업용 승용 자동차의 검사유효기간으로 맞는 것은?
① 최초 3년, 차령 10년 이하 2년, 10년 경과 1년
② 최초 4년, 차령 10년 이하 2년, 10년 경과 1년
③ 최초 4년, 차령에 관계없이 2년
④ 최초 2년, 차령에 관계없이 1년

해설 자동차 정기검사 유효기간

차종	비사업용 승용 및 피견인 자동차	사업용 승용 자동차	경형·소형의 승합 및 화물자동차	사업용 대형 화물자동차		그 밖의 자동차	
차령				2년 이하	2년 초과	5년 이하	5년 초과
유효 기간	2년 (최초 4년)	1년 (최초 2년)	1년	1년	6월	1년	6월

31 다음 중 자동차의 정밀검사 유효기간의 기산일로 맞는 것은?
① 종전 유효검사기간 만료일의 다음 날
② 종전 유효검사기간 만료일의 전 날
③ 종전 유효검사기간 만료일
④ 종전 유효검사기간 만료일의 전·후 5일

해설 정밀검사 기간 내에 정밀검사를 신청하여 정밀검사에서 적합판정(재검사기간 내에 적합판정을 받은 경우를 포함한다)을 받은 자동차의 정밀검사 유효기간은 종전 정밀검사 유효기간 만료일의 다음날부터 기산한다.

32 다음은 적재물 배상보험 가입 의무자에 해당되지 않는 것은?
① 최대적재량이 5톤 이상이거나 총중량이 10톤 이상인 화물자동차 중 국토교통부령이 정하는 화물자동차를 소유하고 있는 운송사업자
② 최대적재량이 1톤 이상이거나 총중량이 2.5톤 이상인 화물자동차 중 국토교통부령이 정하는 화물자동차를 소유하고 있는 운송사업자
③ 국토교통부령이 정하는 화물을 취급하는 운송주선사업자
④ 운송가맹사업자

정답 21.② 22.③ 23.② 24.④ 25.③ 26.③ 27.②

정답 28.③ 29.① 30.③ 31.① 32.②

33 화물운수종사자 자격정지기간 중에 화물자동차 운수사업의 운전업무에 종사한 때의 처분으로 맞는 것은?
① 6월 이내의 자격 정지
② 5월 이내의 자격 정지
③ 3월 이내의 자격 정지
④ 자격취소

34 다음 중 과징금의 용도로 맞는 것은?
① 화물운송종사자의 후생복지
② 화물운수사업협회 청사신축
③ 공동차고지의 건설 및 확충
④ 화물자동차의 성능개선을 위한 연구사업

해설 과징금의 용도
① 화물 터미널의 건설 및 확충
② 공동 차고지(사업자단체, 운송사업자 또는 운송가맹사업자가 운송사업자 또는 운송가맹사업자에게 공동으로 제공하기 위하여 설치하거나 임차한 차고지를 말한다)의 건설과 확충
③ 경영개선이나 그 밖에 화물에 대한 정보 제공사업 등 화물자동차 운수사업의 발전을 위하여 필요한 사항
④ 신고 포상금의 지급

35 다음 중 화물운수사업협회의 사업이 아닌 것은?
① 화물자동차운수사업의 건전한 발전과 운수사업자의 공동이익을 도모하는 사업
② 화물자동차의 제작설계 및 교통사고 통계와 사고예방에 관한 연구사업
③ 경영자와 운수종사자의 교육훈련
④ 화물자동차운수사업의 경영개선을 위한 지도

해설 화물자동차 운수사업 협회 사업
① 화물자동차운수사업의 건전한 발전과 운수사업자의 공동이익을 도모하는 사업
② 화물자동차운수사업의 진흥 및 발전에 필요한 통계의 작성 및 관리, 외국자료 수집·조사 및 연구사업
③ 경영자와 운수종사자의 교육훈련
④ 화물자동차운수사업의 경영개선을 위한 지도
⑤ 화물자동차운수사업법에서 협회의 업무로 정한 사항
⑥ 국가나 지방자치단체로부터 위탁받은 업무

36 다음 중 2.5톤 이상의 자가용 화물자동차 사용신고 기관으로 맞는 것은?
① 국토교통부장관
② 행정안전부장관
③ 읍, 면, 동장
④ 시·도지사

해설 화물자동차 운송사업과 화물자동차 운송가맹사업에 이용되지 아니하고 자가용으로 사용되는 화물자동차(이하 "자가용 화물자동차"라 한다)로서 대통령령으로 정하는 화물자동차(특수자동차를 제외한 화물자동차로서 최대적재량이 2.5톤 이상인 화물자동차)로 사용하려는 자는 국토교통부령으로 정하는 사항을 시·도지사에게 신고하여야 한다.

37 다음 중 운송화물의 적재 방법에 대한 설명으로 옳지 않은 것은?
① 차량의 동요로 안정을 잃기 쉬운 화물은 반드시 로프로 묶는다.
② 둥글고 구르기 쉬운 물건은 상자에 넣고 쌓는다.
③ 작은 물건은 상자에 넣고 쌓는다.
④ 부피나 무게에 상관없이 쌓는다.

해설 부피가 큰 것을 쌓을 때는 무거운 것은 밑에 가벼운 것은 위에 쌓는다.

38 다음 중 고압가스(gas) 운반시 유의사항으로 옳지 않은 것은?
① 차량의 최대적재량을 초과하여 적재하지 않는다.
② 이송 도중 주차할 수 있는 장소는 제한받지 않는다.
③ 이송 중 장시간 정차금지 및 불가피한 경우를 제외하고는 운반책임자와 운전자가 동시에 차량에서 이탈하지 않는다.
④ 200km 이상의 거리를 운행 시에는 중간에 충분한 휴식을 취한 후 운행한다.

해설 충전용기 등을 적재한 차량의 주·정차 장소 선정은 지형을 충분히 고려하여 가능한 한 평탄하고 교통량이 적은 안전한 장소를 택할 것. 또한 시장 등 차량의 통행이 현저히 곤란한 장소 등에는 주·정차하지 말 것

39 다음 중 물류 자회사에서 수행하는 물류업무로 맞는 것은?
① 제1자 물류업
② 제2자 물류업
③ 제3자 물류업
④ 제4자 물류업

해설 화주기업이 직접 물류 활동을 처리하는 자사 물류를 제1자 물류, 물류 자회사에 의해 처리하는 경우를 제2자 물류, 그리고 이들 물류와 구분하는 차원에서 화주기업이 자기의 모든 물류활동을 외부에 위탁하는 경우(단순 물류 아웃소싱 포함)를 제3자 물류로 부른다.

40 화물을 적재하지 않은 공차 상태로 운행하는 비율과 맞는 말은?
① 실차율
② 공차율
③ 적차율
④ 만차율

해설 화물자동차 운송의 효율성 지표
① 가동률 : 화물자동차가 일정기간에 걸쳐 실제로 가동한 일수
② 실차율 : 주행거리에 대해 실제로 화물을 싣고 운행한 거리의 비율
③ 적차율 : 최대적재량 대비 적재된 화물의 비율
④ 공차 거리율 : 주행거리에 대해 화물을 싣지 않고 운행한 거리의 비율

41 다음 중 화물명을 기재하는 이유에 해당되지 않는 것은?
① 화물의 중량에 대한 정보 제공
② 파손 또는 변질 등에 정보의 제공
③ 적재 작업시 적재위치에 참고
④ 고객의 신분에 관한 정보 제공

42 다음 중 송하인이 기재하여야 할 사항으로 맞지 않는 것은?
① 송하인의 주소, 성명
② 수하인의 주소, 성명
③ 특약사항 약관설명 확인필 자필 서명
④ 물품의 제조자, 내구 연한

해설 송하인의 기재사항
① 송하인의 주소, 성명(또는 상호) 및 전화번호
② 수하인의 주소, 성명, 전화번호(거주지 또는 핸드폰 번호)
③ 물품의 품명, 수량, 가격
④ 특약사항 약관설명 확인필 자필 서명
⑤ 파손품 또는 냉동 부패성 물품의 경우 : 면책 확인서(별도 양식) 자필 서명

43 다음 부호 중 지게차 취급 금지에 해당하는 것으로 맞는 것은?

①
②
③
④

44 다음 부호 중 운송 포장화물이 직사광선 또는 열로부터 차단되어야 하는 표시로 맞는 것은?

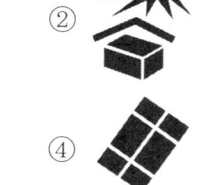

① ② ③ ④

45 창고 내에서 화물 적재요령으로 옳지 않은 것은?
① 종류별로 규정된 적재단 이상의 적재를 하지 않는다.
② 상자 화물은 지시표시에 따르고 가벼운 것을 밑에 쌓는다.
③ 작업시 흡연을 금한다.
④ 붕괴, 전도 및 충격 등의 위험에 각별히 유의한다.

━━**해설** 상자 화물은 지시표시에 따르고 무거운 것을 밑에 가벼운 것은 위에 쌓는다.

46 파렛트 화물의 붕괴를 방지하기 위한 적재방법이 아닌 것은?
① 박스 테두리 방식
② 스트레치 방식
③ 밴드걸기 방식
④ 와이어로프 묶기 방식

━━**해설** 파렛트 화물의 붕괴방지 방법 : 밴드걸기 방식, 주연어프 방식, 슬립 멈추기 시트삽입 방식, 풀 붙이기 접착방식, 수평 밴드 걸기의 풀 붙이기 방식, 스트레치 방식, 슈링크 방식, 박스 테두리 방식

47 열 수축성 플라스틱 필름을 팔레트 화물에 씌우고 슈 링크 터널을 통과시킬 때 가열하여 필름을 수축시켜서 팔레트와 밀착시키는 화물적재 방식은?
① 밴드 걸기 방식
② 박스 테두리 방식
③ 슈 링크 적재방식
④ 스트레치 방식

━━**해설** 슈 링크 적재방식
① 열수축성 플라스틱 필름을 파렛트 화물에 씌우고 슈 링크 터널을 통과시킬 때 가열하여 필름을 수축시켜 파렛트와 밀착시키는 방식으로 물이나 먼지도 막아내기 때문에 우천 시의 하역이나 야적보관도 가능하게 된다.
② 통기성이 없고, 고열(120~130℃)의 터널을 통과하므로 상품에 따라서는 이용할 수가 없고, 비용이 많이 드는 단점이 있다.

48 트레일러에 컨테이너를 상차할 때의 유의사항으로 틀린 것은?
① 섀시 잠금장치의 확인은 요하지 않는다.
② 다른 라인의 컨테이너 상차가 어려울 경우에는 배차계로 통보한다.
③ 손해여부 및 봉인번호 체크 결과를 배차계에 통보한다.
④ 상차할 때는 안전하게 실었는지 여부를 확인하다.

━━**해설** 섀시 잠금장치는 안전한지를 확실히 검사한다.

49 다음 중 자동차관리법상 화물자동차의 종류에 해당되지 않는 것은?
① 승차공간의 윗부분이 개방된 구조의 자동차
② 유류가스 등을 운반하기 위한 적재함을 설치한 자동차
③ 화물을 싣고 내리는 문을 갖춘 적재함이 설치된 자동차
④ 승차공간과 분리된 화물 적재공간이 설치된 자동차

━━**해설** 화물자동차는 종류는 승차공간과 화물적재 공간이 분리되어 있는 자동차로서 화물적재 공간의 윗부분이 개방된 구조의 자동차, 유류·가스 등을 운반

하기 위한 적재함을 설치한 자동차 및 화물을 싣고 내리는 문을 갖춘 적재함이 설치된 자동차(구조·장치의 변경을 통하여 화물적재 공간에 덮개가 설치된 자동차를 포함한다)

50 다음 중 고객의 욕구사항과 거리가 먼 것은?
① 약속시간을 지키기를 바란다.
② 신속 정확하기를 바란다.
③ 물건을 안전하게 취급해 주기를 바란다.
④ 보통 사람으로 인식되기를 바란다.

51 고객과 대화시 유의사항으로 옳지 않은 것은?
① 일부분을 보고 전체를 속단하여 말한다.
② 매사를 함부로 단정하지 않고 말한다.
③ 매사 침묵으로 일관하지 않는다.
④ 불가피함 경우를 제외하고 논쟁을 피한다.

━━**해설** 언어예절(대화 시 유의사항)
① 불평불만을 함부로 떠들지 않는다.
② 독선적, 독단적, 경솔한 언행을 삼가 한다.
③ 욕설, 독설, 험담을 삼가 한다.
④ 매사 침묵으로 일관하지 않는다.
⑤ 남을 중상모략 하는 언동을 하지 않는다.
⑥ 불가피한 경우를 제외하고 논쟁을 피한다.
⑦ 쉽게 흥분하거나 감정에 치우치지 않는다.
⑧ 농담은 조심스럽게 한다.(부하직원이라 할지라도)
⑨ 매사 함부로 단정하지 않고 말한다.
⑩ 일부분을 보고 전체를 속단하여 말하지 않는다.
⑪ 도전적 언사는 가급적 자제한다.(하급자는 상급자에게 예의바른 행동)
⑫ 상대방의 약점을 지적하는 것을 피한다.
⑬ 남이 이야기하는 도중에 분별없이 차단하지 않는다.
⑭ 엉뚱한 곳을 보고 말을 듣고 말하는 버릇은 고친다.(이야기에 관심이 없거나 자기를 무시하는 것으로 간주)

52 배달 중 고객 부재시에 대한 설명으로 가장 적절한 것은?
① 대문 앞 등 잘 보이는 적당한 곳에 두고 온다.
② 옆집이나 관리사무소 등에 강제로 맡긴다.
③ 고객과 통화하여 적절한 방법을 찾는다.
④ 다음 날 다시 방문하여 할증요금을 징수한다.

━━**해설** 고객 부재시 방법
① 부재 안내표의 작성 및 투입 : 반드시 방문시간, 송하인, 화물명, 연락처 등을 기록하여 문안에 투입(문밖에 부착은 절대 금지)한다. 대리인 인수 시는 인수처 명기하여 찾도록 해야 한다.
② 대리인 인계가 되었을 때는 귀점 중 다시 전화로 확인 및 귀점 후 재확인한다.
③ 밖으로 불러냈을 때의 방법 : 반드시 죄송하다는 인사를 한다. 소형화물 외에는 집까지 배달한다.(길거리 인계는 안 됨)

53 다음 중 운송장의 역할에 해당되지 않는 것은?
① 행선지 분류 정보 제공
② 배달에 대한 증빙
③ 지출금의 관리자료
④ 정보처리의 기본자료

━━**해설** 운송장의 기능
① 계약서 기능
② 화물 인수증 기능
③ 운송요금 영수증 기능
④ 정보처리 기본자료
⑤ 배달에 대한 증빙(배송에 대한 증거서류 기능)
⑥ 수입금 관리자료
⑦ 행선지 분류 정보 제공(작업지시서 기능)

정답 44.② 45.② 46.④ 47.③ 48.① 49.①

정답 50.④ 51.① 52.③ 53.③

제3회 기출문제 — 화물운송종사자격시험

01 제1종 보통면허로 운전할 수 있는 차량으로 맞는 것은?
① 승차정원 12명 이하의 긴급 승합자동차
② 적재중량 12톤의 화물자동차
③ 승차정원 15명 이상의 승합자동차
④ 트레일러 및 레커를 제외한 총중량 10톤 이상

해설 제1종 보통면허로 운전할 수 있는 범위
① 승용자동차
② 승차정원 15명 이하의 승합자동차
③ 적재중량 12톤 미만의 화물자동차
④ 건설기계(도로를 운행하는 3톤 미만의 지게차로 한정한다)
⑤ 총중량 10톤 미만의 특수자동차(구난차등은 제외한다)
⑥ 원동기장치자전거

02 자동차 검사에 대한 설명으로 부적절한 것은?
① 신규 등록을 하려는 경우 실시하는 검사를 신규검사라 한다.
② 자동차의 구조 및 장치를 변경한 경우 실시하는 검사를 튜닝검사라 한다.
③ 자동차관리법에 따른 명령이나 자동차 소유자의 신청을 받아 비정기적으로 실시하는 검사를 임시검사라 한다.
④ 자동차검사는 교통안전공단이 대행하고 있으며, 정기검사는 지정정비사업체에서 대행할 수 없다.

해설 자동차 검사는 교통안전공단이 대행하고 있으며, 정기검사는 교통안전공단과 지정정비사업자가 대행한다.

03 2차로 이상인 일반도로의 최고속도와 최저속도 기준으로 옳은 것은?(단, 지정·고시하여 변경된 경우 제외)
① 최고속도 70km/h 이내 - 최저속도 30km/h
② 최고속도 70km/h 이내 - 최저속도 제한 없음
③ 최고속도 80km/h 이내 - 최저속도 30km/h
④ 최고속도 80km/h 이내 - 최저속도 제한 없음

해설 일반도로에서 편도 2차로 이상이면 최고속도는 80km/h, 최저속도는 제한이 없다.

04 교통사고처리특례법 적용배제 사유가 아닌 것은?
① 신호 위반 사고
② 무면허 운전사고
③ 교차로 내 사고
④ 일시정지 위반사고

해설 특례 적용을 배제하는 경우
① 신호·지시(통행금지 또는 일시정지, 안전표지) 위반사고
② 속도위반(20km/h 초과) 과속사고
③ 중앙선 침범 또는 고속도로(자동차 전용도로)에서 횡단, 유턴, 후진위반 사고
④ 앞지르기 방법, 금지시기, 금지장소 또는 끼어들기 금지 위반사고
⑤ 철길건널목 통과방법 위반사고
⑥ 보행자 보호의무 위반사고
⑦ 무면허(효력정지, 운전금지 포함, 무면허 건설기계조종, 국제운전면허 불소지) 운전사고
⑧ 주취운전, 약물복용 운전사고
⑨ 보도침범, 보도 횡단방법 위반사고
⑩ 승객의 추락방지 의무 위반사고
⑪ 어린이 보호구역내 안전운전의무 위반사고
⑫ 자동차의 화물이 떨어지지 아니하도록 필요한 조치를 하지 아니하고 운전한 경우

05 화물자동차의 공영 차고지 설치자가 아닌 자는?
① 경찰서장
② 시장
③ 군수
④ 구청장

해설 공영 차고지 : 화물자동차 운수사업에 제공되는 차고지로서 특별시장·광역시장·특별자치 시장·도지사·특별자치 도지사(이하 시·도지사라 한다.) 또는 시장·군수·구청장(자치구의 구청장을 말한다.)이 설치한 것

06 사고결과에 따른 벌점 산정 시 중상사고의 기준은?
① 5주 이상 부상 사고
② 4주 이상 부상 사고
③ 3주 이상 부상 사고
④ 2주 이상 부상 사고

07 시·도에서 화물운송업과 관련하여 처리하는 업무로 맞는 것은?
① 화물운송 종사자격의 취소 및 효력의 정지
② 화물자동차 운송사업 허가사항에 대한 경미한 사항 변경신고
③ 화물자동차의 운행, 과로운전, 과속 운전의 예방 등 안전한 수송을 위한 단속
④ 운전자의 인명사상사고 및 교통법규 위반사항 단속

해설 시·도에서 처리하는 업무
① 화물자동차 운송사업의 허가
② 화물자동차 운송사업의 허가사항 변경허가
③ 화물자동차 운송사업의 허가기준에 관한 사항의 신고
④ 화물자동차 운송사업에 따른 운송약관의 신고 및 변경신고
⑤ 운송가맹점으로 가입한 운송사업자가 자기의 상호를 소속 운송가맹사업자의 운송가맹점으로 변경하기 위한 신고의 접수
⑥ 운송사업자에 대한 개선명령
⑦ 화물자동차 운송사업에 대한 양도·양수 또는 합병의 신고
⑧ 화물자동차 운송사업에 대한 상속의 신고
⑨ 화물자동차 운송사업에 대한 사업의 휴업 및 폐업 신고
⑩ 화물자동차 운송사업의 허가 취소, 사업 정지처분 및 감차 조치 명령
⑪ 화물자동차 사용 정지에 따른 화물자동차의 자동차 등록증과 자동차 등록번호판의 반납 및 반환
⑫ 운송사업자에 대한 과징금의 부과징수 및 과징금 운용계획의 수립·시행
⑬ 화물자동차 운송사업의 허가 취소 등에 따른 청문
⑭ 화물운송 종사자격의 취소 및 효력의 정지
⑮ 화물운송 종사자격의 취소 및 효력의 정지에 따른 청문
⑯ 화물자동차 운송주선사업의 허가
⑰ 화물자동차 운송주선사업의 허가취소 및 사업 정지처분
⑱ 적재물 배상 책임보험 또는 공제 계약이 끝난 후 새로운 계약이 체결되지 아니하였다는 통지의 수령
⑲ 화물자동차 운송사업 실태 조사에 따른 보고, 경영실태 조사 및 재무관리 상태 진단
⑳ 화물자동차 운수사업의 종류별 또는 사도별 협회의 설립인가
㉑ 협회사업에 대한 지도·감독
㉒ 운송사업자 및 운수종사자에 대한 과태료의 부과 및 징수
㉓ 자가용 화물자동차의 사용신고
㉔ 자가용 화물자동차의 유상운송 허가

정답 01.① 02.④ 03.④ 04.③ 05.① 06.③ 07.①

08 법령상 도로에서의 금지행위가 아닌 것은?

① 도로를 포장하는 행위
② 도로의 교통에 지장을 끼치는 행위
③ 도로에 장애물을 쌓아놓는 행위
④ 도로를 파손하는 행위

> **해설** 도로에 관한 금지행위
> ① 도로를 파손하는 행위
> ② 도로에 토석(土石), 입목·죽(竹) 등 장애물을 쌓아놓는 행위
> ③ 그 밖에 도로의 구조나 교통에 지장을 주는 행위

09 화물운송 종사자격증의 재발급 요건이 아닌 것은?

① 자격증이 정지된 경우
② 자격증 기재사항에 착오가 있는 경우
③ 자격증이 헐어서 못쓰게 된 경우
④ 자격증을 분실한 경우

> **해설** 화물운송 종사자격증의 재발급 사유
> ① 화물운송 종사자격증 등에 기재사항에 착오나 변경이 있어 이의 정정을 받고자 하는 자
> ② 화물운송 종사자격증 등을 잃어버리거나 헐어 못쓰게 되어 재발급을 받으려는 자

10 도로교통법상 '도로'에 해당하는 장소가 아닌 곳은?

① 도로법에 따른 도로
② 농어촌도로정비법에 따른 농어촌도로
③ 유료도로법에 따른 유료도로
④ 군부대 내 도로

> **해설** 도로란 도로법에 따른 도로, 유료도로법에 따른 유료도로, 농어촌도로정비법에 따른 농어촌도로, 그 밖에 현실적으로 불특정 다수의 사람, 또는 차마가 통행할 수 있도록 공개된 장소로서 안전하고 원활한 교통을 확보할 필요가 있는 장소를 말한다.

11 화물자동차 운수사업법령에서 정한 협회의 사업이 아닌 것은?

① 화물자동차 운수사업의 경영개선을 위한 지도
② 경영자와 운수종사자의 교육훈련
③ 조합원이 사업용 자동차를 소유·사용·관리하는 동안 생긴 손해 보상사업
④ 국가나 지방자치단체로부터 위탁받은 업무

> **해설** 협회의 사업
> ① 화물자동차 운수사업의 건전한 발전과 운수사업자의 공동이익을 도모하는 사업
> ② 화물자동차 운수사업의 진흥 및 발전에 필요한 통계의 작성 및 관리, 외국 자료 수집·조사 및 연구사업
> ③ 경영자와 운수종사자의 교육훈련
> ④ 화물자동차 운수사업의 경영개선을 위한 지도
> ⑤ 화물자동차 운수사업법에서 협회의 업무로 정한 사항
> ⑥ 국가나 지방자치단체로부터 위탁받은 업무

12 시·도지사가 대기질 개선을 위하여 필요하다고 인정하면 그 지역에서 운행하는 자동차 중 일정요건을 갖춘 자동차 소유자에게 하는 조치에 해당하지 않는 것은?

① 저공해 자동차로의 전환
② 배출가스 저감장치의 부착
③ 저공해 엔진으로의 개조
④ 원동기장치 자전거 구매

> **해설** 저공해 자동차의 운행 : 특별시·광역시·특별자치시·특별자치도·시·군의 조례에 따라 그 자동차에 대하여 다음 각 호의 어느 하나에 해당하는 조치를 하도록 명령하거나 조기에 폐차할 것을 권고할 수 있다.
> ① 저공해 자동차로의 전환 또는 개조
> ② 배출가스 저감장치의 부착 또는 교체 및 배출가스 관련 부품의 교체
> ③ 저공해 엔진(혼소엔진을 포함한다)으로의 개조 또는 교체

13 도로법령에서 도로관리청이 도로의 편리한 이용과 안전 및 원활한 도로교통의 확보, 그 밖에 도로의 관리를 위하여 설치하는 시설 또는 공작물을 무엇이라 하는가?

① 고속도로
② 일반국도
③ 지방도
④ 도로의 부속물

> **해설** 도로의 부속물 : 도로관리청이 도로의 편리한 이용과 안전 및 원활한 도로교통의 확보, 그 밖에 도로의 관리를 위하여 설치하는 시설 또는 공작물

14 편도 4차로인 고속도로에서 특수자동차의 주행차로로 옳은 것은?

① 1차로
② 2차로
③ 왼쪽차로
④ 오른쪽차로

15 A는 자동차를 등록하여 소유하다가 B에게 팔았다. 이 등록의 종류는?

① 이전등록
② 변경등록
③ 신규등록
④ 말소등록

16 도로교통법상 차가 즉시 정지할 수 있는 느린 속도로 서행하여야 하는 장소가 아닌 곳은?

① 중앙선이 지워진 도로
② 비탈길의 고갯마루 부근
③ 가파른 비탈길의 내리막
④ 도로가 구부러진 부근

> **해설** 서행하여야 하는 장소
> ① 교통정리를 하고 있지 아니하는 교차로
> ② 도로가 구부러진 부근
> ③ 비탈길의 고갯마루 부근
> ④ 가파른 비탈길의 내리막
> ⑤ 시·도경찰청장이 안전표지로 지정한 곳

17 자동차관리법상 화물자동차의 조건이 아닌 것은?

① 승차공간과 화물적재공간이 분리된 자동차
② 화물적재공간의 바닥 면적이 승차공간의 바닥면적과 같은 자동차
③ 화물을 운송하는 기능을 갖추고 자체적하 기타 작업을 수행할 수 있는 설비를 함께 갖춘 자동차
④ 바닥 면적이 최소 2제곱미터 이상인 화물적재공간을 갖춘 자동차

> **해설** 화물자동차의 조건
> ① 화물을 운송하기에 적합한 화물적재공간을 갖추고, 화물적재공간의 총적재화물의 무게가 운전자를 제외한 승객이 승차공간에 모두 탑승했을 때의 승객의 무게보다 많은 자동차.
> ② 화물을 운송하기 적합하게 바닥 면적이 최소 2제곱미터 이상(특수용도형의 경형화물자동차는 1제곱미터 이상)인 화물적재공간을 갖춘 자동차로서 다음 각 호의 1에 해당하는 자동차
> ㉮ 승차공간과 화물적재공간이 분리되어 있는 자동차로서 화물적재공간의 윗부분이 개방된 구조의 자동차, 유류·가스 등을 운반하기 위한 적재함을 설치한 자동차 및 화물을 싣고 내리는 문을 갖춘 적재함이 설치된

정답 08.① 09.① 10.④ 11.③ 12.④

정답 13.④ 14.④ 15.① 16.① 17.②

자동차(구조·장치의 변경을 통하여 화물적재공간에 덮개가 설치된 자동차를 포함한다)
④ 승차공간과 화물적재공간이 동일 차실 내에 있으면서 화물의 이동을 방지하기 위해 격벽을 설치한 자동차로서 화물적재공간의 바닥 면적이 승차공간의 바닥면적(운전석이 있는 열의 바닥 면적을 포함)보다 넓은 자동차
⑤ 화물을 운송하는 기능을 갖추고 자체적하 기타 작업을 수행할 수 있는 설비를 함께 갖춘 자동차

18 앞지르기 금지 장소가 아닌 곳은?
① 도로의 구부러진 곳
② 가파른 비탈길의 오르막
③ 비탈길의 고갯마루 부근
④ 가파른 비탈길의 내리막

해설 앞지르기 금지장소
① 교차로 ② 터널 안 ③ 다리 위 ④ 도로의 구부러진 곳 ⑤ 비탈길 고갯마루 ⑥ 가파른 비탈길 내리막

19 운전적성 정밀검사 중 특별검사는 과거 1년간 운전면허 행정 처분기준에 따라 산출된 누산 점수가 몇 점 이상인 사람이 받아야 하는가?
① 51점
② 61점
③ 71점
④ 81점

해설 운전적성 정밀검사 중 특별검사는 과거 1년간 운전면허 행정 처분기준에 따라 산출된 누산 점수가 81점 이상인 사람이 받아야 한다.

20 주의표지에 해당하지 않는 표지는?
① 서행표지
② 횡풍표지
③ 터널표지
④ 위험표지

해설 서행 표지는 규제표지이다.

21 자동차관리법령상 비사업용 승용 및 피견인 자동차의 정기검사 유효기간을 올바르게 설명한 것은?
① 최초 2년, 이후부터는 2년
② 최초 2년, 이후부터는 1년
③ 최초 4년, 이후부터는 2년
④ 최초 4년, 이후부터는 1년

해설 비사업용 승용 및 피견인 자동차의 정기검사 유효기간은 최초 4년, 이후부터는 2년

22 대기환경보전법령에 따른 '자동차에서 배출되는 대기오염물질을 줄이기 위하여 자동차에 부착하는 장치로서 환경부령으로 정하는 저감효율에 적합한 장치를 무엇이라 하는가?
① 저공해 엔진
② 저공해 자동차
③ 배출가스 저감장치
④ 친환경자동차

해설 ① 저공해 엔진이란 자동차에서 배출되는 대기오염물질을 줄이기 위한 엔진(엔진 개조에 사용하는 부품을 포함한다)으로서 환경부령으로 정하는 배출허용기준에 맞는 엔진
② 저공해 자동차라 함은 대기오염 물질의 배출이 없는 자동차 또는 제작차의 배출 허용기준보다 오염물질을 적게 배출하는 자동차
③ 배출가스 저감장치란 자동차에서 배출되는 대기오염 물질을 줄이기 위하여 자동차에 부착하는 장치로서 환경부령으로 정하는 저감효율에 적합한 장치

23 화물자동차 운송사업 중 화물자동차 1대를 사용하여 화물을 운송하는 사업은?
① 일반 화물자동차 운송사업
② 특수 화물자동차 운송사업
③ 개별 화물자동차 운송사업
④ 용달 화물자동차 운송사업

해설 화물자동차 운송사업의 종류
① 일반 화물자동차 운송사업 : 일정 대수 이상의 화물자동차를 사용하여 화물을 운송하는 사업
② 개별 화물자동차 운송사업 : 화물자동차 1대를 사용하여 화물을 운송하는 사업
③ 용달 화물자동차 운송사업 : 소형 화물자동차를 사용하여 화물을 운송하는 사업

24 화물자동차 운수사업에 해당하지 않는 것은?
① 화물자동차 운송사업
② 화물자동차 공제사업
③ 화물자동차 운송주선사업
④ 화물자동차 운수사업

해설 화물자동차 운수사업의 구분 : 화물자동차 운송사업, 화물자동차 운송주선사업, 화물자동차 운송가맹사업

25 사업용 밴형 화물자동차의 화물기준은?
① 화주 1명당 화물용적 2만 세제곱센티미터 이상
② 화주 1명당 화물용적 3만 세제곱센티미터 이상
③ 화주 1명당 화물용적 4만 세제곱센티미터 이상
④ 화주 1명당 화물용적 5만 세제곱센티미터 이상

해설 사업용 밴형 화물자동차의 화물기준
① 화주(貨主) 1명당 화물의 중량이 20kg 이상일 것
② 화주 1명당 화물의 용적이 40,000 cm³ 이상일 것
③ 화물이 다음 각목의 어느 하나에 해당하는 물품일 것
㉮ 불결하거나 악취가 나는 농산물·수산물 또는 축산물
㉯ 혐오감을 주는 동물 또는 식물
㉰ 기계·기구류 등 공산품
㉱ 합판·각목 등 건축기자재
㉲ 폭발성·인화성 또는 부식성 물품

26 화물의 적재방법으로 적합하지 않은 것은?
① 높은 곳에 무거운 물건을 적재할 때는 안전모를 착용한다.
② 물건 적재 시 주위에 넘어질 것을 대비하여 위험한 요소를 제거한다.
③ 물품을 적재할 때는 구르거나 무너지지 않도록 받침대나 로프로 묶어야 한다.
④ 화물더미에서 한쪽으로 치우치는 편중작업을 하여도 붕괴, 전도 및 충격 등의 위험이 없다.

해설 화물 적재방법
① 높은 곳에 적재할 때나 무거운 물건을 적재할 때에는 절대 무리해서는 아니 되며, 안전모를 착용해야 한다.
② 물건을 적재할 때 주변으로 넘어질 것을 대비해 위험한 요소는 사전에 제거한다.
③ 물품을 적재할 때는 구르거나 무너지지 않도록 받침대를 사용하거나 로프로 묶어야 한다.
④ 같은 종류 또는 동일 규격끼리 적재해야 한다.
⑤ 화물더미에서 한쪽으로 치우치는 편중작업을 하고 있는 경우에는 붕괴, 전도 및 충격 등의 위험에 각별히 유의한다.

정답 18.② 19.④ 20.① 21.③ 22.③ 23.③ 24.② 25.③ 26.④

27 운송물의 인도예정일에 대한 설명으로 틀린 것은?

① 운송장에 인도예정일의 기재가 있는 경우에는 그 기재된 날
② 운송장에 인도예정일의 기재가 없는 경우로서 일반지역은 5일
③ 운송장에 인도예정일의 기재가 없는 경우로서 도서 및 산간벽지는 3일
④ 운송장에 인도예정일의 기재가 없는 경우로서 일반지역은 2일

> **해설** 인도예정일
> ① 운송장에 인도예정일의 기재가 있는 경우에는 그 기재된 날
> ② 운송장에 인도예정일의 기재가 없는 경우에는 운송장에 기재된 운송물의 수탁일로부터 인도예정 장소에 따라 다음 일수에 해당하는 날
> ㉮ 일반 지역 : 2일
> ㉯ 도서, 산간벽지 : 3일

28 특별 품목에 대한 포장 유의사항 중 맞지 않은 것은?

① 휴대폰 및 노트북 등 고가품의 경우 내용물을 개봉하여 별도의 박스로 이중포장 한다.
② 꿀 등을 담은 병제품의 경우 가능한 한 플라스틱 병으로 대체하거나 병이 움직이지 않도록 포장재를 보강한다.
③ 부득이 병으로 집하하는 경우 면책 확인서를 받는다.
④ 가구류의 경우 박스 포장하고 모서리부분을 에어 캡으로 포장처리 후 면책 확인서를 받아 집하한다.

> **해설** 휴대폰 및 노트북 등 고가품의 경우 내용물이 파악되지 않도록 별도의 박스로 이중 포장한다.

29 화물의 인수요령으로 옳은 것은?

① 집하 자제 품목은 고객이 요구하면 서비스 차원에서 인수한다.
② 전화로 물품을 접수받을 때 반드시 집하 가능한 일자와 고객의 배송 요구일자를 확인한다.
③ 두 개 이상의 화물을 하나의 화물로 밴딩 처리한 경우에는 고객에게 파손 가능성을 설명하고 함께 포장한다.
④ 거래처 및 집하지점에서 반품요청이 들어왔을 때 반품 요청일로부터 일주일이내에 처리한다.

> **해설** 전화로 발송할 물품을 접수 받을 때 반드시 집하 가능한 일자와 고객의 배송 요구 일자를 확인한 후 배송 가능한 경우에 고객과 약속하고, 약속 불이행으로 불만이 발생하지 않도록 한다.

30 화물더미에서 작업 시 주의사항으로 맞지 않은 것은?

① 화물더미 위로 오르고 내릴 때에는 안전하게 사다리를 이용한다.
② 화물더미의 한쪽 가장자리에서 작업할 때에는 붕괴 등이 발생하지 않도록 주의 한다.
③ 화물더미에 오르내릴 때에는 화물의 쏠림이 발생하지 않도록 한다.
④ 화물을 쌓거나 내릴 때에는 순서에 맞게 신중히 하여야 한다.

> **해설** 화물더미 위로 오르고 내릴 때에는 안전한 승강시설을 이용한다.

31 파렛트 화물의 붕괴를 방지하기 위한 방식이 아닌 것은?

① 박스 테두리 방식　　② 스트레치 방식
③ 밴드걸기 방식　　④ 수직밴드 걸기 방식

> **해설** 파렛트 화물의 붕괴방지 요령 : 밴드걸기 방식, 주연어프 방식, 슬립 멈추기 시트삽입 방식, 풀 붙이기 접착방식, 수평 밴드 걸기의 풀 붙이기 방식, 스트레치 방식, 슈링크 방식, 박스 테두리 방식

32 이사화물 표준약관상 이사화물의 운송 중에 멸실, 훼손 또는 연착된 경우 사업자는 고객의 요청이 있으면 사고 증명서를 발행하여야 하는데 몇 년 동안 발행하여야 하는가?

① 1년에 한하여 발행한다.　　② 2년에 한하여 발행한다.
③ 3년에 한하여 발행한다.　　④ 4년에 한하여 발행한다.

> **해설** 이사화물이 운송 중에 멸실, 훼손 또는 연착된 경우 사업자는 고객의 요청이 있으면 그 멸실·훼손 또는 연착된 날로부터 1년에 한하여 사고 증명서를 발행한다.

33 화물에 운송장을 부착하는 방법으로 부적절한 것은?

① 박스 물품이 아닌 쌀, 매트, 카펫 등은 물품의 모서리에 부착한다.
② 운송장 부착은 원칙적으로 접수 장소에서 매 건마다 작성하여 부착한다.
③ 박스 후면 또는 측면 부착으로 혼동을 주어서는 안 된다.
④ 운송장을 표장 표면에 부착할 수 없는 소형(작은 소포), 변형화물은 박스에 넣어 수탁한 후 부착한다.

> **해설** 박스 물품이 아닌 쌀, 매트, 카펫 등은 테이프 등을 이용하여 물품의 정중앙에 부착하며, 운송장 바코드가 가려지지 않도록 한다.

34 화물을 차량에 적재하는 방법으로 틀린 것은?

① 적재하중을 초과하지 않도록 한다.
② 화물을 적재할 때 적재함의 난간(문짝 위)에 서서 작업한다.
③ 최대한 무게가 골고루 분산될 수 있도록 한다.
④ 가벼운 화물이라도 너무 높게 적재하지 않도록 한다.

35 독극물을 운반할 때의 방법으로 적절하지 않은 것은?

① 독극물의 취급 및 운반은 거칠게 다루지 않는다.
② 독극물이 들어 있는 용기는 손으로 직접 다루지 말고, 집게로 집어서 운반한다.
③ 취급불명의 독극물은 함부로 다루지 않는다.
④ 독극물이 들어 있는 용기는 마개를 단단히 닫고 빈 용기와 확실하게 구별하여 놓는다.

> **해설** 독극물을 취급하거나 운반할 때는 소정의 안전한 용기, 도구, 운반구 및 운반차를 이용할 것

36 화물의 파손 또는 오손사고를 방지하기 위한 대책으로 가장 관계가 적은 것은?

① 중량물은 상단, 경량물은 하단에 적재한다.
② 충격에 약한 화물은 보강포장 및 특기사항을 표기해 둔다.
③ 집하할 때에는 내용물에 관한 정보를 충분히 듣고 포장한다.
④ 둥글고 구르기 쉬운 물건은 상자 등으로 포장한 후 적재한다.

37 트레일러의 종류 중 총 하중의 일부분이 견인하는 자동차에 의해 지탱되도록 설계된 트레일러는?

① 풀 트레일러　　② 폴 트레일러
③ 돌리　　④ 세미 트레일러

> **해설** 트레일러의 종류
> ① 풀 트레일러 : 트랙터와 트레일러가 완전히 분리되어 있고 트랙터 자체도 적재함을 가지고 있다
> ② 세미 트레일러 : 세미 트레일러용 트랙터에 연결하여, 총 하중의 일부분이 견인하는 자동차에 의해서 지탱되도록 설계된 트레일러이다.

정답 27.② 28.① 29.② 30.① 31.④　　　　**정답** 32.① 33.① 34.② 35.② 36.① 37.④

③ 폴 트레일러(Pole trailer) : 기둥, 통나무 등 장척의 적하물 자체가 트랙터와 트레일러의 연결부분을 구성하는 구조의 트레일러이다.
④ 돌리(Dolly) : 세미 트레일러와 조합해서 풀 트레일러로 하기 위한 견인구를 갖춘 대차를 말한다.

38 송장의 기능이 아닌 것은?
① 계약서 기능
② 화물인수증 기능
③ 배달에 대한 증빙 기능
④ 지출금 관리자료

해설 송장의 기능
① 계약서 기능
② 화물인수증 기능
③ 운송요금 영수증 기능
④ 정보처리 기본자료
⑤ 배달에 대한 증빙(배송에 대한 증거서류 기능)
⑥ 수입금 관리자료
⑦ 행선지 분류정보 제공(작업지시서 기능)

39 송장기재 시 유의사항으로 옳지 않은 것은?
① 발송점의 코드가 정확히 기재되었는지 확인한다.
② 수하인의 주소 및 전화번호가 맞는지 재차 확인한다.
③ 특약사항을 고객에게 고지한 후 약관 설명 확인필에 서명을 받는다.
④ 화물인수 시 적합성 여부를 확인한 다음, 고객이 직접 운송장 정보를 기입하도록 한다.

해설 도착점 코드가 정확히 기재되었는지 확인한다.(유사지역과 혼동되지 않도록)

40 차량의 적재함을 특수한 화물에 적합하도록 구조를 갖추거나 특수한 작업이 가능하도록 기계장치를 부착한 특장차의 종류가 아닌 것은?
① 덤프트럭
② 믹서차량
③ 벌크차량
④ 저상식 트레일러

해설 특장차란 차량의 적재함을 특수한 화물에 적합하도록 구조를 갖추거나 특수한 작업이 가능하도록 기계장치를 부착한 차량이며, 덤프트럭, 믹서차량, 벌크차량(분립체 수송차), 액체 수송차, 냉동차 등이 있다.

41 피로가 운전기능에 미치는 영향 중 운전착오에 대한 설명으로 틀린 것은?
① 작업 타이밍의 균형을 초래한다.
② 심야에서 새벽사이에 많이 발생한다.
③ 차외, 차내의 정보를 효과적으로 입수하지 못한다.
④ 운전 작업의 착오는 운전업무 개시 후·종료 시에 많아진다.

해설 운전시간 경과와 더불어 운전피로가 증가하여 작업 타이밍의 불균형을 초래한다. 이는 운전기능, 판단착오, 작업 단절 현상을 초래하는 잠재적 사고로 볼 수 있다.

42 엔진에서 쇠가 부딪치는 듯한 금속성 이음이 발생되는 결함은?
① 브레이크 페달 이상
② 앞바퀴 정렬 이상
③ 브레이크 라이닝의 심한 마모
④ 밸브 간극 불량

해설 엔진의 회전수에 비례하여 쇠가 마주치는 소리가 날 때가 있다. 거의 이런 이음은 밸브장치에서 나는 소리로, 밸브 간극 조정으로 고쳐질 수 있다.

43 자동차의 정지거리에 대한 설명으로 맞는 것은?
① 공주거리와 제동거리를 합한 거리
② 운전자 반응시간동안 이동한 거리
③ 브레이크가 작동하는 순간부터 정지할 때까지 이동한 거리
④ 운전자가 자동차를 정지시켜야 할 상황임을 지각하고 브레이크 페달로 발을 옮겨 브레이크가 작동을 시작하는 순간까지 이동한 거리

해설 정지거리는 공주거리와 제동거리를 합한 거리이며, 정지시간은 공주시간과 제동시간을 합한 시간이다.

44 방어운전의 요령으로 가장 적절한 것은?
① 다른 차량이 끼어들 우려가 있는 경우에는 다른 차량과 나란히 주행하도록 한다.
② 차량이 많을 때는 속도를 가속하여 다른 차들을 앞서야 한다.
③ 대형차를 뒤따를 때는 신속히 앞지르기를 하여 대형차를 이탈하여 주행한다.
④ 교통신호가 바뀐다고 해서 무작정 출발하지 말고 주위 자동차의 움직임을 관찰한 후 진행한다.

해설 방어운전의 요령
① 다른 차량이 갑자기 뛰어들거나 내가 차로를 변경할 필요가 있을 때 꼼짝할 수 없게 되므로 가능한 한 뒤로 물러서거나 앞으로 나아가 다른 차량과 나란히 주행하지 않도록 한다.
② 차량이 많을 때 가장 안전한 속도는 다른 차량의 속도와 같을 때이므로 법정한도 내에서는 다른 차량과 같은 속도로 운전하고 안전한 차간거리를 유지한다.
③ 대형 화물차나 버스의 바로 뒤에서 주행할 때에는 전방의 교통상황을 파악할 수 없으므로, 이럴 때는 함부로 앞지르기를 하지 않도록 하고, 또 시기를 보아서 대형차의 뒤에서 이탈해 주행한다.

45 운전자의 운전과정의 결함에 의한 교통사고 중 차지하는 비율로 맞게 나열된 것은?
① 조작 > 판단 > 인지
② 인지 > 판단 > 조작
③ 인지 > 조작 > 판단
④ 조작 > 인지 > 판단

해설 운전자 요인에 의한 교통사고 중 인지과정의 결함에 의한 사고가 절반 이상으로 가장 많으며, 이어서 판단과정의 결함, 조작과정의 결함 순이다.

46 다음은 여름철 자동차 운행과 관련된 설명이다. 옳지 않은 것은?
① 빗길 미끄럼 예방 등을 위하여 타이어 트레드 홈 깊이는 최저 10mm 이상을 유지한다.
② 습도 상승으로 불쾌지수가 높아져 난폭운전의 우려가 있다.
③ 빗길 고속운전은 수막현상에 의한 교통사고 위험을 수반한다.
④ 돌발적인 악천후 및 무더위 속에서 운전하다 보면 시각적 변화와 긴장·흥분·피로 감등이 복합적 요인으로 작용하여 교통사고를 일으킬 수 있다.

해설 요철형 무늬의 깊이(트레드 홈 깊이)가 최저 1.6mm 이상이 되는지를 확인하고 적정 공기압을 유지하고 있는지 점검한다.

47 커브 길의 안전한 진입, 진행, 진출방법과 거리가 먼 것은?
① 커브의 경사도나 도로폭 등을 미리 확인한다.
② 진입하기 전에 감속한다.
③ 빠르게 진입하여 서서히 진출한다.
④ 핸들을 조작할 때는 가속이나 감속을 하지 않는다.

정답 38.④ 39.① 40.④ 41.① 42.④ 43.① 44.④ 45.② 46.① 47.③

해설 커브 길에서는 슬로 인(Slow-in), 패스트 아웃(Fast-out) 원리에 입각하여 커브 진입직전에 핸들조작이 자유로울 정도로 속도를 감속하고, 커브가 끝나는 조금 앞에서 핸들을 조작하여 차량의 방향을 안정되게 유지한 후, 속도를 증가(가속)하여 신속하게 통과할 수 있도록 하여야 한다.

48 자동차의 일상점검 중 연료 및 냉각수가 충분하고 새는 곳은 없고 연료 분사펌프 조속기의 봉인 상태 등은 어떤 장치에 대한 점검인가?
① 원동기
② 동력전달장치
③ 조향장치
④ 완충장치

49 주간운전 시 주의사항으로 보행자와 자동차의 통행이 빈번한 도로에서 전조등 사용법으로 맞는 것은?
① 상향 전조등 사용
② 전조등을 끈 상태로 운전
③ 한쪽 전조등은 끈 상태로 운전
④ 하향 전조등 사용

50 타이어 마모와 관련된 설명 중 틀린 것은?
① 공기압이 규정 압력보다 낮으면 마모가 빨라진다.
② 차의 속도가 빠를수록 타이어 마모량은 커진다.
③ 하중이 커지면 마모량은 작아진다.
④ 공기압이 높으면 승차감은 나빠지며 트레드 중앙부분의 마모가 촉진된다.

해설 타이어 하중이 커지면 타이어의 굴신이 심해져서 트레드의 접지 면적이 증가하여 트레드의 미끄러짐 정도도 커져서 마모를 촉진하게 된다. 타이어에 걸리는 하중이 커지면 공기압 부족과 같은 형태로 타이어는 크게 굴곡되어 마찰력이 증가하기 때문에 내마모성이 저하된다.

51 자동차의 타이어가 갖는 중요한 역할이 아닌 것은?
① 자동차를 움직이는 구동력을 발생시킨다.
② 지면에서 받는 충격을 흡수해 승차감을 좋게 한다.
③ 자동차가 달리거나 멈추는 것을 원활하게 한다.
④ 자동차의 진행방향을 전환시킨다.

해설 타이어의 중요한 역할
① 휠의 림에 끼워져서 일체로 회전하며 자동차가 달리거나 멈추는 것을 원활히 한다.
② 자동차의 중량을 떠받쳐 준다.
③ 지면으로부터 받는 충격을 흡수해 승차감을 좋게 한다.
④ 자동차의 진행방향을 전환시킨다.

52 교통사고의 직접적 요인이 아닌 것은?
① 사고 직전 법규위반
② 위험인지 지연
③ 무리한 운행 계획
④ 운전조작의 잘못

해설 교통사고의 직접적 요인
① 사고 직전 과속과 같은 법규위반
② 위험인지의 지연
③ 운전조작의 잘못, 잘못된 위기대처

53 고압가스 충전 용기를 적재한 차량의 주·정차 시 준수할 사항으로 틀린 것은?
① 가능한 한 평탄한 곳에 주차시킬 것
② 교통량이 적은 안전한 장소에 주차시킬 것
③ 주택 및 상가 등이 밀집된 지역에 주차할 것
④ 주위의 교통상황, 주위의 화기 등이 없는 안전한 장소에 주정차할 것

54 원심력에 대한 설명으로 맞는 것은?
① 커브를 돌 때의 원심력은 자동차의 속도에 영향을 받지 않는다.
② 원심력은 속도의 제곱에 비례하여 변한다.
③ 원심력은 원의 중심으로 들어오려는 힘이다.
④ 원심력은 속도가 느릴수록, 커브가 클수록 작아진다.

해설 원심력이란 원의 중심으로부터 벗어나려는 힘이며, 원심력은 속도의 제곱에 비례하여 변한다. 또 원심력은 속도가 빠를수록, 커브가 작을수록, 또 중량이 무거울수록 커진다.

55 차 대 사람의 교통사고 중 횡단사고위험이 가장 큰 유형은?
① 무단횡단
② 횡단보도 횡단
③ 보행신호 준수 횡단
④ 육교로 횡단

56 고령 운전자의 운전태도에 대한 설명으로 올바른 것은?
① 고령자의 운전은 젊은 층에 비하여 과속을 한다.
② 고령자의 운전은 젊은 층에 비하여 신중하다.
③ 고령자의 운전은 젊은 층에 비하여 반사 신경이 민감하다.
④ 고령자의 운전은 돌발사태시 대응력이 충분하다.

해설 고령 운전자의 의식
① 고령자의 운전은 젊은 층에 비하여 상대적으로 신중하고 과속을 하지 않는다.
② 또한 고령자의 운전은 젊은 층에 비하여 상대적으로 반사 신경이 둔하고, 돌발사태시 대응력이 미흡하다.

57 시력과 속도와의 관계를 바르게 설명한 것은?
① 터널에서 나올 때는 시력이 일시 좋아지므로 미리 속도를 줄이지 않아도 된다.
② 속도가 빠를수록 가까이에 있는 물체가 명확히 보인다.
③ 터널에 들어서면 시력이 일시 떨어지므로 미리 감속하여 운행한다.
④ 시야의 범위는 자동차 속도에 비례하여 넓어진다.

58 중앙분리대의 주된 기능으로 맞지 않는 것은?
① 상하 차도의 교통 분리
② 필요에 따라 유턴 방지
③ 추돌사고의 방지
④ 대향차의 현광 방지

해설 중앙분리대의 주된 기능
① 상하 차도의 교통 분리
② 평면 교차로가 있는 도로에서는 폭이 충분할 때 좌회전 차로로 활용할 수 있어 교통처리가 유연
③ 광폭 분리대의 경우 사고 및 고장 차량이 정지할 수 있는 여유 공간을 제공
④ 보행자에 대한 안전섬이 됨으로써 횡단 시 안전
⑤ 필요에 따라 유턴(U-Turn) 방지
⑥ 대향차의 현광 방지
⑦ 도로표지, 기타 교통 관제시설 등을 설치할 수 있는 장소를 제공 등

정답 48.① 49.② 50.③ 51.① 52.③

정답 53.③ 54.② 55.① 56.② 57.③ 58.③

59 자동차 고장 유형별 점검방법으로 연결이 올바른 것은?
① 엔진온도 과열 - 냉각수 및 엔진오일 양 점검
② 엔진오일 과다소모 - 타이어 공기압 점검
③ 매연 과다 발생 - 클러치 스위치 점검
④ 엔진 시동 꺼짐 - 수온조절기 점검

60 차로 폭이 좁은 경우 안전운전 방법으로 적절한 것은?
① 속도를 낸다.
② 중립주행을 한다.
③ 기어를 뺀다.
④ 주행속도를 감속하여 운행한다.

해설 차로 폭에 따른 안전운전 및 방어운전
① 차로 폭이 넓은 경우 : 주관적인 판단을 가급적 자제하고 계기판의 속도계에 표시되는 객관적인 속도를 준수할 수 있도록 노력한다.
② 차로 폭이 좁은 경우 : 보행자, 노약자, 어린이 등에 주의하여 즉시 정지할 수 있는 안전한 속도로 주행속도를 감속하여 운행한다.

61 섀시계통 고장 중 주행 제동 시 차량 쏠림현상이 발생하는 경우 점검사항으로 맞지 않는 것은?
① 좌·우 타이어의 공기압 점검
② 좌·우 브레이크 라이닝 간극 및 드럼 손상 점검
③ 클러치 스위치 점검
④ 브레이크 에어 및 오일파이프 점검

62 교통사고 요인을 크게 3가지로 분류할 때 그 분류 항목이 아닌 것은?
① 인적요인　　② 도로·환경 요인
③ 단속요인　　④ 차량요인

해설 교통사고의 3대 요인은 인적요인(운전자, 보행자), 차량요인(자동차), 도로·환경요인(도로구조, 안전시설)이다.

63 위험물 수송 탱크로리의 안전운전에 대한 설명으로 틀린 것은?
① 적재차량은 빈차보다 차량 높이가 높아지므로 위쪽이 들리지 않게 주의한다.
② 도로교통 관련법규, 위험물취급 관련법규 등을 철저히 준수하여 운행한다.
③ 부득이하게 소속회사가 정한 운행경로를 변경하는 경우에는 사전에 연락한다.
④ 터널에 진입하는 경우는 전방에 이상사태가 발생하지 않았는지 표시등을 확인하면서 진입한다.

해설 차량이 육교 등 밑을 통과할 때는 육교 등 높이에 주의하여 서서히 운행하여야 하며, 차량이 육교 등의 아랫부분에 접촉할 우려가 있는 경우에는 다른 길로 돌아서 운행하고, 또 빈차의 경우는 적재 차량보다 차의 높이가 높게 되므로 적재차량이 통과한 장소라도 주의할 것

64 양방향 차로의 수를 합한 것을 무엇이라 하는가?
① 차로 수　　② 오르막차로
③ 회전차로　　④ 변속차로

해설 차로 수라 함은 양방향 차로(오르막차로, 회전차로, 변속차로 및 양보차로를 제외한다)의 수를 합한 것을 말한다.

65 운전자가 같은 차로 상에 장애물을 인지하고 안전하게 정지하기 위하여 필요한 거리로서 차로 중심선상 1m의 높이에서 그 차로의 중심선에 있는 높이 15cm의 물체의 맨 윗부분을 볼 수 있는 거리를 그 차로의 중심선에 따라 측정한 길이를 무엇이라 하는가?
① 곡선시거　　② 제한시거
③ 앞지르기 시거　　④ 정지시거

해설 정지시거라 함은 운전자가 같은 차로 상에 고장차 등의 장애물을 인지하고 안전하게 정지하기 위하여 필요한 거리로서 차로 중심선상 1m의 높이에서 그 차로의 중심선에 있는 높이 15cm의 물체의 맨 윗부분을 볼 수 있는 거리를 그 차로의 중심선에 따라 측정한 길이를 말한다.

66 운송관련 용어의 의미로 올바르지 않은 것은?
① 배송 : 상거래가 성립된 후 상품을 고객이 지정하는 수송 및 배달
② 운수 : 행정상 또는 법률상의 운송
③ 운반 : 현상적인 시각에서의 재화의 이동
④ 통운 : 소화물 운송

해설 운송관련 용어의 의미
① 교통 : 현상적인 시각에서의 재화의 이동
② 운송 : 서비스 공급측면에서의 재화의 이동
③ 운수 : 행정상 또는 법률상의 운송
④ 운반 : 한정된 공간과 범위 내에서의 재화의 이동
⑤ 배송 : 상거래가 성립된 후 상품을 고객이 지정하는 수하인에게 발송 및 배달하는 것으로 물류 센터에서 각 점포나 소매점에 상품을 납입하기 위한 수송
⑥ 통운 : 소화물 운송
⑦ 간선수송 : 제조공장과 물류거점(물류센터 등)간의 장거리 수송으로 컨테이너 또는 파렛트(pallet)를 이용, 유닛화(unitization)되어 일정단위로 취합되어 수송

67 철도나 선박과 비교한 트럭수송의 장점에 해당하는 것은?
① 문전에서 문전으로 배송서비스를 탄력적으로 행할 수 있다.
② 진동, 소음, 스모그 등 공해 문제를 야기한다.
③ 대량으로 물류 수송이 가능하여 연료소비를 줄일 수 있다.
④ 수송 단위가 작고 연료비나 인건비(장거리의 경우) 등 수송단가가 낮다.

해설 철도와 선박과 비교한 트럭 수송의 장점
① 문전에서 문전으로 배송서비스를 탄력적으로 행할 수 있다.
② 중간 하역이 불필요하며 포장의 간소화·간략화가 가능하다.
③ 다른 수송기관과 연동하지 않고서도 일관된 서비스를 할 수가 있어 싣고 부리는 횟수가 적어도 된다.

68 고객의 욕구라고 할 수 없는 내용은?
① 기억되기를 바란다.　　② 관심을 가지는 것을 싫어한다.
③ 환영받고 싶어 한다.　　④ 편안해 지고 싶어 한다.

해설 고객의 욕구
① 기억되기를 바란다.　　② 환영받고 싶어 한다.
③ 관심을 가져주기를 바란다.　　④ 중요한 사람으로 인식되기를 바란다.
⑤ 편안해 지고 싶어 한다.　　⑥ 칭찬받고 싶어 한다.
⑦ 기대와 욕구를 수용하여 주기를 바란다.

69 화주기업이 물류비 절감 등 물류 활동을 효율화할 수 있도록 기능 전체 혹은 일부를 대행하는 물류업은?
① 자사 물류업　　② 제1자 물류업
③ 제2자 물류업　　④ 제3자 물류업

해설 물류업의 분류
① 자사물류 : 기업이 사내에 물류조직을 두고 물류업무를 직접 수행하는 경우

정답 59.① 60.④ 61.③ 62.③ 63.① 64.①　　65.④ 66.③ 67.① 68.② 69.④

② 제2자 물류(물류자회사) : 기업이 사내의 물류조직을 별도로 분리하여 자회사로 독립시키는 경우

③ 제3자 물류업 : 화주기업이 고객서비스 향상, 물류비 절감 등 물류활동을 효율화할 수 있도록 공급망(Supply Chain)상의 기능 전체 혹은 일부를 대행하는 업종

70 최초의 공급업체로부터 최종 소비자에게 이르기까지 서비스 흐름과정을 통합적으로 운영하는 경영전략은?

① 경영정보 시스템
② 전사적 자원관리
③ 공급망 관리
④ 고객 상담관리

해설 공급망 관리란 고객 및 투자자에게 부가가치를 창출할 수 있도록 최초의 공급업체로부터 최종 소비자에게 이르기까지의 상품·서비스 및 정보의 흐름이 관련된 프로세스를 통합적으로 운영하는 경영전략이다.

71 주파수 공용통신(TRS)의 도입효과로 볼 수 없는 것은?

① 차량 위치추적 기능의 활용으로 도착시간의 정확한 추정이 가능해 진다
② 배차 후 화주의 기착지 변경이나 취소에 따른 신속대응이 어렵다.
③ 고장차량에 대응한 차량 재배치나 지연사유 분석이 가능하다.
④ 데이터 통신에 의한 실시간 처리가 가능해져 관리업무가 축소된다.

해설 종전에 배차 후 화주의 기착지 변경이나 취소에 따른 신속대응이 어렵고 신용카드 조회도 어려웠다. 이에 대해 음성 또는 데이터 통신을 통한 메시지 전달로 수작업과 수·배송 지연사유 등 원인 분석이 곤란했던 점을 체크아웃 포인트의 설치나 화물 추적기능 활용으로 지연사유 분석이 가능해져 표준 운행시간 작성에 도움을 줄 수 있다.

72 고객서비스 전략 수립 시 물류서비스의 내용으로 맞는 것은?

① 수주부터 도착까지의 리드타임 단축
② 대량 출하체제
③ 긴급출하 대응실시
④ 체류시간의 지연

해설 물류서비스로는 리드타임의 단축, 체류시간의 단축, 납품시간 및 시간대 지정, 24시간 수주, 상품신선도, 유통가공, 부대서비스, 다양한 정보서비스 등 수없이 많다.

73 고객만족을 위한 행동예절 중 인사할 때의 마음가짐에 대해 잘 못된 것은?

① 정중하게 한다.
② 의례적으로 한다.
③ 밝은 미소로 한다.
④ 경쾌하고 겸손한 인사말과 함께 한다.

해설 인사의 마음가짐
① 정성과 감사의 마음으로　② 예절 바르고 정중하게
③ 밝고 상냥한 미소로　④ 경쾌하고 겸손한 인사말과 함께

74 신속하고 민첩한 체계를 통하여 생산 및 유통의 각 단계에서 효율화를 실현하고 그 성과를 생산자, 유통관계자, 소비자에게 골고루 돌아가게 하는 물류서비스 기법을 무엇이라 하는가?

① 통합판매
② 효율적 고객대응
③ 신속대응
④ 주파수 공동통신

해설 신속대응이란 생산·유통기간의 단축, 재고의 감소, 반품손실 감소 등 생산·유통의 각 단계에서 효율화를 실현하고 그 성과를 생산자, 유통관계자, 소비자에게 골고루 돌아가게 하는 기법을 말한다.

75 고객의 결정에 영향을 미치는 요인이라고 볼 수 없는 것은?

① 구전에 의한 의사소통
② 개인적인 성격이나 환경적 요인
③ 과거의 경험
④ 서비스 수요자들의 커뮤니케이션

해설 고객의 결정에 영향을 미치는 요인들은 구전에 의한 의사소통, 개인적인 성격이나 환경적 요인, 과거의 경험, 서비스 제공자들의 커뮤니케이션 등을 들 수 있다.

76 수·배송 활동 3가지 단계의 물류 정보처리 기능에 해당되지 않는 것은?

① 판매
② 실시
③ 계획
④ 통제

해설 수·배송 활동의 3단계의 물류 정보처리 기능은 계획-실시-통제이다.

77 공급망 관리에 있어서 제4자 물류의 4단계를 순서대로 바르게 나타낸 것은?

① 전환 → 실행 → 재창조 → 이행
② 재창조 → 전환 → 이행 → 실행
③ 실행 → 전환 → 이행 → 재창조
④ 전환 → 이행 → 실행 → 재창조

해설 제4자 물류의 4단계 순서는 재창조 → 전환 → 이행 → 실행이다.

78 합리화 특장차의 종류에 속하지 않는 것은?

① 실내 하역기기 장비차
② 위방향 개폐차
③ 쌓기·부리기 합리화차
④ 시스템 차량

해설 합리화 특장차는 차량 내부의 하역 합리화를 주목적으로 하는 실내 하역기기 장비차, 측면에서 파렛트 등, 로트(lot) 단위로 짐을 부릴 수 있게 하는 측방 개폐차, 짐부리기 합리화차(쌓기·부리기 합리하차) 및 보디를 트랙터에 붙였다 떼었다 할 수 있는 시스템 차량의 4종류로 분류된다.

79 운전자가 가져야 할 기본적 자세라고 볼 수 없는 것은?

① 추측운전
② 교통법규의 이해와 준수
③ 여유 있고 양보하는 마음으로 운전
④ 주의력 집중

해설 운전자가 가져야 할 기본적 자세
① 교통법규의 이해와 준수　② 여유 있고 양보하는 마음으로 운전
③ 주의력 집중　④ 심신상태의 안정
⑤ 추측 운전의 삼가　⑥ 운전기술의 과신은 금물
⑦ 저공해 등 환경보호, 소음공해 최소화 등

80 수송에 의해서 생산지와 수요지와의 공간적 거리가 극복되어 상품의 장소적 효용을 창출하는 물류기능은?

① 운송기능
② 포장기능
③ 하역기능
④ 정보기능

해설 운송기능은 물품을 공간적으로 이동시키는 것으로, 수송에 의해서 생산지와 수요지와의 공간적 거리가 극복되어 상품의 장소적(공간적) 효용을 창출한다.

정답 70.③　71.②　72.①　73.②　74.③

정답 75.④　76.①　77.②　78.②　79.①　80.①

제4회 기출문제 — 화물운송종사자격시험

01 교통사고처리특례법 적용이 배제되는 사유인 철길건널목 통과방법 위반에 해당되지 않는 경우는?
① 철길건널목 직전 일시정지 불이행
② 안전 미확인 통행 중 사고
③ 고장 시 승객 대피, 차량이동 조치 불이행
④ 신호기의 지시에 따라 일시정지하지 아니하고 통과한 경우

해설 철길건널목 통과방법을 위반한 과실
① 철길건널목 직전 일시정지 불이행
② 안전 미확인 통행 중 사고
③ 고장 시 승객대피, 차량이동 조치 불이행

02 도로법령상 차량의 구조나 적재화물의 특수성으로 인하여 관리청의 허가를 받으려는 자는 신청서를 작성하여 도로관리청에 제출하여야 한다. 신청서에 기재할 사항으로 틀린 것은?
① 운행하려는 도로의 종류 및 노선명
② 하이패스 및 블랙박스 설치유무
③ 운행구간 및 그 총연장
④ 운행방법

해설 차량의 구조나 적재화물의 특수성으로 인하여 관리청의 허가를 받으려는 자는 신청서에 ① 운행하려는 도로의 종류 및 노선명, ② 운행구간 및 그 총연장, ③ 차량의 제원(諸元), ④ 운행기간, ⑤ 운행목적, ⑥ 운행방법을 기재하여 도로관리청에 제출하여야 한다.

03 화물자동차 운수사업법령상 운전적성에 대한 정밀검사 중 특별검사 건에 해당하지 않는 것은?
① 과거 2년간 운전면허행정처분기준에 따라 산출된 누산점수가 61점 이상인 사람
② 과거 1년간 운전면허행정처분기준에 따라 산출된 누산점수가 81점 이상인 사람
③ 교통사고를 일으켜 사람을 사망하게 한 사람
④ 교통사고를 일으켜 5주 이상의 치료가 필요한 상해를 입힌 사람

해설 특별검사를 받아야 하는 사람
① 교통사고를 일으켜 사람을 사망하게 한 사람
② 교통사고를 일으켜 5주 이상의 치료가 필요한 상해를 입힌 사람
③ 과거 1년간 도로교통법 시행규칙에 따른 운전면허 행정 처분기준에 따라 산출된 누산점수가 81점 이상인 사람

04 일시정지 상황에 대한 설명으로 틀린 것은?
① 어린이가 도로에서 앉아 있거나 서 있을 때
② 어린이가 도로에서 놀이를 할 때
③ 교통이 한산한 교차로를 통행할 때
④ 앞을 보지 못하는 사람이 흰색 지팡이를 가지고 도로를 횡단하고 있는 경우

해설 일시정지
① 차마의 운전자는 보도와 차도가 구분된 도로에서 도로 외의 곳을 출입할 때에는 보도를 횡단하기 직전에 일시정지
② 모든 차의 운전자는 철길건널목을 통과하려는 경우에는 철길건널목 앞에서 일시정지
③ 모든 차의 운전자는 보행자(자전거에서 내려서 자전거를 끌고 통행하는 자전거 운전자를 포함)가 횡단보도를 통행하고 있을 때에는 보행자의 횡단을 방해하거나 위험을 주지 아니하도록 그 횡단보도 앞(정지선이 설치되어 있는 곳에서는 그 정지선)에서 일시정지
④ 보행자 전용도로의 통행이 허용된 차마의 운전자는 보행자를 위험하게 하거나 보행자의 통행을 방해하지 아니하도록 보행자의 걸음 속도로 운행하거나 일시정지
⑤ 모든 차의 운전자는 교차로나 그 부근에서 긴급자동차가 접근하는 경우에는 교차로를 피하여 도로의 우측 가장자리에 일시정지
⑥ 모든 차의 운전자는 교통정리를 하고 있지 아니하고 좌우를 확인할 수 없거나 교통이 빈번한 교차로에서는 일시정지
⑦ 시·도 경찰청장이 필요하다고 인정하여 일시정지 표지로 지정한 곳
⑧ 어린이가 보호자 없이 도로를 횡단할 때, 어린이가 도로에서 앉아 있거나 서 있을 때 또는 어린이가 도로에서 놀이를 할 때 등 어린이에 대한 교통사고의 위험이 있는 것을 발견한 경우, 앞을 보지 못하는 사람이 흰색 지팡이를 가지거나 맹인안내견을 동반하고 도로를 횡단하고 있는 경우, 지하도나 육교 등 도로 횡단시설을 이용할 수 없는 지체장애인이나 노인 등이 도로를 횡단하고 있는 경우에는 일시정지
⑨ 차량 신호등이 적색등화의 점멸인 경우 차마는 정지선이나 횡단보도가 있을 때에는 그 직전이나 교차로의 직전에 일시정지

05 도로법령에서 '도로관리청이 도로의 편리한 이용과 안전 및 원활한 도로교통의 확보, 그 밖에 도로의 관리를 위하여 설치하는 시설 또는 공작물을 무엇이라 하는가?
① 고속국도   ② 일반국도
③ 지방도   ④ 도로의 부속물

해설 도로의 부속물 : 도로관리청이 도로의 편리한 이용과 안전 및 원활한 도로교통의 확보, 그 밖에 도로의 관리를 위하여 설치하는 시설 또는 공작물이다.

06 군도 이상의 도로 및 면도와 갈라져 마을 간이나 주요 산업단지 등과 연결되는 도로는?
① 면도   ② 농도
③ 이도   ④ 상도

해설 농어촌도로 정비법에 따른 농어촌도로
① 면도 : 군도(郡道) 및 그 상위 등급의 도로(군도 이상의 도로)와 연결되는 읍·면 지역의 기간도로
② 이도 : 군도 이상의 도로 및 면도와 갈라져 마을 간이나 주요 산업단지 등과 연결되는 도로
③ 농도 : 경작지 등과 연결되어 농어민의 생산 활동에 직접 공용되는 도로

07 시·도지사의 저공해 자동차로의 전환명령을 이행하지 않은 자에 대한 처벌기준은?
① 300만 원 이하의 과태료   ② 500만 원 이하의 과태료
③ 700만 원 이하의 과태료   ④ 1천만 원 이하의 과태료

해설 저공해 자동차로의 전환 또는 개조 명령, 배출가스 저감장치의 부착·교체 명령 또는 배출가스 관련 부품의 교체 명령, 저공해 엔진(혼소엔진을 포함한다)으로의 개조 또는 교체 명령을 이행하지 아니한 자는 300만 원 이하의 과태료

정답 01.④ 02.② 03.① 04.③ 05.④ 06.③ 07.①

08 자동차 튜닝검사를 받고자 하는 자가 자동차 검사신청서에 첨부해야 할 서류가 아닌 것은?

① 튜닝 전·후의 주요 제원 대비표

② 자동차보험 가입증명서

③ 튜닝 전·후의 자동차의 외관도(외관이 변경이 있는 경우)

④ 자동차 등록증

> **해설** 자동차의 튜닝검사 신청서류
> ① 자동차 등록증 ② 튜닝 변경승인서
> ③ 튜닝 전·후의 주요 제원 대비표
> ④ 튜닝 전·후의 자동차 외관도(외관의 변경이 있는 경우)
> ⑤ 변경하고자 하는 구조·장치의 설계도
> ⑥ 튜닝 변경 작업완료 증명서

09 동시에 교차로에 진입할 때의 양보운전 방법으로 맞는 것은?

① 도로의 폭이 넓은 도로에서 진입하는 차에 진로를 양보하여야 한다.

② 도로의 폭이 좁은 도로에서 진입하는 차에 진로를 양보하여야 한다.

③ 동시에 진입하는 경우 좌측도로에서 진입하는 차에 진로를 양보하여야 한다.

④ 직진하는 경우 좌회전 차에 진로를 양보하여야 한다.

> **해설** 동시에 교차로에 진입할 때의 양보운전
> ① 도로의 폭이 좁은 도로에서 진입하려고 하는 경우에는 도로의 폭이 넓은 도로로부터 진입하는 차에 진로를 양보
> ② 동시에 진입하려고 하는 경우에는 우측도로에서 진입하는 차에 진로를 양보
> ③ 좌회전하려고 하는 경우에는 직진하거나 우회전하려는 차에 진로를 양보

10 노면표시 중 동일방향의 교통류 분리 및 경계표시를 의미하는 색은?

① 황색 ② 청색 ③ 적색 ④ 백색

> **해설** 노면표시의 기본색상 중
> ① 백색은 동일방향의 교통류 분리 및 경계표시
> ② 황색은 반대방향의 교통류분리 또는 도로이용의 제한 및 지시
> ③ 청색은 지정방향의 교통류 분리표시(버스전용차로 표시 및 다인승차량 전용차선 표시)
> ④ 적색은 어린이 보호구역 또는 주거지역 안에 설치하는 속도제한 표시의 테두리선에 사용

11 편도 2차로 이상인 일반도로의 최고속도와 최저속도 기준으로 맞는 것은?(단, 지정·고시 하에 변경된 경우 제외)

① 최고속도 70km/h 이내 - 최저속도 30km/h

② 최고속도 70km/h 이내 - 최저속도 제한 없음

③ 최고속도 80km/h 이내 - 최저속도 30km/h

④ 최고속도 80km/h 이내 - 최저속도 제한 없음

> **해설** 도로별 차로 등에 따른 속도
>
> | 도로 구분 | | 최고 속도 | 최저 속도 |
> |---|---|---|---|
> | 일반 도로 | 편도 2차로 이상 | 매시 80km 이내 | 제한 없음 |
> | | 편도 1차로 | 매시 60km 이내 | |

12 차고지와 지방자치단체의 조례로 정하는 시설 및 장소가 아닌 곳에서 불법주차 한 경우 일반 화물자동차 운송사업자에 대한 과징금은 얼마인가?

① 5만원 ② 10만원 ③ 20만원 ④ 30만원

> **해설** 차고지와 지방자치단체의 조례로 정하는 시설 및 장소가 아닌 곳에서 불법주차 한 경우 일반 화물자동차 운송사업자에 대한 과징금은 20만원이 부과된다.

13 운송가맹사업자의 허가사항 변경신고의 대상이 아닌 것은?

① 운전자의 변경 ② 화물취급소의 설치 및 폐지

③ 주 사무소·영업소의 이전 ④ 화물자동차의 대폐차(代廢車)

> **해설** 운송가맹사업자의 허가사항 변경신고의 대상
> ① 상호의 변경 ② 대표자의 변경(법인인 경우)
> ③ 화물취급소의 설치 또는 폐지
> ④ 화물자동차의 대폐차(代廢車)
> ⑤ 주사무소·영업소 및 화물취급소의 이전

14 자동차관리법령상 캠핑용 트레일러가 해당되는 자동차의 종류는?

① 승합자동차 ② 승용자동차

③ 화물자동차 ④ 특수자동차

> **해설** 승합자동차 : 11인 이상을 운송하기에 적합하게 제작된 자동차. 다만 다음 어느 하나에 해당하는 자동차는 승차인원에 관계없이 이를 승합자동차로 본다.
> ① 내부의 특수한 설비로 인하여 승차인원이 10인 이하로 된 자동차
> ② 국토교통부령으로 정하는 경형자동차로서 승차정원이 10인 이하인 전방 조종자동차
> ③ 캠핑용 자동차 또는 캠핑용 트레일러

15 대기환경보전법상 용어의 정의 중 연소할 때에 생기는 유리(遊離)탄소가 주가 되는 미세한 입자상 물질은?

① 수소 ② 액체상 물질

③ 매연 ④ 가스

> **해설** 매연이란 연소할 때에 생기는 유리(遊離) 탄소가 주가 되는 미세한 입자상 물질

16 화물자동차 운수사업법령에서 정한 운수종사자의 범위에 속하지 않는 사람은?

① 화물자동차의 운전자 ② 화물업무의 담당공무원

③ 화물의 운송취급 사무원 ④ 화물의 운송주선 사무보조원

> **해설** 운수종사자란 화물자동차의 운전자, 화물의 운송 또는 운송주선에 관한 사무를 취급하는 사무원 및 이를 보조하는 보조원, 그 밖에 화물자동차 운수사업에 종사하는 자를 말한다.

17 화물운송 종사자격증의 재발급 요건에 해당하는 것은?

① 자격증을 분실한 경우

② 화물운송 종사자격시험에 합격한 경우

③ 자격증을 회사에 보관한 경우

④ 자격증을 차내에 보관한 경우

> **해설** 화물운송 종사자격증 등의 재발급 요건
> ① 화물운송 종사자격증의 기재사항에 착오나 변경이 있어 이의 정정을 받으려는 자
> ② 화물운송 종사자격증을 잃어버리거나 헐어 못 쓰게 된 경우

18 편도 4차로인 고속도로 외의 도로에서 차로에 따른 통행차 중 연결이 잘못된 것은?

① 왼쪽차로 : 승용자동차

정답 08.② 09.① 10.④ 11.④ 12.③ | 정답 13.① 14.① 15.③ 16.② 17.① 18.②

② 왼쪽차로 : 총중량이 3.5톤 이하인 특수자동차
③ 오른쪽차로 : 적재중량이 1.5톤 이하인 화물자동차
④ 오른쪽차로 : 건설기계

해설 고속도로 이외의 도로

고속도로 이외의 도로	왼쪽차로	승용자동차 및 경형·소형·중형승합자동차
	오른쪽차로	대형승합자동차, 화물자동차, 특수자동차, 건설기계, 이륜자동차, 원동기장치 자전거
	\multicolumn{2}{l}{고속도로 외의 도로의 왼쪽 차로란 차로를 반으로 나누어 1차로에 가까운 도로. 다만 차로수가 홀수인 경우 가운데 차로는 제외한다.}

19 피해자를 사망에 이르게 하고 도주하거나 도주 후에 피해자가 사망한 경우에는 어떠한 처벌을 받는가?
① 무기 또는 5년 이상의 징역
② 사형 또는 5년 이상의 징역
③ 5년 이하의 유기징역
④ 5년 이하의 금고

해설 피해자를 사망에 이르게 하고 도주하거나, 도주 후에 피해자가 사망한 경우에는 무기 또는 5년 이상의 징역에 처한다.

20 화물자동차 운수사업법상 다른 사람의 요구에 응하여 유상으로 화물자동차 운송 사업을 경영하는 자의 화물 운송수단을 이용하여 자기의 명의와 계산으로 화물을 운송하는 사업에 해당하는 것은?
① 화물자동차 운송주선사업
② 화물자동차 운송사업
③ 화물자동차 운송가맹사업
④ 화물자동차 매매사업

해설 화물자동차 운송주선사업이란 다른 사람의 요구에 응하여 유상으로 화물운송계약을 중개·대리하거나 화물자동차 운송사업 또는 화물자동차 운송가맹사업을 경영하는 자의 화물 운송수단을 이용하여 자기의 명의(名義)와 계산(計算)으로 화물을 운송하는 사업을 말한다.

21 화물자동차 운송사업의 허가취소 사유로 부적절한 것은?
① 부정한 방법으로 화물자동차 운송사업 허가를 받은 경우
② 부정한 방법으로 화물자동차 운송사업의 변경허가를 받은 경우
③ 중대한 교통사고로 인하여 많은 사상자를 발생하게 한 경우
④ 화물운송 종사자격을 갖춘 자로 하여금 화물을 운송하게 한 경우

해설 화물자동차 운송사업의 허가취소
① 부정한 방법으로 화물자동차 운송사업허가를 받은 경우
② 화물자동차 운송사업허가를 받은 후 6개월간의 운송실적이 국토교통부령으로 정하는 기준에 미달한 경우
③ 부정한 방법으로 화물자동차 운송사업의 변경허가를 받거나, 변경허가를 받지 아니하고 허가사항을 변경한 경우
④ 화물자동차 운송사업의 허가 또는 증차를 수반하는 변경허가에 따른 기준을 충족하지 못하게 된 경우
⑤ 화물자동차 운송사업자가 운송사업의 허가를 받은 날부터 3년의 범위에서 대통령령으로 정하는 기간마다 국토교통부장관에게 신고하는 화물자동차운송사업의 허가 또는 증차를 수반하는 변경허가 기준에 관한 사항을 신고하지 아니하거나 거짓으로 신고한 경우
⑥ 화물자동차 소유 대수가 2대 이상인 운송사업자가 영업소 설치 허가를 받지 아니하고 주사무소 외의 장소에서 상주하여 영업한 경우
⑦ 중대한 교통사고 또는 빈번한 교통사고로 많은 사상자를 발생하게 한 경우
⑧ 화물운송 종사자격이 없는 자에게 화물을 운송하게 한 경우

22 자동차 등록원부의 기재 사항이 변경된 경우 자동차 소유자가 신청하여야 하는 것은?
① 변경등록
② 신규등록
③ 이전등록
④ 말소등록

해설 변경등록 : 자동차 소유자는 등록원부의 기재 사항이 변경(이전등록 및 말소등록에 해당되는 경우는 제외)된 경우에는 시·도지사에게 변경등록을 신청하여야 한다. 다만, 대통령령으로 정하는 경미한 등록 사항을 변경하는 경우에는 그러하지 아니하다.

23 자동차 소유자가 자동차 종합검사를 받아야 하는 기간은 검사 유효기간의 마지막 날 전후 각각 며칠 이내 인가?(단 검사 유효기간을 연장 또는 유예한 경우는 제외)
① 10일
② 11일
③ 30일
④ 31일

해설 종합검사기간 : 자동차 소유자가 종합검사를 받아야 하는 기간은 검사 유효기간의 마지막 날(검사유효기간을 연장하거나 검사를 유예한 경우에는 그 연장 또는 유예된 기간의 마지막 날) 전후 각각 31일 이내로 한다.

24 트레일러와 레커를 운전하기 위해 필요한 운전면허는?
① 제1종 대형면허
② 제1종 보통면허
③ 제1종 소형면허
④ 제1종 특수면허

25 시·도에서 화물운송업과 관련하여 처리하는 업무로 맞는 것은?
① 화물운송 종사자격의 취소 및 효력의 정지
② 화물자동차 운송종사업 허가사항에 대한 경미한 사항 변경신고
③ 과적 운행, 과로 운전, 과속 운전의 예방 등 안전한 수송을 위한 제도
④ 화물자동차 운전자의 인명 사상사고 및 교통법규 위반사항 제공

해설 시·도에서 처리하는 업무
① 화물자동차 운송사업의 허가
② 화물자동차 운송사업의 허가사항 변경허가
③ 화물자동차 운송사업의 허가기준에 관한 사항의 신고
④ 화물자동차 운송사업에 따른 운송약관의 신고 및 변경신고
⑤ 운송가맹점으로 가입한 운송사업자가 자기의 상호를 소속 운송가맹사업자의 운송가맹점으로 변경하기 위한 신고의 접수
⑥ 운송사업자에 대한 개선명령
⑦ 화물자동차 운송사업에 대한 양도·양수 또는 합병의 신고
⑧ 화물자동차 운송사업에 대한 상속의 신고
⑨ 화물자동차 운송사업에 대한 사업의 휴업 및 폐업 신고
⑩ 화물자동차 운송사업의 허가취소, 사업정지처분 및 감차 조치 명령
⑪ 화물자동차 사용 정지에 따른 화물자동차의 자동차 등록증과 자동차 등록번호판의 반납 및 반환
⑫ 운송사업자에 대한 과징금의 부과징수 및 과징금 운용계획의 수립·시행
⑬ 화물자동차 운송사업의 허가 취소 등에 따른 청문
⑭ 화물운송 종사자격의 취소 및 효력의 정지
⑮ 화물운송 종사자격의 취소 및 효력의 정지에 따른 청문
⑯ 화물자동차 운송주선사업의 허가
⑰ 화물자동차 운송주선사업의 허가취소 및 사업 정지처분
⑱ 적재물 배상 책임보험 또는 공제 계약이 끝난 후 새로운 계약이 체결되지 아니하였다는 통지의 수령
⑲ 화물자동차 운송사업 실태 조사에 따른 보고, 경영실태 조사 및 재무관리 상태 진단
⑳ 화물자동차 운수사업의 종류별 또는 사도별 협회의 설립인가
㉑ 협회사업에 대한 지도·감독
㉒ 운송사업자 및 운수종사자에 대한 과태료의 부과 및 징수
㉓ 자가용 화물자동차의 사용신고
㉔ 자가용 화물자동차의 유상운송 허가

26 가치를 높이기 위한 물품 개개의 포장을 무엇이라 하는가?
① 속포장
② 내부포장
③ 내장
④ 개장

해설 포장의 종류
① 개장(個裝) : 물품 개개의 포장. 물품의 상품가치를 높이기 위해 또는 물품 개개를 보호하기 위해 적절한 재료, 용기 등으로 물품을 포장하는 방법 및 포장한 상태. 낱개포장(단위포장)이라 한다.

② 내장(內裝) : 포장화물 내부의 포장. 물품에 대한 수분, 습기, 광열, 충격 등을 고려하여 적절한 재료, 용기 등으로 물품을 포장하는 방법 및 포장한 상태, 속포장(내부포장)이라 한다.

③ 외장(外裝) : 포장 화물 외부의 포장. 물품 또는 포장 물품을 상자, 포대, 나무통 및 금속관 등의 용기에 넣거나 용기를 사용하지 않고 결속하여 기호, 화물표시 등을 하는 방법 및 포장한 상태, 겉포장(외부포장)이라 한다.

27 주유 취급소의 위험물 취급기준으로 적당하지 않은 것은?

① 자동차에 주유할 때에는 고정주유설비를 사용하여 직접 주유하여야 한다.

② 유분리 장치에 고인 유류는 넘치지 않도록 한다.

③ 주유 취급소의 전용탱크에 위험물을 주입할 때는 그 탱크에 연결되는 고정주유설비의 사용을 중지하여야 한다.

④ 자동차에 주유할 때는 자동차 원동기의 출력을 낮추어야 한다.

해설 주유 취급소의 위험물 취급기준
① 자동차 등에 주유할 때에는 고정 주유설비를 사용하여 직접 주유한다.
② 자동차 등을 주유할 때는 자동차 등의 원동기를 정지시킨다.
③ 자동차 등의 일부 또는 전부가 주유 취급소 밖에 나온 채로 주유하지 않는다.
④ 주유 취급소의 전용탱크 또는 간이탱크에 위험물을 주입할 때는 그 탱크에 연결되는 고정 주유설비의 사용을 중지하여야 하며, 자동차 등을 그 탱크의 주입구에 접근시켜서는 아니 된다.
⑤ 유분리 장치에 고인 유류는 넘치지 아니하도록 수시로 퍼내어야 한다.
⑥ 고정 주유설비에 유류를 공급하는 배관은 전용탱크 또는 간이탱크로부터 고정 주유설비에 직접 연결된 것이어야 한다.
⑦ 자동차 등에 주유할 때는 정당한 이유 없이 다른 자동차 등을 그 주유 취급소 안에 주차시켜서는 아니 된다. 다만, 재해발생의 우려가 없는 경우에는 그러하지 아니하다.

28 약관상 운송물의 수탁거절 사유가 아닌 것은?

① 고객이 운송장에 필요한 사항을 기재하지 아니한 경우

② 운송물이 밀수품, 군수품 등 위법한 물건인 경우

③ 운송이 법령, 사회질서, 기타 선량한 풍속에 반하는 경우

④ 운송물 1포장의 가액이 200만원을 초과하는 경우

해설 약관상 운송물의 수탁거절 사유
① 고객이 운송장에 필요한 사항을 기재하지 아니한 경우
② 고객이 규정에 의한 청구나 승낙을 거절하여 운송에 적합한 포장이 되지 않은 경우
③ 고객이 규정에 의한 확인을 거절하거나 운송물의 종류와 수량이 운송장에 기재 된 것 과 다른 경우
④ 운송물 1포장의 가액이 300만원을 초과하는 경우
⑤ 운송물이 밀수품, 군수품, 부정임산물 등 위법한 물건인 경우
⑥ 운송물이 현금, 카드, 어음, 수표, 유가증권 등 현금화가 가능한 물건인 경우
⑦ 운송물의 인도예정일(시)에 따른 운송이 불가능한 경우
⑧ 운송물이 화약류, 인화물질 등 위험한 물건인 경우
⑨ 운송이 천재지변, 기타 불가항력적인 사유로 불가능한 경우
⑩ 운송이 법령, 사회질서, 기타 선량한 풍속에 반하는 경우
⑪ 운송물이 재생 불가능 한 계약서, 원고, 서류 등인 경우
⑫ 운송물이 살아있는 동물, 동물사체 등인 경우

29 스티커형 운송장에 대한 설명으로 틀린 것은?

① 동일 수하인에게 다수의 화물이 배달될 때 운송장에는 간단한 기본내용과 원운송장을 연결시키는 내용만 기록한다.

② 스티커형 운송장은 라벨프린트기를 설치하고 자체 정보시스템에 운송장 발행시스템 등 별도의 시스템이 필요하다.

③ 화물의 출고정보가 운송회사의 호스트로 전송되어야 하므로 기업고객도 운송장의 출하를 바코드로 스캐닝하는 시스템을 운행해야 한다.

④ 화물에 부착된 스티커형 운송장을 떼어 내어 배달표로 사용할 수 있는 운송장도 있다.

해설 스티커형 운송장
① 운송장 제작비와 전산 입력비용을 절약하기 위하여 기업고객과 완벽한 EDI(전자문서교환)시스템이 구축될 수 있는 경우에 이용된다.
② 스티커형 운송장은 라벨 프린터기를 설치하고 자체 정보시스템에 운송장 발행시스템, 출하정보의 전송시스템 등 별도의 EDI시스템이 필요하다.
③ 화물의 출고정보가 운송회사의 호스트로 전송되어야 하며(디스켓으로 처리할 수 도 있음), 이를 위하여 기업고객도 운송장의 출하를 바코드로 스캐닝하는 시스템을 운영해야 한다.
④ 배달표형 스티커 운송장 : 화물에 부착된 스티커형 운송장을 떼어 내어 배달표로 사용할 수 있는 운송장이다.
⑤ 바코드 절취형 스티커 운송장 : 스티커에 부착된 바코드만을 절취하여 별도의 화물 배달표에 부착하여 배달확인을 받는 운송장이다.

30 인수요령으로 부적절한 것은?

① 두 개 이상의 화물을 하나의 화물로 밴딩 처리한 경우 반드시 고객에게 파손 가능성을 설명한다.

② 인수예약은 반드시 접수대장에 기재하여 누락되지 않도록 한다.

③ 전화예약 접수 시 집하가능 일자와 고객의 배송요구 일자를 확인한 후 배송 가능한 경우에 고객과 약속한다.

④ 화물의 안전한 수송과 타 화물의 보호를 위해 포장상태만 확인 후 접수여부를 결정한다.

해설 화물은 취급가능 화물규격 및 중량, 취급불가 화물품목 등을 확인하고, 화물의 안전수송과 타 화물의 보호를 위하여 포장상태 및 화물의 상태를 확인한 후 접수여부를 결정한다.

31 컨테이너 취급 시 주의사항으로 적절하지 않은 것은?

① 컨테이너에 위험물을 수납하기 전에 철저히 점검하여 그 구조와 상태 등이 불안한 컨테이너를 사용해서는 안 되며, 개폐문의 방수상태를 점검한다.

② 수납에 있어서 어떠한 경우라도 화물 일부가 컨테이너 밖으로 튀어 나와서는 안 된다.

③ 수납이 완료되면 즉시 문을 폐쇄해야 한다.

④ 컨테이너를 적재 시에는 반드시 콘(잠금장치)을 해제시켜야 한다.

해설 컨테이너를 취급할 때 주의사항
① 컨테이너에 위험물을 수납하기 전에 철저히 점검하여 그 구조와 상태 등이 불안한 컨테이너를 사용해서는 안 되며, 특히 개폐문의 방수상태를 점검할 것
② 컨테이너를 깨끗이 청소하고 잘 건조할 것
③ 수납되는 위험물 용기의 포장 및 표찰이 완전한가를 충분히 점검하여 포장 및 용기가 파손되었거나 불완전한 것은 수납을 금지시킬 것
④ 수납에 있어서는 화물의 이동, 전도, 충격, 마찰, 누설 등에 의한 위험이 생기지 않도록 충분한 깔판 및 각종 고임목을 사용하여 화물을 보호하는 동시에 단단히 고정시킬 것.
⑤ 수납에 있어서는 화물중량의 배분과 외부충격의 완화를 고려하는 동시에 어떠한 경우라도 화물 일부가 컨테이너 밖으로 튀어 나와서는 안 된다.
⑥ 수납이 완료되면 즉시 문을 폐쇄한다.
⑦ 품명이 틀린 위험물 또는 위험물과 위험물 이외의 화물이 상호작용하여 발열 및 가스를 발생시키고, 부식작용이 일어나거나 기타 물리적 화학작용이 일어날 염려가 있을 때에는 동일 컨테이너에 수납해서는 안 된다.
⑧ 컨테이너를 적재 후 반드시 콘(잠금장치)을 잠근다.

32 운송장 부착요령 중 맞지 않는 것은?

① 운송장 부착은 원칙적으로 접수 장소에서 매 건마다 작성하여 화물에 부착한다.

② 운송장 부착 시 운송장과 물품이 정확히 일치하는지 확인하고 부착한다.

③ 취급주의 스티커의 경우 운송장 바로 우측 옆에 붙여서 눈에 띄게 한다.

정답 27.④ 28.④ 29.① 114 **정답 30.④ 31.④ 32.④**

④ 운송장은 박스 모서리나 후면부 또는 측면에 부착한다.

해설 운송장 부착요령
① 운송장 부착은 원칙적으로 접수 장소에서 매 건마다 작성하여 화물에 부착한다.
② 운송장은 물품의 정중앙 상단에 뚜렷하게 보이도록 부착한다.
③ 물품 정중앙 상단에 부착이 어려운 경우 최대한 잘 보이는 곳에 부착한다.
④ 박스 모서리나 후면 또는 측면에 부착하여 혼동을 주어서는 안 된다.
⑤ 운송장이 떨어지지 않도록 손으로 잘 눌러서 부착한다.
⑥ 운송장을 부착할 때에는 운송장과 물품이 정확히 일치하는지 확인하고 부착한다.
⑦ 운송장을 화물포장 표면에 부착할 수 없는 소형, 변형화물은 박스에 넣어 수탁한 후 부착하고, 작은 소포의 경우에도 운송장 부착이 가능한 박스에 포장하여 수탁한 후 부착한다.
⑧ 쌀, 매트, 카펫 등은 물품의 정중앙에 운송장을 부착하며, 테이프 등을 이용하여 운송장이 떨어지지 않도록 조치하되, 운송장의 바코드가 가려지지 않도록 한다.
⑨ 운송장이 떨어질 우려가 큰 물품의 경우 송하인의 동의를 얻어 포장재에 수하인 주소 및 전화번호 등 필요한 사항을 기재하도록 한다.
⑩ 취급주의 스티커의 경우 운송장 바로 우측 옆에 붙여서 눈에 띄게 한다.

33 한국산업표준(KS)에 따른 화물자동차의 종류에 대한 설명으로 맞는 것은?
① 픽업 : 화물실의 지붕이 있고, 옆판이 운전대와 분리되어 있는 소형트럭
② 밴 : 차에 실은 화물의 쌓아 내림용 크레인을 갖춘 특수 장비 자동차
③ 캡 오버 엔진 트럭 : 원동기의 전부 또는 대부분이 운전실의 아래쪽에 있는 트럭
④ 보닛 트럭 : 원동기부의 덮개가 운전실의 뒤쪽에 나와 있는 트럭

해설 한국산업표준(KS)에 의한 화물자동차의 종류(KS R 0011)
① 보닛 트럭 : 원동기부의 덮개가 운전실의 앞쪽에 나와 있는 트럭
② 캡 오버 엔진 트럭 : 원동기의 전부 또는 대부분이 운전실의 아래쪽에 있는 트럭
③ 밴(van) : 상자형 화물실을 갖추고 있는 트럭. 다만, 지붕이 없는 것(오픈 톱형)도 포함
④ 픽업 : 화물실의 지붕이 없고, 옆판이 운전대와 일체로 되어 있는 소형트럭

34 운송장 기재사항 중 송하인의 기재사항인 것은?
① 발송점 ② 집하지의 전화번호
③ 수하인의 주소 ④ 접수일자

해설 송하인 기재사항
① 송하인의 주소·성명(또는 상호) 및 전화번호
② 수하인의 주소·성명·전화번호(거주지 또는 핸드폰번호)
③ 물품의 품명·수량·가격
④ 특약사항 약관설명 확인필 자필서명
⑤ 파손품 또는 냉동 부패성 물품의 경우 : 면책 확인서(별도 양식) 자필 서명

35 창고 내 입·출고 작업 요령으로 적절하지 않은 것은?
① 창고의 통로 등에는 장애물이 없도록 한다.
② 2인이 동시에 작업할 경우에는 1인은 컨베이어 위에서 작업한다.
③ 화물을 쌓거나 내릴 때에는 순서에 맞게 신중히 하여야 한다.
④ 원기둥형을 굴릴 때는 앞으로 밀어 굴리고 뒤로 끌어서는 안 된다.

해설 컨베이어(conveyor) 위로는 절대 올라가서는 안 된다.

36 화물의 오손사고 원인과 대책으로 적합하지 않은 것은?
① 화물을 적재할 때 중량물을 상단에 적재하여 하단화물 오손 피해가 발생되는 경우이다.
② 김치, 젓갈 등 수량에 비해 포장이 약한 경우 오손사고가 발생한다.
③ 상습적으로 오손이 발생하는 화물은 안전박스에 적재하여 위험으로부터 격리한다.
④ 중량물은 상단, 경량물은 하단 적재 규정을 준수하여야 한다.

해설 화물의 오손사고 원인과 대책
① 화물 오손사고의 원인
  ㉮ 김치, 젓갈, 한약 등 수량에 비해 포장이 약한 경우
  ㉯ 화물을 적재할 때 중량물을 상단에 적재하여 하단화물 오손피해가 발생한 경우
  ㉰ 쇼핑백, 이불, 카펫 등 포장이 미흡한 화물을 중심으로 오손피해가 발생한 경우
② 화물 오손사고의 대책
  ㉮ 상습적으로 오손이 발생하는 화물은 안전박스에 적재하여 위험으로부터 격리
  ㉯ 중량물은 하단, 경량물은 상단 적재 규정준수

37 화물 표준 약관상 고객의 귀책사유로 이사화물의 인수가 약정된 일시로부터 2시간 이상 지체된 경우 사업자가 고객에게 청구할 수 있는 손해배상 청구액 한도액은 계약금의 몇 배인가?
① 배액 ② 3배액 ③ 4배액 ④ 6배액

해설 고객의 귀책사유로 이사화물의 인수가 약정된 일시로부터 2시간 이상 지체된 경우에는, 사업자는 계약을 해제하고 계약금의 배액을 손해배상으로 청구할 수 있다.

38 트레일러의 종류가 아닌 것은?
① 풀 트레일러(Full trailer) ② 돌리(Dolly)
③ 트럭 트레일러(Truck trailer) ④ 폴 트레일러(Pole trailer)

해설 트레일러는 자동차를 동력부분(견인차 또는 트랙터)과 적하부분(피견인 차량)으로 나누었을 때, 적하부분을 지칭하며 일반적으로 풀 트레일러, 세미 트레일러, 폴 트레일러 3가지로 구분된다. 여기에 돌리(Dolly)를 추가하여 4가지로 구분하기도 한다.

39 화물의 길이와 크기가 일정하지 않을 경우의 하역방법 중 옳은 것은?
① 작은 화물 위에 큰 화물을 놓는다.
② 길이가 고르지 못하면 한쪽 끝이 맞도록 한다.
③ 길이에 관계없이 쌓는다.
④ 큰 화물과 작은 화물을 섞어서 쌓는다.

해설 길이가 고르지 못하면 한쪽 끝이 맞도록 한다.

40 열수축성 플라스틱 필름을 파렛트 화물에 씌우고 이를 가열하여 필름을 수축시켜 파렛트와 밀착시키는 화물붕괴 방지 방식은?
① 주연어프 방식 ② 슈 링크방식
③ 풀붙이기 접착방식 ④ 수평 밴드걸기 방식

해설 슈 링크 방식
① 열수축성 플라스틱 필름을 파렛트 화물에 씌우고 슈링크 터널을 통과시킬 때 가열하여 필름을 수축시켜 파렛트와 밀착시키는 방식으로 물이나 먼지도 막아내기 때문에 우천 시의 하역이나 야적 보관도 가능하게 된다.
② 통기성이 없고, 고열(120~130℃)의 터널을 통과하므로 상품에 따라서는 이용할 수가 없고, 비용이 많이 드는 단점이 있다.

41 운전자가 자동차를 정지시켜야 할 상황임을 자각하고 브레이크 페달로 발을 옮겨 브레이크가 작동을 시작하는 순간까지 진행한 거리를 무엇이라 하는가?
① 정지거리 ② 제동거리

③ 공주거리   ④ 작동거리

해설 공주거리란 운전자가 자동차를 정지시켜야 할 상황임을 지각하고 브레이크 페달로 발을 옮겨 브레이크가 작동을 시작하는 순간까지 자동차가 진행한 거리이다.

42 신호 교차로의 단점이 아닌 것은?

① 과도한 대기로 인한 지체가 발생할 수 있다.
② 신호지시를 무시하는 경향을 조장할 수 있다.
③ 추돌사고가 다소 증가할 수 있다.
④ 교통처리 용량을 증대시킬 수 있다.

해설 신호기의 장점 및 단점

신호기의 장점	신호기의 단점
① 교통류의 흐름을 질서 있게 한다.	① 과도한 대기로 인한 지체가 발생할 수 있다.
② 교통처리 용량을 증대시킬 수 있다.	② 신호지시를 무시하는 경향을 조장할 수 있다.
③ 교차로에서의 직각 충돌사고를 줄일 수 있다.	③ 신호기를 피하기 위해 부적절한 노선을 이용할 수 있다.
④ 특정 교통류의 소통을 도모하기 위하여 교통 흐름을 차단하는 것과 같은 통제에 이용할 수 있다.	④ 교통사고, 특히 추돌사고가 다소 증가할 수 있다.

43 운전자의 시선을 유도하고 옆 부분의 여유를 확보하기 위하여 중앙분리대 또는 길 어깨에 차도와 동일한 횡단경사와 구조로 차도에 접속하여 설치되는 부분을 무엇이라 하는가?

① 측대   ② 분리대
③ 중앙분리대   ④ 길 어깨

해설 측대라 함은 운전자의 시선을 유도하고 옆 부분의 여유를 확보하기 위하여 중앙 분리대 또는 길 어깨에 차도와 동일한 횡단경사와 구조로 차도에 접속하여 설치하는 부분이다.

44 운전피로를 구성하는 운전 작업 중의 요인이 아닌 것은?

① 차내 환경   ② 차외 환경
③ 운행조건   ④ 성별조건

해설 운전피로의 요인
① 생활요인 : 수면 · 생활환경
② 운전 작업 중의 요인 : 차내 환경 · 차외환경 · 운행조건
③ 운전자 요인 : 신체조건 · 경험조건 · 연령조건 · 성별조건 · 성격 · 질병

45 운전 중 일어날 수 있는 착각에 대한 설명으로 틀린 것은?

① 어두운 곳에서는 가로 폭보다 세로 폭이 더 넓은 것으로 판단한다.
② 작은 경사는 실제보다 작게 보인다.
③ 작은 것은 멀리 있는 것 같이 보인다.
④ 시야가 넓으면 빠르게 느껴진다.

해설 착각
① 어두운 곳에서는 가로 폭보다 세로 폭을 보다 넓은 것으로 판단한다.
② 작은 것은 멀리 있는 것 같이, 덜 밝은 것은 멀리 있는 것으로 느껴진다.
③ 작은 경사는 실제보다 작게, 큰 경사는 실제보다 크게 보인다.
④ 오름 경사는 실제보다 크게, 내림경사는 실제보다 작게 보인다.
⑤ 좁은 시야에서는 빠르게 느껴진다. 비교 대상이 먼 곳에 있을 때는 느리게 느껴진다.
⑥ 상대 가속도감(반대방향), 상대 감속도감(동일방향)을 느낀다.
⑦ 주행 중 급정거 시 반대방향으로 움직이는 것처럼 보인다.
⑧ 큰 물건들 가운데 있는 작은 물건은 작은 물건들 가운데 있는 같은 물건보다 작아 보인다.
⑨ 한쪽 방향의 곡선을 보고 반대 방향의 곡선을 봤을 경우 실제보다 더 구부러져 있는 것처럼 보인다.

46 자동차의 주행 중 앞바퀴의 안쪽과 뒷바퀴의 안쪽 궤적의 차이를 무엇이라 하는가?

① 내륜차   ② 외륜차   ③ 축간차   ④ 윤간차

해설 자동차의 주행 중 앞바퀴의 안쪽과 뒷바퀴의 안쪽과의 차이를 내륜차(內輪差)라 하고 바깥쪽 바퀴의 차이를 외륜차(外輪差)라고 한다.

47 자동차 고장의 전조현상 중 현가장치인 속업소버의 고장으로 볼 수 있는 것은?

① 바퀴에서 '끼익'소리가 난다.
② 핸들이 극단적으로 흔들린다.
③ 주행 전 차체에 이상한 진동이 있다.
④ 울퉁불퉁한 노면을 달릴 때 '딱각'딱각' 소리가 난다.

해설 고장의 전조현상
① 브레이크 페달을 밟아 차량을 세우려고 할 때 바퀴에서 "끼익!" 하는 소리가 나는 경우를 많이 경험할 것이다. 이것은 브레이크 라이닝의 마모가 심하거나 라이닝에 결함이 있을 때 일어나는 현상이다.
② 비포장도로의 울퉁불퉁한 험한 노면 상을 달릴 때 "딱각딱각" 하는 소리나 "쿵쿵" 하는 소리가 날 때에는 현가장치인 속업소버의 고장으로 볼 수 있다.
③ 조향핸들이 어느 속도에 이르면 극단적으로 흔들린다. 특히 조향핸들 자체에 진동이 일어나면 앞바퀴 불량이 원인일 때가 많다. 앞바퀴 정렬(휠 얼라인먼트)이 맞지 않거나 바퀴 자체의 휠 밸런스가 맞지 않을 때 주로 일어난다.

48 일반적으로 중앙분리대로 설치된 방호울타리는 사고의 유형을 어떻게 변환시켜 주는가?

① 차량단독 사고를 측면 접촉사고로 변환
② 정면충돌 사고를 추돌사고로 변환
③ 정면충돌 사고를 차량단독 사고로 변환
④ 정면충돌 사고를 직각 충돌사고로 변환

해설 방호울타리는 사고를 방지한 다기 보다는 사고의 유형을 변환시켜주기 때문에 효과적이다(정면충돌 사고를 차량단독 사고로 변환시킴으로서 위험성이 덜하다). 방호울타리는 다음과 같은 기능을 가져야 한다.
① 횡단을 방지할 수 있어야 한다.
② 차량을 감속시킬 수 있어야 한다.
③ 차량이 대향차로로 튕겨나가지 않아야 한다.
④ 차량의 손상이 적도록 해야 한다.

49 평면곡선부에서 자동차가 원심력에 저항할 수 있도록 하기 위하여 설치하는 것을 무엇이라 하는가?

① 시설한계   ② 편경사
③ 종단경사   ④ 정단경사

해설 ① 편경사라 함은 평면 곡선부에서 자동차가 원심력에 저항할 수 있도록 하기 위하여 설치하는 횡단경사이다.
② 종단경사라 함은 도로의 진행방향 중심선의 길이에 대한 높이의 변화비율이다.

50 고압가스 충전용기 등을 차량에 적재할 때에 주의사항으로 틀린 것은?

① 차량의 최대 적재량을 초과하여 적재하지 않는다.
② 차량에 싣고 내릴 때에는 충격완화 물품을 사용한다.
③ 차량 동요로 용기가 충돌하지 않도록 고무링을 씌우거나 적재함에 넣어서 운반한다.
④ 충전 용기는 세우는 것보다 가능한 눕혀서 적재한다.

해설 충전용기 등의 적재는 방법
① 차량의 최대 적재량을 초과하여 적재하지 않을 것

정답 42.④ 43.① 44.④ 45.④   **정답** 46.① 47.④ 48.③ 49.② 50.④

② 차량의 적재함을 초과하여 적재하지 않을 것
③ 차량운행 중의 동요로 인하여 용기가 충돌하지 아니하도록 고무링을 씌우거나 적재함에 넣어 세워서 운반할 것.
④ 차량에 싣고 내릴 때에는 충격완화 물품을 사용한다.
⑤ 차량에 충전용기 등을 적재한 후에 당해 차량의 측판 및 뒤판을 정상적인 상태로 닫은 후 확실하게 걸게 쇠로 걸어 잠글 것

51 교차로에서의 교통사고 유발요인이 아닌 것은?
① 녹색신호로 바뀌는 순간 급출발
② 적색신호에 교차로 진입
③ 신호기에 우선하여 교통경찰의 수신호에 따름
④ 황색신호에 무리한 통과시도

해설 교차로 교통사고의 대부분은 운전자가 다음과 같이 운전한 경우이다.
① 앞쪽(또는 옆쪽) 상황에 소홀한 채 진행신호로 바뀌는 순간 급출발
② 정지 신호임에도 불구하고 정지선을 지나 교차로에 진입하거나 무리하게 통과를 시도하는 신호무시
③ 교차로 진입 전 이미 황색신호임에도 무리하게 통과시도

52 자동차의 앞바퀴 정렬과 관련된 사항이 아닌 것은?
① 토인(Toe-in)
② 페이드(Fade)
③ 캠버(Camber)
④ 캐스터(Caster)

해설 앞바퀴 정렬에는 토인, 캠버, 캐스터, 킹핀경사각이 있다.

53 어린이의 일반적인 교통행동 특성을 설명 중 잘못된 것은?
① 교통상황에 대한 주의력이 부족하다.
② 판단력이 부족하고 모방행동이 많다.
③ 사고방식이 복잡하다.
④ 추상적인 말은 잘 이해하지 못하는 경우가 있다.

해설 어린이의 교통행동 특성
① 교통상황에 대한 주의력이 부족하다.
② 판단력이 부족하고 모방행동이 많다.
③ 사고방식이 단순하다.
④ 추상적인 말은 잘 이해하지 못하는 경우가 많다.
⑤ 호기심이 많고 모험심이 강하다.
⑥ 눈에 보이지 않는 것은 없다고 생각한다.
⑦ 자신의 감정을 억제하거나 참아내는 능력이 약하다.
⑧ 제한된 주의 및 지각능력을 가지고 있다.

54 보행 중 교통사고 사망자 구성비가 가장 높은 국가는?
① 일본
② 대한민국
③ 프랑스
④ 미국

해설 우리나라 보행 중 교통사고 사망자 구성비는 OECD 평균(18.8%)보다 높은 39.1%이며, 미국(13.7%), 프랑스(13.1%), 일본(36.1%) 등에 비해 높은 것으로 나타나고 있다.

55 운전과 관련되는 시각의 특성에 대한 설명으로 틀린 것은?
① 운전자는 운전에 필요한 정보의 대부분을 시각을 통하여 획득한다.
② 속도가 빨라질수록 전방주시점은 가까워진다.
③ 속도가 빨라질수록 시력은 떨어진다.
④ 속도가 빨라질수록 시야의 범위가 좁아진다.

해설 운전과 관련되는 시각의 특성
① 운전자는 운전에 필요한 정보의 대부분을 시각을 통하여 획득한다.
② 속도가 빨라질수록 시력은 떨어진다.
③ 속도가 빨라질수록 시야의 범위가 좁아진다.
④ 속도가 빨라질수록 전방주시점은 멀어진다.

56 교통사고의 요인 중 사회 환경 요인에 해당하는 것은?
① 운전자, 보행자 등의 교통도덕
② 교통 여건변화
③ 차량점검
④ 정비 관리자와 운전자의 책임한계

해설 사회 환경은 일반국민·운전자·보행자 등의 교통도덕, 정부의 교통정책, 교통단속과 형사처벌 등에 관한 것이다.

57 운전자가 운전 중 필요한 정보를 얻기 위해 가장 많이 의존하는 감각은?
① 촉각
② 미각
③ 청각
④ 시각

58 자동차 동력전달장치에 대한 점검사항이 아닌 것은?
① 클러치 페달의 유동여부
② 변속기 조작상태 및 오일누출 여부
③ 추진축 연결부의 헐거움 및 이음 여부
④ 배기관 및 소음기의 손상여부

59 운전자의 운전행위에 영향을 미치는 심리적 조건이 아닌 것은?
① 흥미
② 질병
③ 욕구
④ 정서

해설 운전행위로 연결되는 운전과정에 영향을 미치는 운전자의 신체·생리적 조건은 피로·약물·질병 등이며, 심리적 조건은 흥미·욕구·정서 등이다.

60 엔진 매연 과다 발생현상에 대한 조치방법이 아닌 것은?
① 에어클리너 오염 확인 후 청소
② 에어클리너 덕트 내부 확인(부풀음 또는 폐쇄 확인하여 흡입공기량이 충분토록 조치)
③ 연료파이프 누유 및 공기유입 확인
④ 밸브 간극 조정 실시

해설 엔진에서 매연이 과다하게 발생할 때 조치방법
① 출력감소 현상과 함께 매연이 발생되는 것은 흡입 공기량(산소량)부족으로 불완전 연소된 탄소가 나오는 것임
② 에어클리너 오염 확인 후 청소
③ 에어클리너 덕트 내부 확인(부풀음 또는 폐쇄 확인하여 흡입 공기량이 충분토록 조치)
④ 밸브 간극 조정 실시

61 비가 오거나 습도가 높은 날 브레이크 드럼에 미세한 녹이 발생하여 브레이크가 예민하게 작동하는 현상은?
① 모닝 록(Morning lock) 현상
② 페이드(Fade) 현상
③ 수막현상(Hydro planing)
④ 베이퍼 록(Vapour lock) 현상

해설 모닝 록(Morning Lock) 현상은 비가 자주오거나 습도가 높은 날, 또는 오랜 시간 주차한 후에는 브레이크 드럼에 미세한 녹이 발생하는 현상이다. 이 현상이 발생하면 브레이크 드럼과 라이닝, 브레이크 패드와 디스크의 마찰계수가 높아져 평소보다 브레이크가 지나치게 예민하게 작동된다.

62 엔진 과회전(over revolution)현상에 대한 예방 및 조치방법이 아닌 것은?

① 과도한 엔진 브레이크 사용 지양(내리막길 주행 시)

② 최대 회전속도를 초과한 운전 금지

③ 고단에서 저단으로 급격한 기어변속 금지(특히, 내리막길)

④ 에어클리너 오염 확인 후 청소

해설 엔진 과회전(over revolution) 현상에 대한 예방 및 조치방법
① 과도한 엔진 브레이크 사용 지양(내리막길 주행 시)
② 최대 회전속도를 초과한 운전 금지
③ 고단에서 저단으로 급격한 기어변속 금지(특히, 내리막길)

63 안전운전과 방어운전에 대한 설명으로 틀린 것은?

① 안전운전과 방어운전은 별도의 개념으로 두 가지 중 어느 하나도 소홀히 할 수 없다.

② 안전운전은 자신이 위험한 운전을 하거나 교통사고를 유발하지 않도록 주의하여 운전하는 것을 말한다.

③ 방어운전은 자기 자신이 사고에 말려 들어가지 않게 하는 운전이다.

④ 방어운전은 타인의 사고를 유발시키게 하는 운전이다.

해설 안전운전과 방어운전
① 안전운전과 방어운전을 별도의 개념으로 양립시켜 운전할 수 없다. 두 가지 중 어느 것 하나라도 소홀히 하면 곧 바로 교통사고로 연결되어 사람의 귀중한 생명과 재산상의 손실을 초래할 수 있기 때문이다.
② 안전운전 : 운전자 자신이 위험한 운전을 하거나 교통사고를 유발하지 않도록 주의하여 운전하는 것을 말한다.
③ 방어운전 : 운전자가 다른 운전자나 보행자가 교통법규를 지키지 않거나 위험한 행동을 하더라도 이에 대처할 수 있는 운전 자세를 갖추어 미리 위험한 상황을 피하여 운전하는 것, 위험한 상황을 만들지 않고 운전하는 것, 위험한 상황에 직면했을 때는 이를 효과적으로 회피할 수 있도록 운전하는 것을 말한다.
㉮ 자기 자신이 사고의 원인을 만들지 않는 운전
㉯ 자기 자신이 사고에 말려들어 가지 않게 하는 운전
㉰ 타인의 사고를 유발시키지 않는 운전

64 위험물(가스) 수송차량의 운전자가 주의할 사항으로 옳지 않은 것은?

① 운행 및 주차 시 안전조치 사항을 숙지한다.

② 차량내부 및 차량 옆에서는 화기를 사용하지 않는다.

③ 가스탱크 수리는 주변과 차단된 밀폐된 공간에서 한다.

④ 지정된 장소가 아닌 곳에서는 탱크로리 상호간에 취급 물질을 입·출하시키지 말아야한다.

해설 가스탱크 수리를 할 때에는 통풍이 양호한 장소에서 실시할 것

65 여름철 자동차관리 요령에 관한 설명으로 적절하지 않은 것은?

① 잦은 빗길운전에 대비하여 항상 와이퍼가 정상 작동하도록 점검한다.

② 집중호우로 침수되었던 차량은 하루 이틀 정도 물기만 빼고 운행한다.

③ 다른 계절에 비하여 엔진이 과열되기 쉬우므로 냉각장치에 관심을 더 갖는다.

④ 운행이 종료된 자동차는 가급적 직사광선을 피할 수 있는 곳에 주차 시킨다.

66 고객만족을 위한 서비스 품질로 볼 수 없는 것은?

① 기대 품질   ② 상품 품질

③ 영업 품질   ④ 서비스 품질(휴먼웨어 품질)

해설 고객만족을 위한 서비스 품질의 분류
① 상품 품질 : 성능 및 사용방법을 구현한 하드웨어(Hardware) 품질이다.
② 영업 품질 : 고객이 현장 사원 등과 접하는 환경과 분위기를 고객만족 쪽으로 실현하기 위한 소프트웨어(Software) 품질이다.
③ 서비스 품질 : 고객으로부터 신뢰를 획득하기 위한 휴먼웨어(Human-ware) 품질이다.

67 물류 시스템에서 운송을 합리화하기 위해 적기운송과 운송비의 부담한도가 필요하다. 이에 해당되지 않는 것은?

① 차량과 운송수단을 대형화하여 운송 횟수를 줄이고 화주특성에 맞는 차량이나 특장차를 이용한다.

② 적기운송을 위해 공장과 물류거점간의 간선운송이 효율적이다.

③ 출하물량 단위의 표준화가 필요하다.

④ 운송계획이나 판매계획을 수시로 변경하며, 부정기적으로 다양한 경로를 따라 운송한다.

해설 적기운송과 운송비 부담의 완화
① 적기에 운송하기 위해서는 운송계획이 필요하며 판매계획에 따라 일정량을 정기적으로 고정된 경로를 따라 운송하고 가능하면 공장과 물류거점간의 간선운송이나 선적지까지 공장에서 직송하는 것이 효율적이다.
② 출하물량 단위의 대형화와 표준화가 필요하다.
③ 출하물량 단위를 차량별로 단위화·대형화하거나 운송수단에 적합하게 물품을 표준화하며 차량과 운송수단을 대형화하여 운송횟수를 줄이고 화주에 맞는 차량이나 특장차를 이용한다.
④ 트럭의 적재율과 실차율의 향상을 위하여 기준 적재중량, 용적, 적재함의 규격을 감안하여 최대 허용치에 접근시키며, 적재율 향상을 위해 제품의 규격화나 적재품목의 혼재를 고려해야 한다.

68 물류의 개념을 설명한 내용과 거리가 먼 것은?

① 화주가 직접 물류를 처리한다.

② 공급 사슬의 모든 활동과 계획 관리를 전담한다.

③ 제3자 물류의 기능에 컨설팅 업무를 추가로 수행한다.

④ 광범위한 공급 사슬의 조직을 관리한다.

해설 물류(物流, 로지스틱스 ; Logistics)란 공급자로부터 생산자, 유통 업자를 거쳐 최종소비자에게 이르는 재화의 흐름을 의미한다. 물류관리란 이러한 재화의 효율적인 "흐름"을 계획, 실행, 통제할 목적으로 행해지는 제반활동을 의미한다.

69 기업이 직접 물류활동을 처리하는 자사물류를 무엇이라 하는가?

① 제1자 물류   ② 제2자 물류

③ 제3자 물류   ④ 제4자 물류

해설 화주기업이 직접 물류활동을 처리하는 자사물류를 제1자 물류, 물류자회사에 의해 처리하는 경우를 제2자 물류, 그리고 이들 물류와 구분하는 차원에서 화주기업이 자기의 모든 물류활동을 외부에 위탁하는 경우(단순 물류 아웃소싱 포함)를 제3자 물류로 부른다.

70 종사자의 용모와 복장에 대한 설명으로 올바르지 않은 것은?

① 복장과 용모는 언행을 통제한다.

② 신분확인을 위해 명찰을 패용한다.

③ 슬리퍼 등 편안한 신발을 착용한다.

④ 항상 웃는 얼굴로 서비스 한다.

해설 편한 신발을 신되, 샌들이나 슬리퍼는 삼가

정답 62.④ 63.④ 64.③ 65.②

정답 66.① 67.④ 68.① 69.① 70.③

71 교통정보를 제공하는 범지구 측위 시스템(GPS)의 도입효과로 볼 수 없는 것은?

① 사전대비를 통해 재해를 회피할 수 있다.
② 교통 혼잡 시 차량에서 행선지 지도와 도로사정 파악이 가능하다.
③ 밤에 운행하는 운송차량은 추적할 수 없다.
④ 운송차량의 추적시스템을 완벽하게 관리 및 통제 할 수 있다.

해설 GPS의 도입효과
① 각종 자연재해로부터 사전대비를 통해 재해를 회피할 수 있다.
② 토지 조성공사에도 작업자가 건설용지를 돌면서 지반침하와 침하량을 측정하여 리얼 타임으로 신속하게 대응할 수 있다.
③ 교통 혼잡시에 차량에서 행선지 지도와 도로사정을 파악할 수 있다.
④ 밤낮으로 운행하는 운송차량 추적 시스템을 GPS로 완벽하게 관리 및 통제할 수 있다.

72 수입확대에 대한 개념으로 가장 거리가 먼 것은?

① 수입의 확대는 마케팅과 같은 의미로 이해할 수 있다.
② 마케팅의 출발점은 자신이 가지고 있는 상품을 손님에게 팔려고 노력하는 것이다.
③ 사업을 번창 하게 하는 방법을 찾는 것이다.
④ 생산자 지향에서 소비자 지향으로의 개념이다.

해설 수입의 확대
① 마케팅과 같은 의미로 이해할 수 있다.
② 사업을 번창 하게 하는 방법을 찾는 것이라고 할 수 있다.
③ 마케팅의 출발점은 자신이 가지고 있는 상품을 손님에게 팔려고 노력하기 보다는 팔리는 것, 손님이 찾고 있는 것, 찾고는 있지만 느끼지 못하고 있는 것을 손님에게 제공하는 것이다. 이것이 소위 '생산자 지향에서 소비자 지향으로'라는 것이다.

73 수・배송 관리시스템에 대한 설명으로 거리가 먼 것은?

① 주문 상황에 대해 적기 수・배송 체제를 확립하고자 하는 것
② 최적의 수・배송 계획을 통한 생산비용을 절감하려는 체제
③ 대표적 수・배송 관리 시스템으로 터미널 화물정보 시스템이 있다.
④ 컴퓨터와 통신기기를 이용하여 기계적으로 처리됨

해설 수・배송 관리시스템은 주문 상황에 대해 적기 수・배송 체제의 확립과 최적의 수・배송 계획을 수립함으로서 수송비용을 절감하려는 체제이다. 따라서 출하계획의 작성, 출하서류의 전달, 화물 및 운임계산의 명확성 등 컴퓨터와 통신기기를 이용하여 기계적으로 처리하게 된다. 수・배송 관리 시스템의 대표적인 것으로는 터미널 화물정보 시스템이 있다.

74 고객의 욕구라고 할 수 없는 내용은?

① 기억되기를 바란다.
② 관심을 가지는 것을 싫어한다.
③ 환영받고 싶어 한다.
④ 칭찬받고 싶어 한다.

해설 고객의 욕구
① 기억되기를 바란다.
② 환영받고 싶어 한다.
③ 관심을 가져주기를 바란다.
④ 중요한 사람으로 인식되기를 바란다.
⑤ 편안해 지고 싶어 한다.
⑥ 칭찬받고 싶어 한다.
⑦ 기대와 욕구를 수용하여 주기를 바란다.

75 운송서비스의 입장에서 볼 때 영업용 화물자동차를 이용하는 장점이 아닌 것은?

① 차량에 대한 설비투자가 필요 없다.
② 운임의 안정화가 곤란하다.
③ 운송종사자(운전자)에 대한 인적투자가 필요 없다.
④ 물동량 변동에 대응한 안정적인 수송이 가능하다.

해설 트럭 수송의 장점 및 단점

사업용(영업용) 트럭운송의 장점	사업용(영업용) 트럭운송의 단점
① 수송비가 저렴하다.	① 운임의 안정화가 곤란하다.
② 물동량의 변동에 대응한 안정수송이 가능하다.	② 관리 기능이 저해된다.
③ 수송능력과 융통성이 높다.	③ 기동성이 부족하다.
④ 변동비 처리가 가능하다.	④ 시스템의 일관성이 없다.
⑤ 설비투자 및 인적투자가 필요 없다.	⑤ 인터페이스가 약하다.
⑥ 인적투자가 필요 없다.	⑥ 마케팅 사고가 희박하다.

76 물류활동은 주 활동과 지원 활동으로 구분한다. 다음 중 주 활동과 거리가 먼 것은?

① 재고관리 ② 수송 ③ 주문처리 ④ 포장

해설 주 활동과 지원활동으로 크게 구분하며 주 활동에는 대고객 서비스수준, 수송, 재고관리, 주문처리, 지원활동에는 보관, 자재관리, 구매, 포장, 생산량과 생산일정 조정, 정보관리가 포함된다.

77 물류의 발전방향과 거리가 먼 것은?

① 비용절감
② 요구되는 수준의 서비스 제공
③ 기업의 성장을 위한 물류 전략의 개발
④ 제품의 재고량 증가

해설 물류의 발전방향 : 비용절감, 요구되는 수준의 서비스 제공, 기업의 성장을 위한 물류 전략의 개발

78 언어 예절의 대화 시 유의사항에 해당하지 않는 것은?

① 불가피한 경우를 제외하고 논쟁을 피한다.
② 불평불만을 함부로 떠들지 않는다.
③ 욕설, 독설, 험담을 삼간다.
④ 매사 침묵으로 일관한다.

79 물류 클레임 중 제품의 품질만큼 중요하게 여기는 것과 거리가 먼 것은?

① 오손 ② 파손 ③ 고객응대 ④ 전표 오류

해설 물류 클레임으로 품질만큼 중요한 것으로는 오손, 파손, 오품, 수량 오류, 오량, 오출하, 전표 오류, 지연 등이 있다.

80 올바른 인사방법으로 가장 옳은 것은?

① 머리와 상체를 직선으로 하여 상대방의 발끝이 보일 때까지 숙인다.
② 무표정으로 한다.
③ 머리만 까닥인다.
④ 뒷짐을 지고 한다.

해설 올바른 인사방법
① 머리와 상체를 숙인다
  (가벼운 인사 : 15°, 보통 인사 : 30°, 정중한 인사 : 45°)
② 머리와 상체를 직선으로 하여 상대방의 발끝이 보일 때까지 천천히 숙인다.
③ 항상 밝고 명랑한 표정의 미소를 짓는다.
④ 인사하는 지점의 상대방과의 거리는 약 2m 내외가 적당하다.
⑤ 턱을 지나치게 내밀지 않도록 한다.
⑥ 손을 주머니에 넣거나 의자에 앉아서 하는 일이 없도록 한다.

정답 71.③ 72.② 73.② 74.② 75.② 76.④ 77.④ 78.④ 79.③ 80.①

시험 5분전 포켓북

PASS
화물운송
종사자격시험

1. 교통 및 화물자동차운수사업 관련 법규
2. 화물 취급요령
3. 안전운행에 관한 사항
4. 운송서비스에 관한 사항

GoldenBell

화물운송종사자 제 1교시

PART 01 교통 및 화물자동차운수사업법 관련법규

1 용어의 정의

① **자동차 전용도로** : 자동차만이 다닐 수 있도록 설치된 도로. 자동차 전용도로에서는 모든 탑승자는 안전띠를 매어야 한다.
② **고속도로** : 자동차의 고속 교통에만 사용하기 위하여 지정된 도로
③ **차도** : 연석선(차도와 보도를 구분하는 돌 등으로 이어진 선), 안전표지 또는 그와 비슷한 인공구조물을 이용하여 경계를 표시하여 모든 차가 통행할 수 있도록 설치된 도로의 부분
④ **중앙선** : 차마의 통행 방향을 명확하게 구분하기 위하여 도로에 황색 실선이나 황색 점선 등의 안전표지로 표시한 선 또는 중앙분리대나 울타리 등으로 설치한 시설물. 다만, 가변차로가 설치된 경우에는 신호기가 지시하는 진행방향의 가장 왼쪽에 있는 황색 점선

TIP 중앙선의 의미
① 황색 실선의 중앙선 : 자동차가 넘어갈 수 없음을 표시하는 선이다.
② 황색 점선의 중앙선 : 반대 방향의 교통에 주의하면서 일시적으로 반대편 차로로 넘어갈 수 있으나 진행방향 차로로 다시 돌아와야 함을 표시하는 선이다.
③ 황색 점선과 실선의 복선으로 표시된 중앙선 : 자동차가 점선이 있는 측에서는 반대방향의 교통에 주의하면서 넘었다가 다시 돌아올 수 있으나 실선이 있는 쪽에서는 넘어갈 수 없음을 표시하는 선이다.
④ 백색 점선 : U턴이 허용되는 구간을 표시한 선이다

⑤ **차로** : 차마가 한 줄로 도로의 정하여진 부분을 통행하도록 차선으로 구분한 차도의 부분
⑥ **차선** : 차로와 차로를 구분하기 위해 그 경계지점을 안전표지로 표시한 선

TIP 차선의 의미
① 백색 실선의 차선 : 자동차의 진로 변경이 불가능한 차선이다.
② 백색 점선의 차선 : 자동차의 진로 변경이 가능한 차선이다.
③ 황색 점선의 가장자리 구역선 : 주차는 금지되고 정차는 할 수 있는 구역선이다.
④ 황색 실선의 가장자리 구역선 : 주차 및 정차를 금지하는 구역선이다.
⑤ 버스 전용차로 청색 점선의 차선 : 통행할 수 있는 자동차는 넘어갈 수 있음을 표시하는 선이다.
⑥ 버스 전용차로 청색 점선과 실선의 복선 : 점선이 있는 쪽에서는 넘어갈 수 있으나 실선이 있는 쪽에서는 넘어갈 수 없음을 표시하는 선이다.

⑦ **자전거 도로** : 안전표지, 위험방지용 울타리나 그와 비슷한 인공구조물로 경계를 표시하여 자전거 및 개인형 이동장치가 통행할 수 있도록 설치된 도로
⑧ **자전거 횡단도** : 자전거 및 개인형 이동장치가 일반도로를 횡단할 수 있도록 안전표지로 표시한 도로의 부분
⑨ **길가장자리 구역** : 보도와 차도가 구분되지 아니한 도로에서 보행자의 안전을 확보하기 위하여 안전표지 등으로 경계를 표시한 도로의 가장자리 부분
⑩ **횡단보도** : 보행자가 도로를 횡단할 수 있도록 안전표지로 표시한 도로의 부분
⑪ **신호기** : 도로교통에서 문자·기호 또는 등화(燈火)를 사용하여 진행·정지·방향전환·주의 등의 신호를 표시하기 위하여 사람이나 전기의 힘으로 조작하는 장치
⑫ **안전표지** : 교통안전에 필요한 주의·규제·지시 등을 표시하는 표지판이나 도로의 바닥에 표시하는 기호·문자 또는 선 등을 말한다.
⑬ **자동차** : 철길이나 가설된 선을 이용하지 않고 원동기를 사용하여 운전되는 차(견인되는 자동차도 자동차의 일부로 본다)로서 승용자동차, 승합자동차, 화물자동차, 특수자동차, 이륜자동차, 덤프트럭, 아스팔트살포기, 노상안정기, 콘크리트믹서트럭, 콘크리트펌프, 트럭적재식 천공기

---

⑭ **주차** : 운전자가 승객을 기다리거나 화물을 싣거나 고장이나 그 밖의 사유로 자동차를 계속 정지 상태에 두는 것 또는 운전자가 차에서 떠나 즉시 그 차를 운전할 수 없는 상태에 두는 것을 말한다.

TIP 주차 금지 장소

① 터널 안 또는 다리 위
② 화재경보기로부터 3m 이내의 곳
③ 소방용 기계나 기구가 설치된 곳으로부터 5m 이내의 곳
④ 소화용 방화물통으로부터 5m 이내의 곳
⑤ 소화전이나 소방용 방화물통의 흡수구·흡수관을 넣은 구멍으로부터 5m 이내의 곳
⑥ 도로공사를 하고 있는 경우에는 그 공사구역의 양쪽 가장자리 5m 이내의 곳
⑦ 지방경찰청장이 안전표지로 지정한 곳

⑮ **정차** : 운전자가 5분을 초과하지 아니하고 차를 정지시키는 것으로서 주차 외의 정지 상태
⑯ **서행** : 운전자가 차 또는 노면전차를 즉시 정지시킬 수 있는 정도의 느린 속도로 진행하는 것

TIP 서행하여야 하는 장소
① 교통정리가 행하여지고 있지 아니하는 교차로
② 도로가 구부러진 부근
③ 비탈길의 고개 마루 부근
④ 가파른 비탈길의 내리막
⑤ 지방경찰청장이 도로에서의 위험을 방지하고 교통의 안전과 원활한 소통을 확보하기 위하여 필요하다고 인정하여 안전표지에 의하여 지정한 곳

⑰ **앞지르기** : 차의 운전자가 앞서가는 다른 차의 옆을 지나서 그 차의 앞으로 나가는 것. 모든 차의 운전자는 다른 차를 앞지르려면 앞차의 좌측으로 통행하여야 한다.

TIP 앞지르기 금지 장소
① 교차로   ② 터널 안
③ 다리 위   ④ 도로의 구부러진 곳
⑤ 비탈길 고갯마루 부근   ⑥ 가파른 비탈길의 내리막
⑦ 안전표지에 의하여 지정한 곳

⑱ **일시정지** : 차 또는 노면전차의 운전자가 그 차 또는 노면전차의 바퀴를 일시적으로 완전히 정지시키는 것

TIP 일시 정지하여야 하는 장소
① 교통정리가 행하여지고 있지 아니하고 좌우를 확인할 수 없는 곳
② 교통이 빈번한 교차로
③ 지방경찰청장이 안전표지에 의하여 지정한 곳
④ 반드시 일시 정지하여야 하는 장소 : 교통정리가 행하여지고 있지 아니하고 좌우를 확인할 수 없거나 교통이 빈번한 교차로

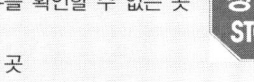

2 차로에 따른 통행 자동차 기준
① 일반도로

도 로	차로 구분	통행할 수 있는 차종
고속도로 외의 도로	왼쪽차로	• 승용자동차 및 경형·소형·중형 승합자동차
	오른쪽 차로	• 대형 승합자동차, 화물자동차, 특수자동차 및 법 제2조제18호 나목에 따른 건설기계, 이륜자동차, 원동기장치 자전거(개인형 이동장치는 제외한다)
고속도로 편도 3차로 이상	1차로	• 앞지르기를 하려는 승용자동차 및 앞지르기를 하려는 경형·소형·중형 승합자동차, 다만 차량 통행량 증가 등 도로 상황으로 인하여 부득이하게 시속 80킬로미터 미만으로 통행할 수밖에 없는 경우에는 앞지르기를 하는 경우가 아니라도 통행할 수 있다.
	왼쪽 차로	• 승용자동차 및 경형·소형·중형 승합자동차
	오른쪽차로	• 대형승합자동차, 화물자동차, 특수자동차, 건설기계
고속도로 편도 2차로	1차로	• 앞지르기를 하려는 모든 자동차, 다만 차량 통행량 증가 등 도로 상황으로 인하여 부득이하게 시속 80킬로미터 미만으로 통행할 수밖에 없는 경우에는 앞지르기를 하는 경우가 아니라도 통행할 수 있다.
	2차로	• 모든 자동차

㉮ **고속도로 외의 도로** : 왼쪽 차로란 차로를 반으로 나누어 1차로에 가까운 차로. 다만, 차로수가 홀수인 경우 가운데 차로는 제외한다.

㉯ **고속도로 외의 도로** : 오른쪽 차로란 왼쪽 차로를 제외한 나머지 차로

㉰ **고속도로** : 왼쪽 차로란 1차로를 제외한 차로를 반으로 나누어 그 중 1차로에 가까운 부분의 차로. 다만, 1차로를 제외한 차로의 수가 홀수인 경우 그 중 가운데 차로는 제외한다.

㉱ **고속도로** : 오른쪽 차로란 1차로와 왼쪽 차로를 제외한 나머지 차로

3 도로별 차로수별 속도

도로 구분			최고속도	최저속도
일반도로		주거지역·상업지역 및 공업지역	• 50km/h 이내	제한 없음
		시·도 경찰청장이 지정한 노선 또는 구간	• 60km/h 이내	
		편도 2차로 이상	• 80km/h 이내	
		주거지역·상업지역 및 공업지역 외	• 60km/h 이내	
고속도로	편도 2차로 이상	고속도로	• 100km/h(화물자동차 : 적재중량 1.5톤을 초과하는 경우에 한한다) • 80km/h(특수자동차, 건설기계, 위험물운반자동차)	50km/h
		지정·고시한 노선 또는 구간의 고속도로	• 120km/h 이내 • 90km/h 이내(화물자동차, 특수자동차, 건설기계, 위험물운반자동차)	50km/h
	편도1차로		• 80km/h	50km/h
자동차 전용도로			• 90km/h	30km/h

4 이상 기후시의 운행속도

이상기후 상태	운행 속도
① 비가 내려 노면에 젖어있는 경우 ② 눈이 20mm 미만 쌓인 경우	최고 속도의 20/100을 줄인 속도
① 폭우, 폭설, 안개 등으로 가시거리가 100m 이내인 경우 ② 노면이 얼어붙은 경우 ③ 눈이 20mm 이상 쌓인 경우	최고 속도의 50/100을 줄인 속도

5 특례법의 배제(12 항목)
① 신호·지시 위반사고
② 중앙선 침범, 횡단·유턴 또는 후진 위반 사고
③ 속도위반(20km/h 초과) 과속사고
④ 앞지르기의 방법·금지시기·금지장소 또는 끼어들기 금지 위반사고
⑤ 철길건널목 통과방법 위반사고
⑥ 보행자 보호의무 위반사고
⑦ 무면허 운전사고
⑧ 술에 취한 상태에서의 운전·약물 복용 운전사고
⑨ 보도 침범·보도 횡단 방법 위반사고
⑩ 승객 추락방지 의무 위반사고
⑪ 어린이 보호구역내 안전운전 의무 위반사고
⑫ 자동차의 화물이 떨어지지 아니하도록 필요한 조치를 하지 아니하고 운전한 경우

6 화물자동차 운수사업법의 목적
① 운수사업의 효율적 관리
② 화물의 원활한 운송
③ 공공복리 증진

7 화물자동차 운송사업의 종류
① 일반 화물자동차 운송사업
  20대 이상의 범위에서 20대 이상의 화물자동차를 사용하여 화물을 운송하는 사업
② 개별 화물자동차 운송사업
  화물자동차 1대를 사용하여 화물을 운송하는 사업으로서 대통령령으로 정하는 사업

8 운수 종사자의 준수사항
① 정당한 사유 없이 화물을 중도에서 내리게 하는 행위
② 정당한 사유 없이 화물의 운송을 거부하는 행위
③ 부당한 운임 또는 요금을 요구하거나 받는 행위
④ 고장 및 사고차량 등 화물의 운송과 관련하여 자동차관리사업자와 부정한 금품을 주고받는 행위
⑤ 일정한 장소에 오랜 시간 정차하여 화주를 호객(呼客)하는 행위
⑥ 문을 완전히 닫지 아니한 상태에서 자동차를 출발시키거나 운행하는 행위
⑦ 택시 요금미터기의 장착 등 국토교통부령으로 정하는 택시 유사표시행위
⑧ 운송사업자는 적재된 화물이 떨어지지 아니하도록 국토교통부령으로 정하는 기준 및 방법에 따라 덮개·포장·고정 장치 등 필요한 조치를 하지 아니하고 화물자동차를 운행하는 행위
⑨ 전기·전자장치(최고속도 제한장치에 한정한다)를 무단으로 해체하거나 조작하는 행위

9 운송사업자는 화물자동차 운전자에게 화물운송 종사자격증명을 화물자동차안 앞면 오른쪽 위에 항상 게시하고 운행하도록 하여야 한다.

10 자동차 정기검사 유효기간

차종	비사업용 승용 및 피견인 자동차	사업용 승용 자동차	경형·소형의 승합 및 화물 자동차	사업용 대형 화물자동차		중형 승합자동차 및 사업용 대형승합자동차		그 밖의 자동차	
차령				2년 이하	2년 경과	8년 이하	8년 경과	5년 이하	5년 경과
유효기간	2년 (최초 4년)	1년 (최초 2년)	1년	1년	6월	1년	6월	1년	6월

11 자동차 종합검사의 대상과 유효기간

검사 대상		적용 차령	검사 유효기간
승용자동차	비사업용	차령이 4년 초과인 자동차	2년
	사업용	차령이 2년 초과인 자동차	1년
경형소형의 승합 및 화물자동차	비사업용	차령이 3년 초과인 자동차	1년
	사업용	차령이 2년 초과인 자동차	1년
사업용 대형 화물자동차		차령이 2년 초과인 자동차	6개월
사업용 대형 승합자동차		차령이 2년 초과인 자동차	차령 8년까지는 1년, 이후부터는 6개월
중형 승합자동차	비사업용	차령이 3년 초과인 자동차	차령 8년까지는 1년, 이후부터는 6개월
	사업용	차령이 2년 초과인 자동차	차령 8년까지는 1년, 이후부터는 6개월
그 밖의 자동차	비사업용	차령이 3년 초과인 자동차	차령 5년까지는 1년, 이후부터는 6개월
	사업용	차령이 2년 초과인 자동차	차령 5년까지는 1년, 이후부터는 6개월

12 대기환경보전법 용어의 정의
① **대기오염 물질** : 대기오염의 원인이 되는 가스·입자상 물질로서 환경부령으로 정하는 것
② **가스** : 물질이 연소·합성·분해될 때에 발생하거나 물리적 성질로 인하여 발생하는 기체상물질
③ **입자상 물질** : 물질이 파쇄·선별·퇴적·이적될 때, 그 밖에 기계적으로 처리되거나 연소·합성·분해될 때에 발생하는 고체상 또는 액체상의 미세한 물질
④ **매연** : 연소할 때에 생기는 유리 탄소가 주가 되는 미세한 입자상 물질
⑤ **검댕** : 연소할 때에 생기는 유리 탄소가 응결하여 입자의 지름이 1미크론 이상이 되는 입자상 물질
⑥ **배출가스 저감장치** : 자동차에서 배출되는 대기오염 물질을 줄이기 위하여 자동차에 부착하는 장치로서 환경부령으로 정하는 저감효율에 적합한 장치
⑦ **저공해 자동차** : 대기오염 물질의 배출이 없는 자동차 또는 제작차의 배출허용기준보다 오염물질을 적게 배출하는 자동차
⑧ **먼지** : 대기 중에 떠다니거나 흩날려 내려오는 입자상 물질
⑨ **저공해 엔진** : 자동차에서 배출되는 대기오염 물질을 줄이기 위한 엔진(엔진 개조에 사용하는 부품을 포함한다)으로서 환경부령으로 정하는 배출허용기준에 맞는 엔진

화물운송종사자 제 1교시

PART 02 화물 취급요령

1 운송장의 역할(기능)
① 계약서 역할
② 화물 인수증 역할
③ 운송요금 영수증 역할
④ 정보처리 기본자료
⑤ 배달에 대한 증빙(배송에 대한 증거 서류)
⑥ 수입금 관리자료
⑦ 행선지 분류정보 제공(작업지시서 기능)

2 운송장의 기재사항
① 운송장 번호와 바코드
② 송하인의 주소, 성명 및 전화번호
③ 수하인의 주소, 성명 및 전화번호
④ 주문번호 또는 고객번호   ⑤ 화물명
⑥ 화물의 가격   ⑦ 화물의 크기(중량, 사이즈)
⑧ 운임의 지급방법   ⑨ 운송요금
⑩ 발송지(집하점)   ⑪ 도착지(코드)
⑫ 집하자   ⑬ 인수자 날인
⑭ 특기사항   ⑮ 면책사항
⑯ 화물의 수량

3 운송장 송하인의 기재사항
① 송하인의 주소, 성명(또는 상호) 및 전화번호
② 수하인의 주소, 성명, 전화번호(거주지 또는 핸드폰번호)
③ 물품의 품명, 수량, 물품가격
④ 특약사항 약관설명 확인필 자필 서명
⑤ 파손품 또는 냉동 부패성 물품의 경우에 면책확인서(별도 양식) 자필 서명

4 집하 담당자 기재사항
① 접수일자, 발송점, 도착점, 배달 예정일
② 운송료
③ 집하자 성명 및 전화번호
④ 수하인용 송장상의 좌측하단에 총수량 및 도착점 코드
⑤ 기타 물품의 운송에 필요한 사항

5 운송장 기재 시 유의사항
① 수하인의 주소 및 전화번호가 맞는지 재차 확인한다.
② 도착점 코드가 정확히 기재되었는지 확인한다(유사지역과 혼동되지 않도록).
③ 특약사항에 대하여 고객에게 고지한 후 특약사항 약관 설명 확인필에 서명을 받는다.
④ 파손, 부패, 변질 등 문제의 소지가 있는 물품의 경우에는 면책 확인서를 받는다.
⑤ 고가품에 대하여는 그 품목과 물품가격을 정확히 확인하여 기재하고, 할증료를 청구하여야 하며, 할증료를 거절하는 경우에는 특약사항을 설명하고 보상한도에 대해 서명을 받는다.
⑥ 같은 장소로 2개 이상 보내는 물품에 대해서는 보조송장을 기재할 수 있으며, 보조송장도 주송장과 같이 정확한 주소와 전화번호를 기재한다.
⑦ 산간 오지, 섬 지역 등은 지역 특성을 고려하여 배달 예정일을 정한다.

⑧ 화물 인수 시 적합성 여부를 확인한 다음, 고객이 직접 운송장 정보를 기입하도록 한다.
⑨ 운송장은 꼭꼭 눌러 기재하여 맨 뒷면까지 잘 복사되도록 한다.

6 포장의 기능
① 보호성   ② 표시성   ③ 상품성
④ 편리성   ⑤ 효율성   ⑥ 판매 촉진성

7 포장방법(포장기법)별 분류
① 방수포장   ② 방습포장   ③ 방청포장
④ 완충포장   ⑤ 진공포장   ⑥ 압축포장   ⑦ 수축포장

8 단독으로 화물을 운반하고자 할 때에 인력운반 중량 권장기준
① 일시작업(시간당 2회 이하) : 성인남자(25~30kg), 성인여자(15~20kg)
② 계속작업(시간당 3회 이상) : 성인남자(10~15kg), 성인여자(5~10kg)

9 자동차관리법령상 화물자동차 유형별 세부기준
① 일반형 : 보통의 화물운송용인 것
② 덤프형 : 적재함을 원동기의 힘으로 기울여 적재물을 중력에 의하여 쉽게 미끄러뜨리는 구조의 화물운송용인 것
③ 밴형 : 지붕구조의 덮개가 있는 화물운송용인 것
④ 특수용도형 : 특정한 용도를 위하여 특수한 구조로 하거나, 기구를 장치한 것으로서 위 어느 형에도 속하지 아니하는 화물운송용인 것

10 한국산업규격(KS)에 의한 화물자동차의 종류
① 보닛 트럭   ② 캡 오버 엔진 트럭
③ 밴   ④ 픽업
⑤ 특수자동차   ⑥ 냉장(냉동)차
⑦ 탱크차   ⑧ 덤프차
⑨ 믹서자동차   ⑩ 레커차
⑪ 트럭 크레인   ⑫ 크레인 붙이 트럭
⑬ 트레일러 견인자동차   ⑭ 세미 트레일러용 트랙터
⑮ 폴 트레일러용 트랙터

11 트레일러의 장점
① 트랙터의 효율적 이용
② 효과적인 적재량
③ 탄력적인 작업
④ 트랙터와 운전자의 효율적 운영
⑤ 일시 보관기능의 실현
⑥ 중계지점에서의 탄력적인 이용

12 트레일러의 구조 형상에 따른 종류
① 평상식   ② 저상식   ③ 중저상식
④ 스케탈 트레일러   ⑤ 밴 트레일러   ⑥ 오픈 탑 트레일러
⑦ 특수용도 트레일러

13 일반 화물의 취급표지(한국산업규격 : KS A ISO 780)

호 칭	표시 부호	의 미	비 고
깨지기 쉬움 취급주의	(잔 모양)	내용물이 깨지기 쉬운 것이므로 주의하여 취급할 것.	적용 예 :
갈고리 금지	(갈고리에 X)	갈고리를 사용해서는 안 됨	
위 쌓기	↑↑	화물의 올바른 윗 방향을 표시	적용 예 :
직사일광·열 차폐	(태양 모양)	태양의 직사광선에 화물을 노출시켜서는 안 됨	

방사선 보호	(방사선 기호)	방사선에 의해 상태가 나빠지거나 사용할 수 없게 될 수 있는 내용을 표시	
젖음 방지	(우산)	비를 맞으면 안 되는 포장 화물	
무게 중심 위치	⊕	취급되는 최소 단위 화물의 무게 중심을 표시	적용 예 :
굴림방지	(굴림 X)	굴려서는 안 되는 화물을 표시.	
손수레 삽입 금지	(손수레 X)	손수레를 끼우면 안 되는 면 표시	
지게차 취급 금지	(지게차 X)	지게차를 사용한 취급 금지	
지게차 꺾쇠 취급 금지	→|←	이 표지가 있는 면의 양쪽 면이 클램프의 위치라는 표시	
지게차 꺾쇠 취급 제한	→⊠←	이 표지가 있는 면의 양쪽에는 클램프를 사용하면 안된다는 표시	
위 쌓기 제한	..kg max ▼	위에 쌓을 수 있는 최대 무게를 표시	
쌓은 단수 제한	(n 표시)	위에 쌓을 수 있는 동일한 포장 화물의 수 표시. 'n'은 한계 수	
쌓기 금지	(쌓기 X)	포장의 위에 다른 화물을 쌓으면 안 된다는 표시	
거는 위치	(체인)	슬링을 거는 위치를 표시	
온도 제한	(온도계)	포장 화물의 저장 또는 유통시 온도 제한을 표시	

화물운송종사자 제 2교시

PART 01 안전운행에 관한 사항

1 교통사고의 3대 요인
① 인적요인(운전자, 보행자 등)
② 차량요인
③ 도로·환경요인

2 시각의 특성
① 운전자는 운전에 필요한 정보의 대부분을 시각을 통하여 획득한다.
② 속도가 빨라질수록 시력은 떨어진다.
③ 속도가 빨라질수록 시야의 범위가 좁아진다.
④ 속도가 빨라질수록 전방주시점은 멀어진다.

3 동체 시력의 특성
① 물체의 이동속도가 빠를수록 상대적으로 저하된다.
② 연령이 높을수록 더욱 저하된다.
③ 장시간 운전에 의한 피로상태에서도 저하된다.

4 야간운전 주의사항
① 운전자가 눈으로 확인할 수 있는 시야의 범위가 좁아진다.
② 마주 오는 차의 전조등 불빛에 현혹되는 경우 물체 식별이 어려워진다. 마주 오는 차의 전조등 불빛으로 눈이 부실 때에는 시선을 약간 오른쪽으로 돌려 눈부심을 방지하도록 한다.
③ 술에 취한 사람이 차도에 뛰어드는 경우에 주의해야 한다.
④ 전방이나 좌우 확인이 어려운 신호등 없는 교차로나 커브길 진입 직

전에는 전조등(상향과 하향을 2~3회 변환)으로 자기 차가 진입하고 있음을 알려 사고를 방지한다.

⑤ 보행자와 자동차의 통행이 빈번한 도로에서는 항상 전조등의 방향을 하향으로 하여 운행하여야 한다.

5 ABS의 사용목적

① 후륜 잠김 현상을 방지하여 방향 안정성을 확보
② 전륜 잠김 현상을 방지하여 조종성 확보를 통해 장애물 회피, 차로 변경 및 선회가 가능하다.
③ 불쾌한 스키드(skid)음을 막고, 타이어 잠김에 따른 편마모를 방지해 타이어의 수명을 연장할 수 있다.

6 휠

① 타이어와 함께 차량의 중량을 지지하는 역할을 한다.
② 구동력과 제동력을 지면에 전달하는 역할을 한다.
③ 무게가 가볍고 노면의 충격과 측력에 견딜 수 있는 강성이 있어야 한다.
④ 타이어에서 발생하는 열을 흡수하여 대기 중으로 잘 방출시켜야 한다.

7 타이어의 역할

① 휠의 림에 끼워져서 일체로 회전하며 자동차가 달리거나 멈추는 것을 원활히 한다.
② 자동차의 중량을 떠받쳐 준다.
③ 지면으로부터 받는 충격을 흡수해 승차감을 좋게 한다.
④ 자동차의 진행방향을 전환시킨다.

8 수막 현상 예방법

① 고속으로 주행하지 않는다.
② 마모된 타이어를 사용하지 않는다.
③ 공기압을 조금 높게 한다.
④ 배수효과가 좋은 타이어를 사용한다.

9 물리적 현상

① 원심력 : 원심력은 속도가 빠를수록, 커브가 작을수록, 또 중량이 무거울수록 커지게 되는데, 특히 속도의 제곱에 비례해서 커진다.
② 스탠딩 웨이브 현상 : 타이어의 회전속도가 빨라지면 접지부에서 받은 타이어의 변형(주름)이 다음 접지 시점까지도 복원되지 않고 접지의 뒤쪽에 진동의 물결이 일어나는 현상
③ 수막 현상 : 물이 고인 노면을 고속으로 주행할 때 타이어는 그루브(타이어 홈) 사이에 있는 물을 배수하는 기능이 감소되어 물의 저항에 의해 노면으로부터 떠올라 물위를 미끄러지듯이 되는 현상
④ 페이드 현상 : 비탈길을 내려가거나 할 경우 브레이크를 반복하여 사용하면 마찰열이 라이닝에 축적되어 브레이크의 제동력이 저하되는 현상
⑤ 베이퍼 록 현상 : 액체를 사용하는 계통에서 열에 의하여 액체가 증기(베이퍼)로 되어 어떤 부분에 갇혀 계통의 기능이 상실되는 현상
⑥ 워터 페이드(water fade) 현상 : 브레이크 마찰재가 물에 젖어 마찰계수가 작아져 브레이크의 제동력이 저하되는 현상
⑦ 모닝 록 현상 : 비가 자주오거나 습도가 높은 날, 또는 오랜 시간 주차한 후에는 브레이크 드럼에 미세한 녹이 발생하는 현상

10 방어 운전의 기본

① 능숙한 운전 기술
② 정확한 운전지식
③ 세심한 관찰력
④ 예측능력과 판단력
⑤ 양보와 배려의 실천
⑥ 교통상황 정보수집
⑦ 반성의 자세
⑧ 무리한 운행 배제

11 야간 안전운전방법

① 해가 저물면 곧바로 전조등을 점등할 것
② 주간보다 속도를 낮추어 주행할 것
③ 야간에 흑색이나 감색의 복장을 입은 보행자는 발견하기 곤란하므

로 보행자의 확인에 더욱 세심한 주의를 기울일 것
④ 실내를 불필요하게 밝게 하지 말 것
⑤ 전조등이 비치는 곳 보다 앞쪽까지 살필 것
⑥ 주간보다 안전에 대한 여유를 크게 가질 것
⑦ 대향차의 전조등을 바로보지 말 것
⑧ 자동차가 교행할 때에는 조명장치를 하향 조정할 것
⑨ 장거리 운행할 때에는 운행계획을 세워 적시에 휴식을 취할 것
⑩ 노상에 주정차를 하지 말 것
⑪ 문제가 발생했을 때 정차시는 여러 가지 안전조치를 취할 것
⑫ 운전시 흡연을 하지 말 것
⑬ 술에 취한 사람이 차도에 뛰어드는 경우가 있다.

12 장거리 운행 전 점검사항

① 타이어의 공기압은 적절하고, 상처난 곳은 없는지, 스페어타이어는 이상 없는지를 점검한다.
② 보닛을 열어보아 냉각수와 브레이크액의 양을 점검하고, 엔진오일은 양 뿐 아니라 상태에 대한 점검을 병행하며, 팬벨트의 장력은 적정한지, 손상된 부분은 없는지 점검하고 여유분 한 개를 더 휴대한다.
③ 헤드라이트, 방향지시등과 같은 각종 램프의 작동여부를 점검한다.
④ 운행중의 고장이나 점검에 필요한 휴대용 작업등, 손전등을 준비한다.
⑤ 출발 전 연료를 가득 채우고 지도를 휴대하는 것도 필요하다.

화물운송종사자 제 2교시

PART 02 운송서비스에 관한 사항

1 고객의 욕구 사항

① 기억되기를 바란다.
② 환영받고 싶어 한다.
③ 관심을 가져 주기를 바란다.
④ 중요한 사람으로 인식되길 바란다.
⑤ 편안해 지고 싶어 한다.
⑥ 칭찬받고 싶어 한다.
⑦ 기대와 욕구를 수용하여 주기를 바란다.

2 고객 응대 마음가짐 10개항

① 사명감을 가진다.
② 고객의 입장에서 생각한다.
③ 원만하게 대한다.
④ 항상 긍정적으로 생각한다.
⑤ 고객이 호감을 갖도록 한다.
⑥ 공사를 구분하고 공평하게 대한다.
⑦ 투철한 서비스 정신을 가진다.
⑧ 예의를 지켜 겸손하게 대한다.
⑨ 자신을 가져라.
⑩ 부단히 반성하고 개선하라.

3 운전자가 가져야 할 기본적 자세

① 교통법규의 이해와 준수
② 여유 있고 양보하는 마음으로 운전
③ 주의력 집중
④ 심신상태의 안정
⑤ 추측 운전의 삼가
⑥ 운전기술의 과신은 금물
⑦ 저공해 등 환경보호, 소음공해 최소화

4 화물운전자의 운전자세

① 다른 자동차가 끼어들더라도 안전거리를 확보하는 여유를 가진다.
② 선행 자동차의 운전자를 당황하게 하지 말고 여유 있는 자세로 운행한다.
③ 적당한 장소에서 후속 자동차에게 진로를 양보하는 미덕을 갖는다.

④ 친절하고 예의바른 서비스를 하여 고객과 불필요한 마찰을 일으키지 않는다.
⑤ 자동차에 대한 점검 및 정비를 철저히 하여 자동차를 항상 최상의 상태로 유지한다.
⑥ 자신의 건강을 항상 가장 좋은 상태로 유지하도록 건강관리를 한다.

5 집하시 행동 방법
① 집하는 서비스의 출발점이라는 자세로 한다.
② 인사와 함께 밝은 표정으로 정중히 두 손으로 화물을 받는다.
③ 책임 집배달 구역을 정확히 인지하여 24시간, 48시간, 배달 불가 지역에 대한 배달점소의 사정을 고려하여 집하한다.
④ 2개 이상의 화물은 반드시 분리 집하한다.(결박화물 집하금지)
⑤ 취급제한 물품은 그 취지를 알리고 정중히 집하를 거절한다.
⑥ 택배 운임표를 고객에게 제시 후 운임을 수령한다.
⑦ 운송장 및 보조송장 도착지란에 시, 구, 동, 군, 면 등을 정확하게 기재하여 터미널 오분류를 방지할 수 있도록 한다.
⑧ 송하인용 운송장을 절취하여 고객에게 두 손으로 건네준다.
⑨ 화물 인수 후 감사의 인사를 한다.

6 배달시 행동방법
① 배달은 서비스의 완성이라는 자세로 한다.
② 긴급배송을 요하는 화물은 우선 처리하고, 모든 화물은 반드시 기일 내 배송한다.
③ 수하인 주소가 불명확할 경우 사전에 정확한 위치를 확인 후 출발한다.
④ 무거운 물건일 경우 손수레를 이용하여 배달한다.
⑤ 고객이 부재시에는 "부재중 방문표"를 반드시 이용한다.
⑥ 방문시 밝고 명랑한 목소리로 인사하고 화물을 정중하게 고객이 원하는 장소에 가져다 놓는다.
⑦ 인수증 서명은 반드시 정자로 실명 기재 후 받는다.
⑧ 배달 후 돌아갈 때에는 이용해 주셔서 고맙다는 뜻을 밝히며 밝게 인사한다.

7 고객 불만 발생시 행동방법
① 고객의 감정을 상하게 하지 않도록 불만 내용을 끝까지 참고 듣는다.
② 불만사항에 대하여 정중히 사과한다.
③ 고객의 불만, 불편사항이 더 이상 확대되지 않도록 한다.
④ 고객 불만을 해결하기 어려운 경우 적당히 답변하지 말고 관련부서와 협의 후에 답변을 하도록 한다.
⑤ 책임감을 갖고 전화를 받는 사람의 이름을 밝혀 고객을 안심시킨 후 확인 연락을 할 것을 전해준다.
⑥ 불만전화 접수 후 우선적으로 빠른 시간 내에 확인하여 고객에게 알린다.

8 고객 상담시의 대처방법
① 전화벨이 울리면 즉시 받는다.(3회 이내)
② 밝고 명랑한 목소리로 받는다.
③ 집하의뢰 전화는 고객이 원하는 날, 시간 등에 맞추도록 노력한다.
④ 배송확인 문의 전화는 영업사원에게 시간을 확인한 후 고객에게 답변한다.
⑤ 고객의 문의전화, 불만전화 접수 시 해당 점소가 아니더라도 확인하여 고객에게 친절히 답변한다.
⑥ 담당자가 부재중일 경우 반드시 내용을 메모하여 전달한다.
⑦ 전화가 끝나면 마지막 인사를 하고 상대편이 먼저 끊고 난 후 전화를 끊는다.

9 선박 및 철도와 비교한 화물자동차 운송의 특징
① 원활한 기동성과 신속한 수・배송
② 신속하고 정확한 문전운송
③ 다양한 고객요구 수용
④ 운송단위가 소량

⑤ 에너지 다소비형의 운송기관 등

10 택배 운송 서비스 고객의 불만사항
① 약속시간을 지키지 않는다.(특히 집하요청 시)
② 전화도 없이 불쑥 나타난다.
③ 임의로 다른 사람에게 맡기고 간다.
④ 너무 바빠서 질문을 해도 도망치듯 가버린다.
⑤ 불친절하다.
⑥ 사람이 있는데도 경비실에 맡기고 간다.
⑦ 화물을 함부로 다룬다.
⑧ 화물을 무단으로 방치해 놓고 간다.
⑨ 전화로 불러내기
⑩ 길거리에서 화물을 건네 준다.
⑪ 배달이 지연 된다.

11 사업용(영업용) 트럭운송의 장・단점

(1) 장점
① 수송비가 저렴하다.
② 물동량의 변동에 대응한 안정 수송이 가능하다.
③ 수송 능력이 높다.
④ 융통성이 높다.
⑤ 설비투자가 필요 없다.
⑥ 인적투자가 필요 없다.
⑦ 변동비 처리가 가능하다.

(2) 단점
① 운임의 안정화가 곤란하다.
② 관리기능이 저해된다.
③ 기동성이 부족하다.
④ 시스템의 일관성이 없다.
⑤ 인터페이스가 약하다.
⑥ 마케팅 사고가 희박하다.

12 자가용 트럭운송의 장・단점

(1) 장점
① 높은 신뢰성이 확보된다.
② 상거래에 기여한다.
③ 작업의 기동성이 높다.
④ 안정적 공급이 가능하다.
⑤ 시스템의 일관성이 유지된다.
⑥ 리스크가 낮다.
  (위험부담도가 낮다)
⑦ 인적 교육이 가능하다.

(2) 단점
① 수송량의 변동에 대응하기 어렵다.
② 비용의 고정비화
③ 설비투자가 필요하다.
④ 인적 투자가 필요하다.
⑤ 수송능력에 한계가 있다.
⑥ 사용하는 차종, 차량에 한계가 있다.

PASS 화물운송종사자격시험

초판발행 ┃ 2024년 1월 10일
제1판3쇄발행 ┃ 2025년 1월 10일

지 은 이 ┃ GB화물운송시험기획단
발 행 인 ┃ 김길현
발 행 처 ┃ ㈜골든벨
등   록 ┃ 제 1987-000018호
I S B N ┃ 979-11-5806-668-0
가   격 ┃ **12,000원**

이 책을 만든 사람들

교 정 및 교 열 ┃ 이상호   디 자 인 ┃ 조경미, 박은경, 권정숙
일 러 스 트 및 사 진 ┃ GB기획센터   제 작 진 행 ┃ 최병석
웹 매 니 지 먼 트 ┃ 안재명, 양대모, 김경희   오 프 마 케 팅 ┃ 우병춘, 이대권, 이강연
공 급 관 리 ┃ 오민석, 정복순, 김봉식   회 계 관 리 ┃ 김경아

㉾04316 서울특별시 용산구 원효로 245(원효로1가) 골든벨빌딩 5-6F
● TEL : 도서 주문 및 발송 02-713-4135 / 회계 경리 02-713-4137
　　　내용 관련 문의 7134135@naver.com / 해외 오퍼 및 광고 02-713-7453
● FAX : 02-718-5510　● http : // www.gbbook.co.kr　● E-mail : 7134135@ naver.com

---

이 책에서 내용의 일부 또는 도해를 다음과 같은 행위자들이 사전 승인없이 인용할 경우에는 저작권법 제93조 「손해배상청구권」에 적용 받습니다.
① 단순히 공부할 목적으로 부분 또는 전체를 복제하여 사용하는 학생 또는 복사업자
② 공공기관 및 사설교육기관(학원, 인정직업학교), 단체 등에서 영리를 목적으로 복제·배포하는 대표 또는 당해 교육자
③ 디스크 복사 및 기타 정보 재생 시스템을 이용하여 사용하는 자

※ 파본은 구입하신 서점에서 교환해 드립니다.